河湖岸线生态化改造成套技术研究及应用

王润英◎著

河海大学出版社
HOHAI UNIVERSITY PRESS
·南京·

图书在版编目(CIP)数据

河湖岸线生态化改造成套技术研究及应用 / 王润英著. -- 南京：河海大学出版社，2025.2. -- ISBN 978-7-5630-9432-5

Ⅰ. X321.2

中国国家版本馆 CIP 数据核字第 20241G8W43 号

书　　名	河湖岸线生态化改造成套技术研究及应用
	HEHU ANXIAN SHENGTAIHUA GAIZAO CHENGTAO JISHU YANJIU JI YINGYONG
书　　号	ISBN 978-7-5630-9432-5
责任编辑	卢蓓蓓
特约校对	朱　贝
装帧设计	徐娟娟
出版发行	河海大学出版社
地　　址	南京市西康路 1 号(邮编：210098)
网　　址	http：//www.hhup.com
电　　话	(025)83786934(编辑部)　(025)83787771(营销部)
经　　销	江苏省新华发行集团有限公司
排　　版	南京布克文化发展有限公司
印　　刷	广东虎彩云印刷有限公司
开　　本	718 毫米×1000 毫米　1/16
印　　张	13.5
字　　数	250 千字
版　　次	2025 年 2 月第 1 版
印　　次	2025 年 2 月第 1 次印刷
定　　价	68.00 元

前 言 PREFACE

河湖是地球的主要淡水资源之一,为人类的生产、生活、农业、工业等提供重要的水资源,是生存和发展的前提。近几年,我国众多地区的流域已经在强化水环境质量管理的前提下,依据水质保护的目标,进一步加强了河流和湖泊水环境的整治工作,旨在保护和恢复水生态系统。河湖岸线是河湖的重要组成部分,是河湖与陆地之间的边界,是水体与陆地的过渡区域。河湖岸线也是重要的生态系统,承载着众多的自然资源,其健康状态直接关系到水体的水质、水生生物的生存和繁衍,以及生态系统的稳定性和可持续性。河湖岸线以其特有的地理、地貌和生态特征,对河湖生态系统的稳定和健康发展起着重要作用。

调查研究表明,随着经济社会的发展,城市化、工业化和农业面源污染是河湖岸线生态环境恶化的重要原因,部分河段岸线无序开发和过度开发问题突出,涉水建筑物逐渐增多,河湖岸线开发利用程度逐步提高,不合理占用岸线资源、污水废物的排放造成岸线范围内水土流失、岸线范围内植被覆盖率低的问题普遍存在,从而造成岸线资源水土流失,影响防洪、供水和生态环境安全。因此,一方面,深入研究河湖岸线生态化改造实施方案,不仅对确保河湖岸线建设具有十分重要的意义,也对河湖岸线生态系统保护乃至河湖水环境整治具有重要的意义。另一个方面,随着数字孪生、智慧水利建设的不断推进,实现包括河湖岸线智慧管理在内的水利智慧管理具有十分重要的意义。

本书共分八章。前七章以河湖岸线生态化改造问题为导向,通过调研,分析河湖岸线生态化改造的内涵,明确河湖岸线生态化改造的基本思想和工作原则,结合山西省河湖岸线的实际情况,研究河湖岸线生态化改造的重点任务及实施路径,探讨河湖岸线生态化改造的建设模式。本书第八章对智慧水利及其涉及的数字孪生建设、"四预"、现代化水库运行管理矩阵等进行了系统研究,为今后的河湖岸线生态化改造的智慧管理工作提供参考。

　　本书是笔者多年从事相关研究的部分成果的总结,感谢山西省政府服务项目(合同编号:HHZC202304)等的支持!

　　由于本书理论和实践涉及多个专业的交叉融合,加上作者水平有限,缺点和错误在所难免,恳请内行专业人士批评指正!

王润英

2024 年 8 月

目录 CONTENTS

1 概述 ·· 001
  1.1 研究目的 ·· 001
  1.2 主要研究内容 ·· 004
  1.3 国内外研究现状 ·· 004
      1.3.1 河湖岸线生态化改造 ··· 004
      1.3.2 建设模式 ·· 009

2 基本概念及内涵 ·· 013
  2.1 岸线 ·· 013
      2.1.1 岸线定义 ·· 013
      2.1.2 岸线边界线划定 ·· 014
  2.2 岸线功能区 ·· 017
      2.2.1 岸线功能区定义 ·· 017
      2.2.2 岸线功能区划分 ·· 017
  2.3 岸线生态化改造 ·· 020
      2.3.1 岸线生态化改造内涵 ·· 020
      2.3.2 岸线生态化的具体体现 ······································ 021

3 山西省河湖岸线生态化改造现状调查 ······························ 023
  3.1 山西省省情概况 ·· 023
      3.1.1 自然概况 ·· 023
      3.1.2 气候特征 ·· 024

3.1.3　经济与社会概况 ·· 024
　3.2　山西省河湖基本情况 ·· 024
　　　3.2.1　汾河流域 ·· 025
　　　3.2.2　桑干河流域 ·· 028
　　　3.2.3　滹沱河流域 ·· 029
　　　3.2.4　漳河流域 ·· 030
　　　3.2.5　沁河流域 ·· 033
　　　3.2.6　涑水河流域 ·· 034
　　　3.2.7　大清河流域 ·· 036
　　　3.2.8　潇河流域 ·· 038
　　　3.2.9　御河流域 ·· 040
　　　3.2.10　昌源河流域 ··· 041
　　　3.2.11　磁窑河流域 ··· 043
　　　3.2.12　段纯河流域 ··· 045
　　　3.2.13　涧河流域 ·· 046
　　　3.2.14　白马河流域 ··· 047
　　　3.2.15　乌马河流域 ··· 047
　　　3.2.16　象峪河流域 ··· 049
　　　3.2.17　洪安涧河流域 ··· 050
　　　3.2.18　浍河流域 ·· 051
　　　3.2.19　箭杆河流域 ··· 053
　　　3.2.20　岚河流域 ·· 054
　　　3.2.21　乌河流域 ·· 055
　　　3.2.22　杨兴河流域 ··· 056
　　　3.2.23　其他支流 ·· 057
　　　3.2.24　晋阳湖 ·· 057
　　　3.2.25　漳泽湖 ·· 057
　　　3.2.26　云竹湖 ·· 058
　　　3.2.27　盐湖 ·· 058
　　　3.2.28　伍姓湖 ·· 058
　3.3　流域洪灾调查 ·· 059

目录

3.4 山西省河湖岸线保护和利用现状 ······ 063
3.5 存在的问题 ······ 065
3.6 山西省河湖岸线生态化改造措施 ······ 066

4 河湖岸线生态化改造案例 ······ 070
4.1 河湖岸线情况概述 ······ 070
4.2 河湖岸线存在的问题 ······ 074
4.3 改造措施 ······ 076
4.4 典型案例 ······ 079
    4.4.1 针对不合理占用岸线资源改造案例 ······ 080
    4.4.2 针对污水废物排放造成岸线范围内水土流失严重的改造案例 ······ 082
    4.4.3 针对岸线范围内植被覆盖率低的改造案例 ······ 086
    4.4.4 季节性河道引起生态问题 ······ 090

5 河湖岸线生态化改造指导思想和工作原则 ······ 095
5.1 指导思想 ······ 095
5.2 工作原则 ······ 098
5.3 岸线规划 ······ 099
    5.3.1 岸线分界线 ······ 099
    5.3.2 岸线功能区 ······ 100
    5.3.3 汾河 ······ 103
    5.3.4 滹沱河 ······ 106
    5.3.5 桑干河 ······ 111
    5.3.6 清漳河 ······ 116
    5.3.7 沁河 ······ 120

6 改造治理建设模式 ······ 127
6.1 建设模式 ······ 127
    6.1.1 融资模式 ······ 127
    6.1.2 组织机构模式 ······ 135

6.1.3　体制机制 ······ 137
　　　6.1.4　运作方式 ······ 138
　　　6.1.5　监督评估 ······ 139
　　　6.1.6　治理模式 ······ 141
　6.2　标准体系 ······ 143

7　目标任务和实现路径 ······ 147
　7.1　基期和目标年 ······ 147
　7.2　工作目标 ······ 147
　7.3　主要任务及实现路径 ······ 148
　　　7.3.1　河湖岸线生态化保护治理修复措施 ······ 148
　　　7.3.2　河湖岸线生态化改造建设模式 ······ 157
　　　7.3.3　河湖岸线生态化改造管理措施 ······ 158
　7.4　保障措施 ······ 162
　　　7.4.1　加强组织领导，明确责任分工 ······ 162
　　　7.4.2　严格监督管理，落实责任追究 ······ 162
　　　7.4.3　加强宣传引导，促进全民参与 ······ 162
　　　7.4.4　拓展融资渠道，加强资金保障 ······ 162

8　智慧水利 ······ 164
　8.1　智慧水利的概念与内涵 ······ 164
　8.2　智慧水利建设目标和总体框架 ······ 165
　　　8.2.1　智慧水利建设目标 ······ 165
　　　8.2.2　智慧水利总体框架 ······ 165
　　　8.2.3　智慧水利与数字孪生 ······ 167
　8.3　数字孪生水利工程 ······ 168
　　　8.3.1　基本概念 ······ 168
　　　8.3.2　水利工程建设数字孪生的工作目标与内容 ······ 169
　　　8.3.3　信息化基础设施建设 ······ 170
　　　8.3.4　数据底板建设 ······ 171
　　　8.3.5　数字孪生平台搭建 ······ 179

8.4 水利工程管理"四预" ………………………………………… 183
8.4.1 "四预"技术框架 …………………………………… 184
8.4.2 预报 …………………………………………………… 184
8.4.3 预警 …………………………………………………… 188
8.4.4 预演 …………………………………………………… 189
8.4.5 预案 …………………………………………………… 191
8.5 现代化水库运行管理矩阵 ……………………………………… 192
8.5.1 内涵分析 ………………………………………………… 192
8.5.2 现代化水库管理矩阵构建体系"一张图" ……………… 193
8.5.3 现代化水库管理矩阵与相关概念的关系 ……………… 195

参考文献 …………………………………………………………… 198

1 概述

1.1 研究目的

随着人类社会的迅猛发展和经济的快速增长，我国各地生态环境状况普遍受到了不同程度的影响。近几年，我国众多地区的流域已经在强化水环境质量管理的前提下，依据水质保护的目标，进一步加强了河流和湖泊水环境的整治工作，旨在保护和恢复水生态系统。这一系列措施使得河湖的水环境面貌得到了显著的改观，并且其生态功能也在逐渐增强。河湖是地球的主要淡水资源之一，为人类的生产、生活、农业、工业等提供重要的水资源，是人类生存和发展的前提。

水利设施作为国家经济与社会进步的关键基础架构，其在过去的建设时却往往未能充分顾及自然生态与人类活动之间的平衡发展，进而引发了一系列日益严重的生态环境问题。《水利部办公厅关于印发 2023 年河湖管理工作要点的通知》中提出，要有序推进幸福河湖建设，建立健全幸福河湖建设成效评估指标体系，指导各地以实施河湖系统治理、健全河湖长效管护机制、助推流域经济社会发展为主要内容，积极建设人民满意的幸福河湖。岸线作为河湖的重要组成部分，是河湖与陆地之间的边界，是水体与陆地的过渡区域。岸线以其特有的地理、地貌和生态特征，对河湖生态系统的稳定和健康发展起着重要作用。《水利部关于加强河湖水域岸线空间管控的指导意见》中提出需明确河湖水域岸线空间管控边界、严格河湖水域岸线用途管制、规范处置涉水违建问题、推进河湖水域岸线生态修复、提升河湖水域岸线监管能力。作为一个资源型省份，山西省同样面临生态环境问题，其中河湖岸线生态化改造成为当前亟待解决的重要课题。

城市化、工业化和农业面源污染是山西省河湖岸线生态环境恶化的重要原因。随着城市化和工业化的不断加快,山西省人口快速增长,城市用地面积不断扩大,导致水源供水困难和地下水位下降。大量的家庭、企业废水未经处理就直接排放到河流和湖泊中,导致水域富营养化、水质恶化和生态环境退化。此外,工业废水中含有大量的重金属、化学物质等有毒物质,直接排放至河湖中,会对水质造成极大的污染,影响生态系统健康。另外,随着农业科技的不断发展,化肥、农药和畜禽粪便等农业面源污染也日益突出。在农田施肥时,部分化肥会残留在土壤中,逐渐渗入河流和湖泊,给水源环境带来严重威胁,导致面源污染加剧。在畜禽养殖方面,废弃物的排放以及养殖场周边地区的污染,更是对水质造成了巨大的污染压力,大大加剧了河湖岸线生态环境的恶化。

随着国家环境保护意识的增强和生态文明建设的推进,《山西省水利厅关于印发2023年全省河湖治理管理工作要点的通知》中提出,要锚定全面实施母亲河复苏行动、大力推进"一泓清水入黄河"工程两大目标,实施全省防洪能力提升、"七河""五湖"生态保护修复、河湖岸线生态化改造三大工程,做好项目建设、生态补水、水域岸线空间管控、"清四乱"常态化规范化、河道采砂管理、智慧河湖建设六项工作,全面提升河湖治理管理能力。

山西省还提出了生态文明建设和生态优先发展的战略方针,明确了加强河湖岸线生态化改造的重要性。这一方针体现了对生态环境保护的高度重视和对可持续发展的追求。此外,山西省还出台了《汾河流域生态修复规划纲要(2015—2030年)》等生态保护修复质量考核政策和规章,旨在加强对生态保护和修复工作的评估和监督,推动生态环境的持续改善和修复。这些政策和规章的出台为山西省河湖岸线生态化改造实施方案提供了明确的政策支持和法律依据,推动了河湖岸线生态化改造方案的实施。通过加强生态环境管理和监管,提高河湖岸线生态化改造的质量和效果,带动社会各界的共同参与,形成了政府、企业和社会共同推动生态优先发展的良好局面。

生态环境问题的严峻形势和生态文明建设的要求使得加强山西省河湖岸线的生态化改造成为当务之急。目前,已有的生态化改造研究大部分是针对局部即某条河、某个流域或某个工程的研究,针对省区(地区)级的河湖岸线生态化改造还缺乏改造方案,故本书通过合理规划、制定合适的山西省河湖岸线生态化改造实施方案。此次改造实施方案不同于常规的施工方案,即填土、夯实、施工监测等,而是从宏观层面进行考虑,包括经济、管理、改造措施等。

河湖岸线是重要的生态系统,承载着众多的自然资源,其健康状态直接关系到水体的水质、水生生物的生存和繁衍,以及生态系统的稳定性和可持续性。

河湖岸线生态化改造实施方案的研究对于保护和修复生态环境具有重要意义。通过研究河湖岸线生态化改造实施方案，可以探索和验证对生态环境修复和保护的有效方法和策略，为解决水污染、湿地退化等环境问题提供科学依据；可以促进植被的生长和栽植，提高河湖岸线的稳定性，降低土地侵蚀和水灾发生的风险，同时加强对洪涝灾害等自然灾害的抵御和应对能力；可以有效改善河湖岸线生态环境，减少水资源污染，提升自然生态系统的稳定性和抗干扰能力，促进生态环境保护工作的开展，增强社会对生态环境保护的共识和认知，鼓励更多人积极参与保护环境的行动，形成全社会共同推动生态文明建设的良好氛围。

并且，该实施方案的研究对于促进经济可持续发展具有重要意义。河湖岸线的生态状况直接关系到社会经济的发展和人民群众的幸福感。通过生态化改造，可以提高河湖岸线的生态环境质量，增强其生态功能，为当地经济提供更好的生态服务功能。同时，生态系统游憩服务、旅游产业等也会受益于河湖岸线的生态环境改善，进而带动当地经济的蓬勃发展。

本次实施方案研究在进行河湖岸线生态化改造调研的基础上，着重研究了河湖岸线生态化改造的重点任务及具体措施、河湖岸线生态化改造建设模式。根据调研，河湖岸线生态化改造可以通过研究山西和其他省份岸线功能区划分、河湖岸线存在问题，以及其他省份具有类似问题的典型成功改造案例，为山西省制定生态化改造措施提供借鉴和参考。研究并确定此次实施方案改造的基本思路和工作原则，需梳理实施方案的重点任务和具体措施，其旨在明确河湖岸线生态化改造的工作方向和发展目标。通过分析重点任务，可以明确需要改造和提升的具体区域和内容，为工作提供明确的指导和执行路径。通过生态化改造工程，可以恢复和改善河湖岸线的生态环境，保护和维护生物多样性，维持生态平衡，促进生态系统的健康发展。研究河湖岸线生态化改造的建设模式是为了保证实施方案的可操作性和可持续性。通过研究不同的融资模式，确保项目能够获得足够的资金支持，推动项目的顺利实施，确定合适的组织机构模式，提高项目的管理效率和决策效果。研究建设模式可以帮助识别潜在的问题和挑战，通过深入分析不同模式的优缺点，可以制定出更为灵活、可行的实施方案，确保项目顺利推进。

山西省地处内陆干旱区和半干旱区，水资源相对匮乏。河湖岸线生态化改造实施方案的施行，不仅可以净化水质，提高水资源利用效率，也可以增加水生物多样性，扩大水产业相关产业规模，创造更多的就业机会。山西河湖岸线生态化改造实施方案，对于国内其他内陆半干旱地区的生态化改造具有借鉴意义。

此外，河湖岸线生态化改造实施方案研究对于推进生态文明建设具有重要意义。生态文明建设是我国发展的重要战略，也是追求可持续发展的必然要求。山西省的河湖岸线生态化改造实施方案研究能够探索和实践生态优先、绿色发展的路径和模式，为加强生态环境保护、塑造良好的生态文明意识奠定基础。

1.2　主要研究内容

本书围绕河湖岸线生态化改造实施方案研究这一主题，研究的主要内容包括：

（1）河湖岸线的定义及岸线功能区的内涵，结合河湖岸线特点提出岸线生态化改造内涵。

（2）对我国河湖岸线进行调研，调研内容包括岸线分区及岸线情况、岸线存在问题和生态化改造情况及措施等，重点对山西省河湖岸线进行调研。总结阐述针对岸线存在问题的成功改造案例。

（3）研究河湖岸线生态化改造实施方案的基本思路和工作原则，提出实施方案的重点任务，根据重点任务结合类似问题的案例分析提出相应的保护修复治理工程措施和非工程管理措施。

（4）研究生态化改造的评估指标，包括河湖岸线绿化覆盖率、自然岸线保有率、岸线河道断面尺度、河湖岸线水土保持率、水域空间保有量、达到或好于Ⅲ类水质断面比例和劣质水质断面比例等。

（5）为了科学地规划河湖岸线的生态改造工程，合理配置自然资源和人力资源，探索河湖岸线生态化改造的建设模式。

（6）智慧水利、数字孪生、"四预"及现代化水库管理矩阵的内涵及关系。

1.3　国内外研究现状

1.3.1　河湖岸线生态化改造

1.3.1.1　生态化内涵

"生态化"这一术语，其根源可追溯至苏联学者的智慧结晶。该概念旨在以形象、拟态的方式，对类似自然生态系统的现象进行描述。1969年，伊恩·麦克哈格（Ian McHarg）在《设计结合自然》一书中，提出了广泛意义上的生态设计，包括建筑的生态设计、景观与城市的生态设计、工业及工艺的生态设计。

1996年美国建筑师西姆·范·德·瑞恩(Sim Van Der Ryn)定义的生态化为："任何与生态过程相协调,尽量使其对环境的破坏达到最小的设计形式都称为生态化设计"。詹姆斯·科纳(James Corner)着重指出,鉴于当前环境问题日趋抽象与复杂,人类亟须探索并发展一种创新型生态学。这种新型生态学旨在挑战传统生态学中那些缺乏创造力和想象力,且带有科学偏见的陈旧观念。

陈勇针对生态城市及其规划建设进行了深入研究,并从生态文明的角度出发,提出了人类居住空间的生态模式及其规划设计理论与方法。他致力于构建一种全新的生态人居观念和方法论体系,以期为人类创造更加和谐宜居的生态环境。董哲仁首次明确提出了生态水工学的概念,强调了在水利工程规划与设计中融合生态学原理的重要性。该学科作为水利工程学的一个新兴分支,不仅关注水利工程的基本功能,还着重于维护和提升生物多样性,以及尊重河流自然美学价值。杨睿阐释了"生态化改造"的概念,作为"生态设计"理念的补充,它依托于"生态补偿"的原则,旨在通过减少人类设计活动对环境的负面影响,实现对居住环境的改善。刘益在2012年发表的《浅谈城市街道的生态化改造设计——以美国西北地区城市为例》一文中,进一步定义生态化改造设计为一种方法,该方法基于生态学原理,将改造目标的自然进程与设计决策相整合,力求将设计活动对生态环境的冲击降到最低,实现生态恢复。康峰在2014年的研究中提出了关于生态的定义,他认为生态可以被界定为依据生态学原理来进行污染治理的过程。具体来讲,这个过程包括运用大自然中相互促进与制约的规律来分解、转化污染物,使其变为可利用资源或逐步稀释至不造成污染的程度。倪博针对温岭东部新区海塘的生态化建设进行了深入研究,提出了一系列生态化设计原则和目标,分析海塘生态建设的需求,构建生态化建设方案,包括堤前带、堤身带和堤后带的生态化设计。李相逸等梳理了深圳西海岸带存在的具体问题,提出对人工岸线进行生态化改造的策略,研究主要内容包括针对海岸带水质污染问题、应对海洋灾害、应对自然海岸线侵蚀的生态化改造。生态化学科发展时间短,发展历史短,有许多问题和领域仍待探究,因此加强对生态学领域的研究势在必行。

目前,对于河湖岸线生态化改造的内涵,学术界以及官方暂无明确的界定,山西省在《汾河流域防洪能力提升工程实施方案》中已经明确了防洪能力提升工程建设须结合生态景观治理工程统一实施,汾河百公里中游示范区段结合汾河百公里中游示范区工程建设,对水毁淤积的主槽、辫状水系进行整治,疏浚土方用于湖心岛或堤坡生态化改造回填。但是河湖岸线不仅仅是堤防,还有护堤地、滩地等,故这里综合生态化改造内涵的研究进展,将于后文明确界定河湖岸线生态化改造的内涵。

1.3.1.2 河湖岸线生态化改造措施

为了解决问题,我国陆续出台了一些相关解决方案,包括加强岸线生态保护、优化生态环境、改善水质等主题,比如《生态保护红线生态环境监督办法(试行)》《"十四五"生态保护监管规划》《关于划定并严守生态保护红线的若干意见》《水利部办公厅关于强化流域水资源统一管理工作的意见》《黄河流域生态环境保护规划》等。

近年来,国内一些地区对河湖岸线生态化改造进行了成功的尝试和实践。例如,浙江省通过推行河长制、实施湿地保护与恢复、开展河湖治理、拆除非法建筑和整治沿岸违建、恢复沿江景观带等一系列措施,有效改善了河湖岸线的生态环境质量。福建省通过生态修复、排污治理等措施,成功提升了闽江流域水体的水质。江苏省通过加强沿江堤防管理和生态修复,建设了一批环境友好型的岸线。北京市通过加强生态治理和水质净化,逐步改善了顺义区的毛片河、常营河等河流的水质,提高了岸线生态环境质量。上海市通过开展滩涂生态恢复和湿地保护工程,成功将滩涂生态系统转化为具有重要生态功能的湿地景观,以及在改造黄浦江岸线时,采用了"生态景观带+人工湿地+绿色港口"的方式,实现了岸线生态环境与城市景观相统一。重庆市对长江岸线进行了生态化改造,通过建设生态码头、绿色防护林带等方式,提升了长江岸线的生态环境。广东省在大亚湾海岸线上建设了一条长达16公里的生态廊道,使该区域的岸线生态环境得到了极大改善。湖南省通过提高水生态功能区的保护力度,加强污染源治理等方式,使湘江岸线生态环境质量得到了明显提升。山西省汾河流域平遥县文水段的生态化改造工程包括堤防险工险段防护、堤外湿地进退水闸建设、沿河泵站改建及穿堤建筑物改造、堤坡健身步道及堤顶观光道路;滩槽整治工程包括堤内生态绿岛建设、辫状水系梳理与防护、主槽弯道段防护;景观绿化工程包括堤外防护林带及堤坡绿化、水文化公园建设、滩地绿化、跨河桥梁美化、现有堤外湿地提质。该工程有效改善了汾河流域水生态环境,提升了河道泄洪能力及堤坡防洪能力,确保汾河道安全度汛。

国外关于河湖生态治理方面也颇有成效,在20世纪70年代中期,德国开启了河流生态管理工程,进行了关于河流保护与再自然化的实践探索,该进程也被描述为河流的重新自然化(Naturnahe),Schlueter提出的"近自然治理(near nature control)"理念,强调既要达到人类对河流的利用需求,又要保持或者促进河流生态的多样性。在丹麦,河流恢复计划分为三个主要类型:一是局部的环境改善工程,包括沙滩恢复、深潭构建与鱼类产卵场所的提升;二是恢复河流连通性，诸如鱼道设置和将跌水段改造为急流陡坡；三是大规模的生态及水文功能恢复，即重塑河道形态、重建湿地等。在20世纪80年代后期，瑞士和德国等国家的专家们提出了"亲近自然河流"的理念与"自然型护岸"技术，旨在倡导一种更加贴近自然、尊重生态的河流治理和保护方式。这种方法追求最大程度的自然化，通过利用植被、木料和石料，沿河岸线构建浅滩、深潭及人造湿地等元素，旨在增强空间的多样性，并创造更为自然的河岸环境，以促进生物多样性的增长。从20世纪90年代起，在水资源开发与管理的过程中，美国不仅注重水资源的合理利用，还积极融入了促进生物生存的河流生态恢复措施，采纳了接近自然的施工手段。在那些因采矿作业而受损的河段，美国创建了多处浅滩、深潭和人工湿地；对于落差较大的河段（如大坝地区），美国精心设计了各式鱼道以便于鱼类迁徙，从而有效地促进了生态环境的恢复。目前，这种生态修复的工程已经扩展到流域层面，实现整体的生态恢复工作。荷兰近年提出了"还河流以空间"等新理念，并在河湖岸线生态化改造方面取得了显著成果，通过植被恢复、湿地建设和水质改善等措施，使得河湖岸线恢复了自然的生态功能。加拿大在湖泊保护和治理方面积累了丰富的经验，通过采取湖泊污染治理和湖泊湿地恢复等综合措施，有效改善了湖泊的水质和生态环境。

  从具体实施方法来看，景自新等人针对东莞市滨海湾东宝公园建设项目中海岸线存在的诸多问题，通过实施一系列措施，包括推行生态化海堤建设、加强盐碱地改良工作、积极进行植被修复以及开展景观生态化建设等，成功实现了对该海岸带生态的有效修复，并显著推动了流域水生态系统生态功能的恢复。周建军等人针对滦南湿地及其毗邻海域互花米草不断蔓延的问题，通过采取一系列有效措施，包括运用物理手段清除互花米草、对人工岸线实施生态化改造（如碎石整理、岸线清洁及植被优化），成功遏制了互花米草的扩张势头，并有效恢复了湿地滩涂及本土植被的生态系统。刘淑芬深入探讨了"江—堤—城"间的空间关系，根据岸线现状及岸线空间形态特征，对岸线空间进行分类，制定了不同的空间功能修复模式，并从关联用地调控、堤防工程优化、岸带径流调蓄、护岸工程改进以及生境恢复与营建五个方面构建措施体系。李雷提出了生态岸滩修复和保护的措施，以推动宁波市奉化区海岸线的改造与提升工作，包括彻底清理岸线、覆盖沙土以增强岸滩稳定性，提高植被覆盖率以强化生态屏障，增强水生植物多样性以丰富水域生态系统，以及构建更具群众参与性的海岸线，他还主张对入海口的各种水系进行梳理，以优化水系结构，提升水环境的整体质量。段学军等在对长江岸线资源进行了系统调查与全面评估后，深入剖析了当前长江岸线生态环境保护所面临的诸多问题，并追溯了导致这些生态变化与问题的主要根源。为改善长江岸线的生态环境状况,借鉴了莱茵河治理的成功经验,针对性地提出了一系列对策建议。邓雪湲创新性地提出了分级管控方法,包括保护、修复和补偿等多个层面,根据不同区段护岸的当前状况以及周边腹地的发展潜力与前景,科学设定了"生态岸线占比"和"生态化改造岸线占比"等分区管控指标要求。

  徐伟等人在深入研究和实践我国生态海堤建设的基础上,结合我国海岸带独特的地貌特点,对新建海堤和已建海堤分别提出了提升生态化水平的具体策略。唐慧燕等提出结构断面改造、临海侧堤脚和护面孔隙化、护面绿植、堤顶与后方城市整体生态景观融合等生态化改造方法。张晓雪对白马河的整体段进行了以水质提升、岸边保护及两侧地带使用等多角度的生态化改造。于丽君针对辽河支流柳河水资源调度现状进行深入分析,总结柳河流域目前所面临的污染问题,提出了针对柳河生态化改造建设的综合方法。谭宇就对水土保持工程进行分析,提出生态化改造工程的实现措施——绿化种植、植树造林、山坡防洪、山坡截流。胡茂杰等以太湖流域为例,详细阐述了高标准农田排水系统生态化改造的主要建设内容,分析了生态型农田排水系统在建设及运行过程中所面临的问题与挑战,提出了完善评价指标体系构建、建立完善的管护机制等对策。陈于亮对河道生态治理的相关原则进行分析探讨,介绍在城市河道治理中有效的设计方法。李志华等针对奎河护岸现状中的主要问题,从防洪安全、生态功能以及景观效果等多个维度进行了深入探讨,在满足传统护岸防洪、排涝功能的基础上,提出了建设具备生态呼吸功能的河道护岸方案。

  Webb 等提出了一种适用于澳大利亚的促进科学原理和理解的河岸植被恢复新方法。通过使用残存植被调查、历史记录、孢粉分析和实地试验结合的方法来选择适当的植物物种。在恢复河岸植被时应考虑一些重要因素,以取得有价值的成果。Palmer MA 提出了五个衡量河流修复工作成功的标准,并强调了生态角度,这些标准被认为是成功的。它们还为每一项标准提出评价标准,并提供适当指标的例子。Jongmau R H G, Pungetti G 在《Ecological Networks and Greenways:Concept, Design, Implementation》一书中提到用生态网络和绿道在城市和乡村环境中建立生态走廊的方法,以连接不同类型的生态系统,并增强物种分布和生态过程。该书讨论了该方法的优点,并提供实际操作中的设计和实施策略。同时,该书也介绍了生态系统恢复和生态规划的相关知识。Cairns J.J.R 根据不同类型的水生生态系统(如河流、湖泊、沿海湿地等),探讨了相应的修复策略、技术和方法。Hohmann 提出从河流生态系统平衡的角度看,河流的生态管理需致力于保持生态环境的多样性、物种的丰富性和整个河流生态系统的稳定性。

岸线生态化改造常采用生态护岸和湿地修复的方法。湿地修复是指通过一系列的措施和方法,将退化或受损的湿地生态系统恢复到更为健康和可持续的状态。湿地修复的过程通常涉及移除及控制干扰源、水质的净化、退化顶土的清除、本地植物的重新引入以及湿地表层的稳定化等关键步骤。鉴于湿地水位的频繁波动及各类干扰因素的存在,这些因素在进行湿地修复工作时必须予以充分考虑,并视为修复过程的一环。

国内外关于河湖岸线生态化改造的研究已经取得了重要的进展,许多地区都进行了一系列河湖岸线生态化改造实践,并取得了显著的成果。借鉴其他省份和国家的成功案例,可以为山西省的河湖岸线生态化改造提供宝贵的理论指导和实践经验,从而更加高效和科学地推进改造工作。

1.3.2 建设模式

水利工程建设模式是指在水利工程项目实施过程中,所采取的组织管理、技术手段、资金筹措、投资收益等方面的整体安排和运作方式。结合河湖岸线生态化改造建设模式,本研究主要阐述融资模式、组织机构模式的研究进展。

融资模式主要有政府资金支持、公私合作、水利投资基金、资本市场筹集等方式。在河湖管理以及河湖岸线生态化改造中,随着工程建设以及建设方式的不同,所采用的融资模式是变化的。河湖岸线的生态化改造工程隶属于水利工程。长期以来,中国水利工程的资金主要依赖于政府财政和银行贷款,社会资本的参与程度相对较少。在项目管理层面,水利项目往往通过成立专门的事业单位来承担政府投资和银行贷款,负责项目的投资建设和运营管理,市场化程度普遍不高。

水利项目的投融资过程大概经历了以下几个发展阶段:

(1) 初创时期:1949年至1978年。水利投融资模式的核心在于国家财政的直接投资,这深刻体现了当时计划经济占主导地位的经济体制特征。在国家重建与发展的关键阶段,水利建设承载了重要的历史使命,其主要目标聚焦于灾后重建工作的推进、基础水利设施的完善、灌溉系统的恢复与建设以及防洪措施的落实,以此确保水利事业稳步发展,为国家的经济建设和社会稳定提供坚实保障。

(2) 改革开放初期阶段:1978年至20世纪90年代初。中国水利投融资模式历经显著变革,逐步迈向多元化机制。在经济体制转型与市场机制引入的背景下,水利投融资模式已逐渐摆脱单一的国家财政投资模式,转向更为多元化的投资格局,涵盖了地方政府和农民等多元投资主体。这一时期,政府逐步减少对水利建设的直接管控,转而鼓励地方政府和农民自行筹集资金参与水利建设,展现出鲜明的市场化和分散化特征,有效促进了水利事业的持续发展。

(3) 市场化探索阶段:20世纪90年代初至21世纪初。中国水利投融资模式经历了显著的变化。在这一阶段,政府逐渐减少对水利项目的直接财政投入,转而探索更为市场化的运作方式。尤其值得关注的是公私合作(PPP)模式的引入,它赋予私营企业参与水利项目投资、建设和运营的机会,为水利事业注入了新的资金和管理活力,有效推动了水利投融资体系的创新与发展。此外,通过市场机制融资的做法,如发行债券、吸引银行贷款等方式,不仅显著提升了水利项目资金的筹措效率,也增强了资金使用的灵活性,为水利项目的顺利实施提供了有力保障。

(4) 成熟发展阶段:21世纪初至今。中国水利投融资模式已展现出显著的成熟度和多元化趋势。在这一阶段,除了传统的国家财政投资外,市场融资与社会资本的积极参与也为水利建设提供了重要支持。社会资本的深入介入不仅为水利项目注入了必要资金,更带来了先进的管理理念和技术革新。为了吸引更多社会资本参与,政府还积极推行了一系列创新融资机制,如优化政策环境、推广建设—经营—转让(build-operate-transfer,BOT)和移交—经营—移交(transfer-operate-transfer,TOT)等模式,有效促进了水利投融资模式的完善与发展。

中国水利投融资模式的演进历程呈现出由单一向多元化转型的显著趋势,这一过程不仅是从政府主导到市场参与的共同推进,更是水利事业发展的必然选择。当前,中国的水利投融资模式正逐步凸显可持续发展和环境保护的重要性,并在不断探索与创新中,积极适应国内外的新挑战与需求,以推动水利事业的持续健康发展。

近年来,美国水利投融资领域常用的模式包括公私合营(PPP)模式以及市场化融资机制。其中,PPP模式已在美国水利融资运营中占据重要地位。以卡尔斯巴德海水淡化工厂为例,作为北美规模最大的海水淡化设施,其建设和运营均由私营企业承担,而政府则通过签署长期购水协议,确保项目财务的可持续性。这种模式有效地整合了私营部门的技术创新优势与运营效率,同时保障了公共资源的合理利用,为水利事业的持续发展注入了新动力。在美国,市场化融资机制常借助发行债券的方式进行运作。以纽约市水务系统为例,政府通过发行市政债券成功筹集了大量资金,这些资金主要用于城市供水和污水处理设施的建设与升级。市政债券作为一种有效的债务融资工具,不仅使政府能够向更广泛的投资者市场借款,提高了融资的灵活性和效率,还降低了对传统财政预算的依赖,为水利设施的建设和升级提供了稳定的资金来源。

荷兰采用公私合作的水利融资模式,旨在充分整合公共部门与私营部门各自的优势与资源。以阿姆斯特丹城市排水系统升级项目为例,荷兰政府通过公共资金和税收为项目提供了主要的资金支持,而私人企业则凭借其资金和技术实力积极参与项目的建设和运营,从而确保了项目的顺利进行和高效实施。这种模式有效促进了水利项目的融资与发展,提升了水利设施的建设和运营效率,在增强项目的财务稳定性和可行性的同时,还推动了技术创新和服务质量的显著提升。此外,荷兰在水利融资方面还广泛采用发行市政债券、开展国际合作以及实施用户收费等多种模式,以进一步拓宽融资渠道,优化水利项目的资金结构。

在融资方面,新加坡采用了包括建设—经营—转让(BOT)在内的多元化策略,同时借助市场机制,例如发行债券,为其水资源管理项目筹集资金。这种做法不仅提升了资金筹集的灵活性,还降低了对单一资金来源的过度依赖,从而确保了项目的稳定推进和可持续发展。

国内目前正深入推进水利投融资体制改革,积极引入社会资本,实现资金的市场化和多元化筹集。以云南滇中引水工程为典型案例,该工程创新性地采用了"股权投资+施工总承包"的运作模式。通过公开招标的方式,成功吸引了社会资本联合体的积极参与。这些社会资本联合体不仅为工程提供了宝贵的股权投资,同时还肩负起了施工总承包的重要任务,有效推动了工程的顺利实施。还有河北省"中易水河开发区段水环境综合治理"项目,其总投资为17 190.53万元,其中资本金3 590.53万元,占比20.89%,资本金来源于财政资金,剩余13 600.00万元通过发行政府专项债券取得。

针对水利项目展现的多样性和地域特色,鉴于各地经济发展状况的不均衡以及项目规模的大小不一,不同的融资模式在使用过程中,会渐渐体现出不足之处,必须依据各个项目的具体状况与需求来进行恰当的调整,以实行因地制宜的原则。在此基础上,政府应制定出各具特色的支持政策以及灵活的融资机制。

关于组织机构模式,随着河湖管理的进一步深入,根据中共中央办公厅、国务院办公厅印发的《关于全面推行河长制的意见》和《关于在湖泊实施湖长制的指导意见》,全面启动河、湖长制。2008年,无锡市为了全面推行河长制管理模式,在全市范围内明确了组织原则、工作措施、责任体系以及考核办法。长江、黄河、淮河、海河、珠江等七大流域,建立了"流域管理机构+省级河长制办公室"的联席会议制度,以促进跨区域的合作与协调。此外,超过20个省份已经建立了跨省界河湖的联防联控机制，积极探索并实施横向生态补偿机制，设立联合河长湖长，并开展联合巡查执法行动。2022年，遂宁市河湖管理保护中心率先在全国范围内创新性地提出了"行政河长＋技术河长＋民间河长＋河道警长＋检察长"的五长共治治水新机制，并构建了"市、县、乡、村"四级河长体系。为了有效化解山西、河北及河南之间长达数十年的漳河争端，王昆提出构建京津冀省际河长制。这一制度将通过建立三地河长协同联席组织，实行河长轮流值班责任制度，完善社会化综合监督体系，其旨在促进跨地区河湖管理的协同合作与责任落实。目前，山西省已成功实施由林长、河长、湖长组成的五级"三长"组织体系，并全面显现其成效。该体系通过科学划定管护网络，确保了资源的有效管理、事务的及时执行以及责任的明确承担。

在国际层面，水资源综合治理和协调利用主要依赖流域综合管理机制。以欧洲多瑙河—黑海区域为例，该区域曾深受水污染之害。为应对这一问题，1998年沿线国家携手创建了多瑙河保护国际委员会（ICPDR）。该委员会不仅通过组织跨国界水生态论坛等活动，促进欧盟政府与民众的共识，还成功构建了一个有效的社会参与机制。而在德国莱茵河流域，二战后经济发展导致水质急剧下降。20世纪60年代，在国际水协会（IWA）的统一领导下，各国实行分工负责制，依据不同流域的实际情况，制定相应的水质标准，并聘请上百名专业注册通报员在数十个通报检测站点进行24小时轮班监测，一旦发现水质不符合标准，立即向相关部门报告，并迅速采取应对措施。英国的泰晤士河污染治理同样经历了漫长岁月，历时约120年。直至1974年，英国成立了泰晤士河水务管理局，对全流域各个断面实施统一管理，严格管控污染源的排放，从而有效推动了水污染治理的进程。

针对不同地区、不同规模的水利项目，应当有针对性地提供适配的支持措施、融资渠道和组织机构，从而确保政策的实效性和精准度，进而推动水利项目的可持续发展。

2 基本概念及内涵

2.1 岸线

2.1.1 岸线定义

根据《河湖岸线保护和利用规划编制规程》(SL/T 826—2024)，河湖岸线是指河流(包括水库库区)、湖泊管理范围内，河流(包括水库库区)两侧或湖泊周边一定范围内水陆相交的带状区域。河湖岸线是河流、湖泊自然生态空间的重要组成。

岸线边界线是在河道或湖泊沿岸周边划定的岸线管理和保护的控制线，表2-1中列出了岸线控制线(边界线)划分的两种类型。

表2-1 不同省份岸线控制线划分

岸线控制线划分类型	对应省份
临水边界线、外缘边界线	贵州、新疆、内蒙古、天津、浙江、江西、湖南、湖北等
临水控制线、堤顶控制线、外缘边界线	广东

我国河湖岸线边界线划分常分为外缘边界线和临水边界线。《河湖岸线保护和利用规划编制规程》中定义的临水边界线是根据稳定河势、保障河道行洪安全和维护河流湖泊生态等基本要求，在河湖沿岸临水一侧划定的管理线；外缘边界线是根据河湖岸线管理保护、维护河流功能等要求，在河湖沿岸陆域一侧划定的管理线。如图2-1所示。

也有个别省份比如广东省将岸线控制线分为临水控制线、堤顶控制线和外

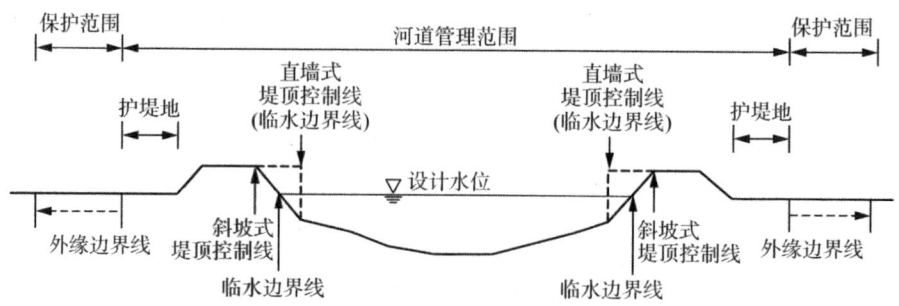

图 2-1 有堤防河道控制线图

缘边界线。广东省地方标准《河道水域岸线保护与利用规划编制技术规程》(DB44/T 2494—2024)中定义临水控制线是在河道沿岸临水一侧划定的管理控制线，堤顶控制线是现状及规划堤防临水侧堤顶线，外缘边界线是指在河道沿岸陆域一侧划定的岸线外边界线。

2.1.2 岸线边界线划定

根据岸线保护与利用的总体目标和要求，结合各河段的河势状况、岸线自然特点、岸线资源状况，在服从防洪安全、河势稳定和维护河流健康的前提下，充分考虑水资源利用与保护的要求，按照合理利用与有效保护相结合的原则划定岸线边界线或岸线控制线。应根据水文及河势稳定分析成果和经济社会发展对河湖管理等要求，在满足规划目标的条件下划定岸线边界线。

岸线边界线(控制线)的划定应保持连续性和一致性，特别是各行政区域交界处，应按照河流特性，在综合考虑各行业要求，统筹岸线资源状况和区域经济发展对岸线的需求等综合因素的前提下，进行科学合理的划定，避免因地区间社会经济发展要求的差异，导致岸线边界线划分不合理。

以下是两类岸线边界线(控制线)的拟定标准：

1. 只将岸线边界线分为外缘边界线和临水边界线

根据《河湖岸线保护和利用规划编制规程》，岸线边界线应划定外缘边界线，根据管理需要，宜划定临水边界线。岸线边界线宜尽可能保持平顺，相邻岸段岸线边界线应合理衔接。

1) 临水边界线

根据《河湖岸线保护和利用规划编制规程》，临水边界线应按照以下原则或方法划定：

(1) 已有明确治导线或整治方案线(一般为中水整治线)的河段，以治导线或整治方案线作为临水边界线。有治导线的河流，以已划定的治导线作为临水边界线。不同河流的临水边界线，可根据河流特性和管理要求，采用中水治导线、洪水治导线，或采用河流整治方案确定的整治线。

(2) 无治导线和整治线的河流，应按下列方法划定：

① 山区峡谷河段以设计洪水位与岸边的交线作为临水边界线；

② 山区宽谷和平原河段以平滩流量或造床流量对应的水位与岸边的交线作为临水边界线；

③ 河网地区河道以多年平均水位或常水位与岸边的交线作为临水边界线；

④ 潮汐河口以多年平均高潮位与岸边的交线作为临水边界线。

(3) 湖泊以正常蓄水位与岸边的交线作为临水边界线，对没有确定正常蓄水位的湖泊可采用多年平均湖水位与岸边的交线作为临水边界线。防洪要求较高的湖泊可采用设计洪水位或汛期多年平均水位与岸边的交线作为临水边界线。

(4) 水库库区以水库管理范围线作为临水边界线。对于承担防洪任务的水库根据管理需要可采用设计洪水位或校核洪水位与岸边的交线作为临水边界线，但不应低于水库管理范围线；对于水库库区按照河道管理范围线划定且高于水库征地移民线的岸段，以河道管理范围线作为临水边界线。水库管理范围应符合《水库工程管理设计规范》(SL/T 106—2017)的规定。

2) 外缘边界线

根据《河湖岸线保护和利用规划编制规程》，外缘边界线划定应遵循下列方法：

(1) 已划定管理范围的河湖，外缘边界线应采用管理范围线。

(2) 未划定管理范围的河湖，应按下列方法划定外缘边界线：

① 有堤防的岸段以堤防工程管理范围线作为外缘边界线，堤防管理范围应符合《堤防工程设计规范》(GB 50286—2013)、《海堤工程设计规范》(GB/T 51015—2014)和《堤防工程管理设计规范》(SL/T 171—2020)的规定。堤防工程管理范围的外缘线一般指堤防背水侧护堤地宽度，护堤地宽度从堤脚计起，1 级堤防的护堤地宽度为 30~20 m，2 级、3 级堤防为 20~10 m，4 级、5 级堤防为 10~5 m。

② 无堤防的岸段以已审定的历史最高洪水位或设计洪水位与岸边的交界线作为外缘边界线。

(3) 规划期内已规划建设重大防洪工程、水资源利用与保护工程、生态环境保护工程的河段，应根据工程规划建设要求，预留工程建设用地，并在此基础上划定外缘边界线。

2. 将岸线控制线分为临水控制线、堤顶控制线、外缘边界线

1）临水控制线划定

参考广东省地方标准《河道水域岸线保护与利用规划编制技术规程》，临水控制线与河道水流流向应保持基本平顺，应按照以下原则或方法划定。

（1）河流采用防洪设计水位与陆域的交线作为临水控制线。

（2）湖泊采用正常蓄水位与岸边的交线作为临水控制线，对没有确定正常蓄水位的湖泊可采用多年平均湖水位与岸边的交线作为临水控制线。

（3）水库库区一般采用正常蓄水位与岸边的交线或水库移民迁建线作为临水控制线。

（4）入海河口采用多年平均高潮位与陆域的交线作为临水控制线。入海河口有治导线的，宜采用治导线作为临水控制线。

2）堤顶控制线划定

参考广东省地方标准《河道水域岸线保护与利用规划编制技术规程》，堤顶控制线按以下情况划定。

（1）已建有堤防工程的河段，按现状堤防工程临水侧堤顶线位置划定堤顶控制线。

（2）已规划、且已批复了设计堤防断面的河段，按规划堤防工程临水侧堤顶线位置划定堤顶控制线。

（3）无堤防且无规划堤防的河段，可不划定堤顶控制线。

3）外缘边界线划定

（1）可采用河道管理范围线作为外缘边界线，但不得小于河道管理范围线，并可根据实际需要向陆域拓展一定距离的河（湖、库）生态空间。

（2）水库库区按坝址上游坝顶高程线或土地征用线划定外缘边界线。

（3）已规划建设防洪工程、水资源利用与保护工程、生态环境保护工程的河段，应根据工程建设规划要求，预留工程建设用地，并在此基础上划定外缘边界线。

（4）有堤防的河道，可按《堤防工程设计规范》(GB 50286—2013)、《海堤工程设计规范》(GB/T 51015—2014)的规定，结合堤防等级及工程实际合理划定；已经在河道管理范围的相连地域划定堤防安全保护区的，可按堤防安全保护区的外边界线作为岸线的外缘边界线；有经合法审批堤防的江心洲，以堤防背水侧堤脚线起算，外延护堤地范围划定外缘边界线；无堤防且未批复堤防规划断面的河道，按设计洪水位或历史最高洪水位划定外缘边界线，也可在设计洪水位或历史最高洪水位之间确定外缘边界线。广东省地方标准《河道水域岸线保护与利用规划编制技术规程》规定：西江、北江、东江、韩江、鉴江干流的堤防和捍卫重要城镇或五万亩以上农田的其他江海堤防，可从背水侧堤脚线起算 30 m～50 m 处划定外缘边界线；捍卫一万亩至五万亩农田的堤防，可从背水侧堤脚线起算 20 m～30 m 处划定外缘边界线。

2.2 岸线功能区

2.2.1 岸线功能区定义

根据《河湖岸线保护和利用规划编制规程》（SL/T 826—2024），岸线功能区是指根据河湖岸线的自然属性、经济社会功能属性以及保护和利用要求划分的不同功能定位的区段，岸线功能区应划分岸线保护区、岸线保留区和岸线控制利用区。其中岸线保护区是指为避免岸线利用对防洪安全、河势稳定、供水安全、生态环境保护、重要基础设施安全等造成明显不利影响而划分的岸线功能区；岸线保留区是指因规划期内暂时无利用需求、尚不具备利用条件、为重要基础设施预留或因生态环境保护要求而划分的岸线功能区；岸线控制利用区是指因岸线利用程度较高，或岸线利用对防洪安全、河势稳定、供水安全、生态环境保护、重要基础设施安全等可能造成一定影响，需要控制其利用程度、方式和用途而划分的岸线功能区。

2.2.2 岸线功能区划分

我国不同省份和直辖市河湖岸线功能区划分是按照岸线资源的自然特性、经济社会功能属性以及多样化的要求，将岸线资源细分成不同类型的区域。广东省水利厅 2022 年发布的《广东省主要河道水域岸线保护与利用规划》中规定广东省岸线功能区划分为三区，即岸线保护区、岸线保留区和岸线控制利用区。调研发现新疆、山东、河南、陕西以及河北都将岸线功能区划分为三区。还有一些省份则是将岸线功能区划分为四区，即岸线保护区、岸线保留区、岸线控制利用区、岸线开发利用区，例如云南、四川、贵州、安徽、天津、江西、湖南、湖北等。

2.2.2.1 岸线功能区划分（三类）

1. 岸线保护区划分

1）将重要河势敏感区岸线，例如引起深泓变迁的节点段或改变分汊河段分流态势的分汇流段划为岸线保护区。

2）列入集中式饮用水水源地名录的水源地，其一级保护区应划为岸线保护区，列入全国重要饮用水水源地名录的应划为岸线保护区。与岸线功能区划分有关的上位规划中，已列为岸线保护区的饮用水水源地二级保护区和准保护区，划为岸线保护区。

3）针对国家级与省级自然保护区的核心与缓冲地带，以及风景名胜区的主要景观区等生态敏感区域，法律法规已明文规定了相应的禁止性措施。对于这类需要实施严格保护的保护区内的河道岸线，应当明确界定其范围，并将其严格划分为岸线保护区。

4）位于地质公园地质遗迹保护区的河道岸线，应划为岸线保护区。

5）依据地方所划定的生态保护红线范围，对于处于该红线内的河道岸线，需遵循红线的管理规定，将其明确划定为岸线保护区。

2. 岸线保留区划分

1）岸段若遭遇河流走势多变、开发条件不佳，或者河道整治及调整方案未定或尚未执行的情况，从而不宜开发利用的，应该将其划为岸线保留区。

2）位于关键危险工程区域、河势频繁变动敏感带、地质灾害常发地区等的岸段，应实施严格的开发使用限制，其区域也应划归为岸线保留区。

3）针对那些已列入国家或省级规划但尚未启动实施的防洪保留区、水资源保护区及供水水源地等相关岸段，应予以划定为保留区域。

4）未纳入生态保护红线，且与岸线功能区划分有关的上位规划中未被列为岸线保护区的饮用水水源地二级保护区，应划为岸线保留区。

5）位于市、县级自然保护区的核心和缓冲区域，若这些区域是尚未包括在生态保护红线内的河岸线，应被划分为岸线保留区。

6）在国家级与省级自然保护区的实验区、水产种质资源保护区、国际与国家重要湿地、国家湿地公园，以及森林公园的生态保育区与核心景区、世界自然遗产的核心与缓冲区等生态敏感地带中，未被包括在生态保护红线内的河岸线，也将被划为岸线保留区。

7）需要留作生态建设用途的岸段，将被指定为岸线保留区。

8）针对那些虽然蕴含开发潜力，但受限于当前经济和社会发展水平，在规划期内暂无开发需求的岸段，亦应划归为岸线保留区。

3. 岸线控制利用区划分

1）在岸线控制利用区的划定中，着重关注那些可能对防洪安全、河流稳定性、供水安全、生态环境以及重要水利工程安全产生显著不利影响的岸段。这些区域包括但不限于国家级和省级保护区的核心保护区、风景名胜区的核心景区等生态敏感地带，以及关键水源地所在的河段岸线。此外，那些因岸线开发利用对防洪、河流稳定和生态保护等方面具有显著影响的岸线区域，同样应纳入保护区的范畴，以确保这些区域的生态环境和水利设施得到有效保护。

2）对于那些涉及重要水利工程及设施，或面临严重水土流失问题的岸段，因其开发利用方式需要受到限制，应将其划分为岸线控制利用区。

3）未纳入生态红线范围且与岸线功能区划分有关的上位规划中未列为岸线保护区的饮用水水源地准保护区，划为岸线控制利用区。

4）若岸段处于风景名胜区内的一般景区、地方级重要湿地、一般湿地或湿地公园等生态脆弱区域，并且尚未被纳入生态保护红线，同时需要对其开发及利用方式加以限制，那么这些岸段应划入岸线控制利用区。

2.2.2.2 岸线功能区划分（四类）

（1）岸线保护区指的是对岸段的开发利用可能会导致防洪安全、河流稳定性、供水安全、生态环境以及重要水利工程安全等方面产生明显不利影响的区域。这些区域包括国家级和省级保护区的核心保护区、风景名胜区的核心景区等生态敏感区域，以及重要的水源地所在的河段的岸线，或者因岸线开发利用对防洪、河流稳定和生态保护等方面造成重要影响的岸线区域，均应被划入保护区范畴。

（2）岸线保留区主要指的是那些在规划期内因各种原因暂时不适宜进行开发利用，或者尚未满足开发利用的必要条件，因此需予以保留，主要用于生态保护目的的岸段。

（3）岸线控制利用区主要指的是那些开发利用程度已相对较高，或者其开发利用可能对防洪安全、河流稳定性、供水安全以及生态环境产生一定影响的岸段。在这些区域，需要对其开发利用强度进行控制，同时调整开发利用方式或用途，以确保其符合生态保护和可持续发展的要求。

（4）岸线开发利用区则是指那些河流状态基本稳定、岸线利用条件相对优越的区域。这些区域的开发利用对防洪安全、河流稳定性、供水安全以及生态环境的影响较小。

结合山西省河湖岸线特点，根据山西省七河流域岸线规划报告，山西省河湖岸线的岸线功能区分为四区：岸线保护区、岸线保留区、岸线控制利用区和岸线开发利用区，如图2-2所示。岸线功能区划分应突出强调保护与管控，尽可能提高岸线保护区、岸线保留区在河流岸线功能区中的比例，从严控制岸线开发利用区和控制利用区，尽可能减小岸线开发利用区所占比例。

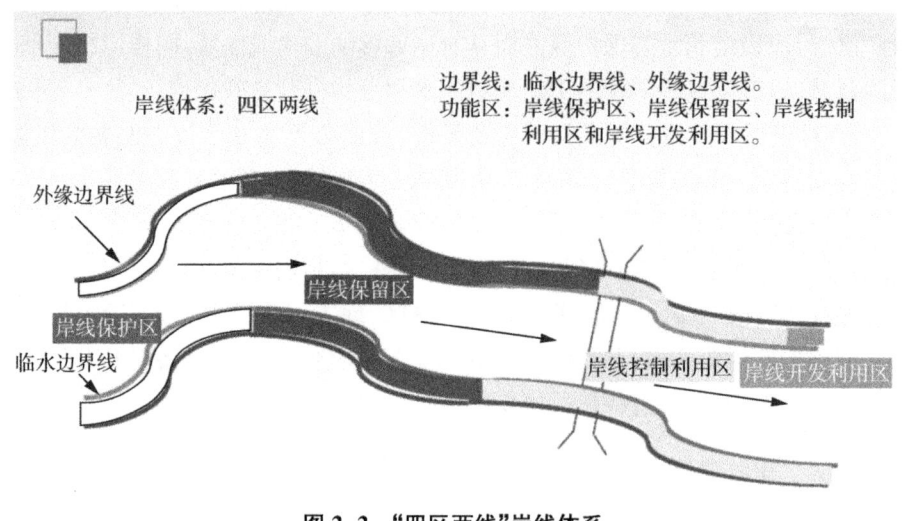

图 2-2 "四区两线"岸线体系

2.3 岸线生态化改造

2.3.1 岸线生态化改造内涵

目前对于河湖岸线生态化改造的内涵学术界以及官方暂无明确的界定，本书综合前文所述的生态化改造内涵的发展进展，对河湖岸线生态化改造的内涵进行研究。

拟自然河道整治理念是指河道整治必须坚持尊重自然、顺应自然、保护自然的原则，将河流作为一个有生命力的生态系统整体，统筹水资源、水环境、水生态各方需求，在确保防洪安全的前提下，采取工程与生物措施相结合、人工治理与自然修复相结合的方式，全面提升河流生态系统服务功能，实现人水和谐共生。拟自然理念起源于20世纪欧洲对河流的生态治理，指的是在完成传统河流治理任务的基础上，达到接近自然、成本较低并保持景观美的一种治理方式。20世纪50年代创立的德国拟自然河道治理工程学派强调河流整治必须遵循自然的理念，要将生态学原理应用到河流治理中。美国提出了"自然河道设计技术"，认为在满足人类生存需要的同时，还要兼顾生物多样性需求和生态系统稳定性。1998年，美国在《河溪廊道修复原则手册》中提出将河流视为一个生态系统，在今后水资源开发管理中必须优先考虑河道生态恢复。日本提出了"多自然型河川工法"，颁布了《推进多自然型河流建设法规》，要求将河流生态系统与河畔居民社区的关系等作为一个整体考虑,建设河流环境、恢复水质、维护景观多样性和生物多样性,鼓励使用木桩、竹笼、卵石等天然材料修建河堤。我国学者对拟自然理念也开展了理论和实践研究,董哲仁在 2003 年提出"生态水工学"的理论框架,在满足防洪安全的前提下,将河流看作有生命的生态系统,综合考虑人为控制以及河流的自我恢复;2013 年,董哲仁等在《河流生态修复》一书中,提出了较为完整的河流生态修复理论和技术方法。2010 年,高甲荣等在《河溪近自然评价——方法与应用》一书中明确了河溪近自然的概念和内涵。2015 年,学者吴丹子提出了城市河道近自然化的理念是以自然为导向,以城市安全和防洪安全为前提,在满足一定的城市基础设施功能的基础上,通过生态工程技术和空间营造策略,恢复河流自动力过程及部分生态服务功能,使河流趋于自然。

在《关于中国生土民居生态化改造的研究》一文中,生态化改造被定义为基于对环境的"生态补偿的原则"、以降低人类的设计活动对生存环境的"负干扰"为目的的实践活动。我国很多省份都做了关于河湖岸线的生态化改造工作。比如云南做了水生态修复工作、贵州在清水江凯里市段河道治理中做了生态框挡墙护岸、江苏针对长江生态系统做了一系列生态改造项目、安徽做了长江生态廊道保护和修复、天津做了海河河道堤岸的生态化修复工作、广东做了水环境治理和水生态修复的工作等。山西在《山西省防洪能力提升工程实施方案》中已经提及了对堤防进行生态化改造。

河湖岸线生态化改造,是指在保障防洪、供水、结构安全等基本功能的前提下,根据河湖自然特征和功能需求合理规划和利用河湖岸线空间,通过工程和非工程措施相结合的手段,遵循人与自然和谐共处的理念对河湖岸线进行拟自然化保护修复治理,着力提升河湖岸线生境,积极恢复岸线生态,从而达到在低影响条件下实现以河湖岸线结构和生物系统相互支撑、生物系统健康有序、水环境水生态宜居、水岸风景优美等为特征的可持续良性演化过程。

2.3.2　岸线生态化的具体体现

河湖岸线生态化的具体体现可以分为四个方面:植被保护和恢复、湿地保护和修复、护岸工程建设以及垃圾治理和环境整治。河湖岸线植被的破坏和过度利用,是导致土地侵蚀、水土流失等问题的重要原因。生态化改造通过对植被进行保护和恢复,尤其是选择适宜的植被进行种植,可以有效防止土壤冲蚀和水土流失。湿地是河湖生态环境的重要组成部分,它不仅具有调节水文循环、净化水质和维护生态平衡等重要作用,而且还是许多珍稀濒危物种的栖息地。生态化改造通过对湿地的保护和修复,可以创造出更多的自然湿地,提高水资源的利用效率和生物多样性。护岸工程的建设可以有效稳定河湖岸线,减少岸线的塌方、冲蚀和水土流失风险。而生态化改造的护岸工程设计和采取的工程措施,更多地考虑到生态系统的平衡和稳定性,选择生态工程和生物方法,以更好地保护岸线植被和水生生物。河湖岸线的污染和垃圾问题是影响水环境质量的重要因素,也会对水生生物造成严重的危害。生态化改造通过垃圾治理和环境整治,清理河湖岸线的垃圾和废弃物,减少垃圾污染和水污染,提高水环境质量和生物多样性。这些方面都是通过具体的实践来保护和恢复河湖岸线生态环境,减少河岸地段的土壤侵蚀和水土流失,提高水生物的种群数量和多样性,从而维护水生态环境的稳定性。

在实践过程中,生态化改造所采取的具体措施因地制宜,根据当地的地理环境、气候条件、自然条件等因素来进行合理规划和实施。比如,针对石漠化地区的河湖岸线进行生态化改造时,通过选择抗旱、耐寒等适宜的植被进行边坡护理,可以有效地防止土地侵蚀和水土流失;在河口围垦区进行生态化改造时,则可以通过稻田生态工程来保护水质和生态环境,提高水产养殖的效益。

河湖岸线的生态化改造是维护水生态环境的稳定性、提高水资源利用效率、增强抗灾能力和促进农业发展等方面的重要措施。通过加强植被保护和恢复、湿地保护和修复、护岸工程建设以及垃圾治理和环境整治等方面的工作,可以有效地提高水生态环境的稳定性和可持续性,进而推动地区的经济和社会可持续发展。

山西省根据《关于加强新时代水土保持工作的意见》以及《黄河生态保护治理攻坚战行动方案》,结合山西省河湖岸线特点,提出河湖岸线生态化改造的内容,包括:

(1) 对生态结构受损的河湖水系,进行河湖岸线拟自然化的生态化改造,采用天然材料修建河堤,增加河湖的水力复杂性和生态多样性,为水生生物提供多样性生境,提高河湖的自然净化功能和生态服务功能。

(2) 对现状不合理渠化、硬化河道,进行河湖岸线拟自然化改造,拆除或改造混凝土等人工材料,恢复河道的自然形态和水文地貌,增加河道的水力变化和生态变化,促进河湖生态系统的自我恢复和适应能力。

(3) 对河湖岸线的水环境、水生态进行综合智慧管理和调度,保障河湖岸线水生态的协调和平衡,实现河湖岸线的生态安全和社会经济效益的最大化。

3 山西省河湖岸线生态化改造现状调查

岸线是分布在江河两侧及湖泊、海洋沿岸一定范围的陆域和水域空间。岸线资源是国家重要的国土资源,属于特殊的土地资源。随着社会经济的快速发展和人类活动的不断加强,由于缺乏对岸线的系统研究,岸线的过度开发与管理无序导致了一系列突出的问题。

山西省作为中国的一个资源型省份,拥有丰富的河湖岸线资源。为了更好地了解山西省河湖岸线生态化改造的现状,本次调研对山西省的典型河湖岸线进行了现状调查,调查内容包括:(1) 山西省七河五湖等河流湖泊的地形地貌、气象等基本情况;(2) 洪灾调查;(3) 七河流域岸线保护与利用现状;(4) 山西省七河五湖岸线管理范围内存在的问题以及生态化改造措施。

3.1 山西省省情概况

3.1.1 自然概况

山西省位于华北平原西侧、黄土高原东翼,地跨黄河与海河两大水系流域。东依太行山与河北省为邻;西部与南部以黄河为界,与陕西、河南两省隔河相望;北跨长城与内蒙古自治区毗连。四周几乎为高山大河所环绕,南北长约682千米,东西宽约385千米,总面积为15.67万平方千米,约占全国总面积的1.6%。

按地形起伏的特点,可将山西省大体分为东部山地区、西部高原区和中部盆地区三大部分。东部山地区以晋冀、晋豫交界的太行山为主干,由太行山、恒山、五台山、系舟山、太岳山、中条山,以及晋东南高原和广灵、灵丘、阳泉、寿阳、长治、晋城、阳城、垣曲等地的山间小盆地组成。西部高原区是以吕梁山脉为骨干的山地性高原，由芦芽山、云中山，吕梁山等山系和晋西黄土高原组成。中部盆地区自东北向西南纵贯全省，由大同、忻定、太原、临汾、运城等一系列串珠式平行排列的地堑型断陷盆地组成。各种地貌类型占全省面积比重为：山地约占72%，高原占11.5%，盆地平川占16.5%。

3.1.2 气候特征

山西省地处中纬度温带大陆性季风气候带，东部距海岸虽只有300～500 km，但由于省境东部高山峻岭的阻挡，受副热带海洋气团影响较弱，在气候类型上属于半干旱、半湿润型气候过渡区。总的特征是：春夏秋冬四季分明。冬季漫长，寒冷干燥；夏季南长北短，雨水集中；春季气候多变，风沙较多；秋季短暂，天气温和，全省日照热量资源较丰富，但灾害性天气较多，以"十年九旱"著称；因山西省南北狭长，山峦起伏，地势北高南低。故南北气候差异明显，昼夜温差较大。

3.1.3 经济与社会概况

山西是全国的能源重化工基地。近年在全力推进山西能源重化工基地建设的同时，正以加快转变经济发展方式为主线，着力推动转型跨越发展。当前，山西省已基本形成以重工业为主，煤炭、电力、冶金、化工、机械为主要支柱的工业体系，新兴产业与高新技术产业，各种制造加工业与服务业都在快速发展。根据《山西省2023年国民经济和社会发展统计公报》，2023年全省地区生产总值25 698.18亿元，其中第一产业增加值1 388.86亿元，第二产业增加值13 329.69亿元，第三产业增加值10 979.64亿元。2023年末全省常住人口3 465.99万人，人均地区生产总值73 984元。

山西省辖太原、大同、朔州、忻州、阳泉、吕梁、晋中、长治、晋城、临汾和运城11个地级市，设119个县（市）、区（含市辖城区）。总计有633个乡、563个值、201个街道办事处，30 052个村民委员会和居民委员会。2023年末全省常住人口为3 465.99万人，其中城镇人口2 252.01万人，乡村人口1 213.98万人。

3.2 山西省河湖基本情况

山西省河流分属海河上源与黄河中游两大水系流域。海河流域水系偏于省内北部及东部，总流域面积59 133 km²，黄河流域水系遍布于省内西部、南部，总流域面积为 97 138 km², 海河水系流域和黄河水系流域分别占全省面积的 37.8%和62.2%。黄河全长5 464 km, 进入山西后, 依次流经了忻州、吕梁、临汾、运城4个市, 包括河曲、保德、兴县、石楼、永和、吉县、万荣等19个县(市), 在山西河段全长968.5 km。按照《全国流域水系代码(试用)》, 山西省河流属2个流域10个水系, 分别是: 海河流域的永定河水系、大清河水系、子牙河水系、漳卫河水系; 黄河流域的黄河干流湟水至无定河水系, 黄河干流无定河至汾河水系, 黄河干流汾河至渭河水系, 黄河干流渭河至伊洛河水系, 黄河干流伊洛河至大汶河水系、汾河水系。

山西省内流域面积大于10 000 km²的较大河流有5条, 分别是黄河流域的汾河、沁河, 海河流域的桑干河、漳河、滹沱河; 省内流域面积小于10 000 km²、大于5 000 km²的河流有1条, 为涑水河; 省内流域面积小于5 000 km²、大于2 000 km²的河流有21条, 包括冶河、昕水河、三川河、清漳河、潇河、文峪河、浊漳北源、丹河、朱家川、御河、绵河、昌源河、南洋河、清水河、姚暹渠、黄水河、唐河、岚漪河、红河、浍河、浑河; 省内流域面积小于2 000 km²、大于1 000 km²的河流有22条, 包括湫水河、偏关河、乌马河、浊漳西源、卫河、县川河、清漳西源、蔚汾河、杨兴河、牧马河、恢河、沙河、壶流河、十里河、屈产河、乌河、温河、岚河、洪安涧河、段纯河、白马河、磁窑河; 省内流域面积小于1 000 km²、大于500 km²的河流有43条; 省内流域面积小于500 km²、大于200 km²的河流有135条; 省内流域面积小于200 km²、大于100 km²的河流有200条; 省内流域面积小于100 km²、大于50 km²的河流有444条。

山西省内常年水面面积在1 km²标准以上的湖泊有6个, 分别是盐池、硝池、伍姓湖、晋阳湖、圣天湖和鸭子池; 水面面积在10 km²标准以上的湖泊有3个, 分别是盐池、硝池、伍姓湖。

3.2.1 汾河流域

1. 汾河流域概况

汾河流域位于山西省中部和西南部, 东隔云中山、太行山与海河水系为界, 西连芦芽山、吕梁山与黄河北干流为界, 东南有太岳山与沁河为界, 南以孤山、稷王山与涑水河为界; 南北长413 km, 东西宽188 km, 干流长716 km, 流域面积39 471 km², 占山西省总面积的25.3%。

汾河流域西靠吕梁山、东临太行山, 地势北高南低, 干流由北而南纵贯省境中南部, 支流水系发源于两大山系之间, 地形地貌总体上表现为南北长、东西狭, 呈不规则宽带状分布在省境中部地区。从东西两大山系分水岭到干流河谷盆地,地貌形态一般依石质山、土石山、峁梁塬、缓坡地带、阶地河谷顺序过渡。流域东西两侧分水岭地带为地势高峻的石质山区;广阔的中间河谷盆地地带被厚度不均的大面积黄土覆盖,丘陵起伏,地势较为平缓;河谷盆地与高山之间的过渡地带为黄土塬面,受降水径流侵蚀、冲刷与切割,形成连绵不绝的沟壑地貌。流域石质山区面积占总面积的16%,土石山区面积占总面积的32%,丘陵区面积占总面积的26%,平川区面积占总面积的26%。

汾河流域东西两侧为山地和高原,中部形成一连串断陷盆地,干流蜿蜒穿行于太原、临汾两大断陷盆地内,受晚近时期地壳运动东西隆起带的影响与控制,全河段呈不同地貌特征,各段地形地貌概况如下:

宁武县石家庄以上,流域呈三角形,河谷高程1 300 m～1 500 m,为石质山地区,山峦密布,山岭连绵,崖陡谷深,支流穿行。山间谷地有少量耕地,交通不便。

宁武县石家庄至汾河水库之间,河谷高程1 100 m～1 300 m,分水岭及接近分水岭地带为石质山区,山峰突兀,沟床深切,相对高差1 000 m以上,地势起伏沟壑发育;干流两侧基本被黄土覆盖,为黄土梁峁沟壑地貌,植被较差,水土流失严重。区内城镇之间公路相连,交通尚便利。

汾河水库至上兰村段干流蛇曲发育,穿行于高山峡谷中。两岸为石质山区,沟谷深切于基岩石槽中,尤其是沿河的罗家曲至上雁门、河口至上兰村两段灰岩河谷,山高谷深,谷道弯曲,为典型高山峡谷区。

从上兰村至义棠间,干流两侧展布着太原盆地,盆地西面大部分属文峪河范围,分水岭地带为深山峡谷,沟壑纵横;接近盆地的部分地势较低,黄土塬分布较多,地面较完整。盆地东面为潇河流域,其上游和支流木瓜河流域内山岭连绵,重峦叠嶂,为高山区;中游和支流白马河属中高石山区,地势较高但地形变化和缓;下游以黄土塬梁地貌为主。太原盆地地势平坦,土质肥沃,农业生产条件优越。

义棠至师庄河段被称为灵霍山峡,两侧山峰林立,弯急谷深,相对高差1 100 m～1 800 m。干支流深切在基岩,为深山峡谷河道。河谷耕地稀少,交通不便。

师庄至入黄口段干流蜿蜒穿过临汾盆地,盆地两侧分水岭高程均在1 700 m左右。分水岭附近山峰高耸,山岭连绵,河谷深切于基岩,为深山峡谷区;盆地与分水岭区之间为黄土覆盖的土石山地及缓坡塬梁沟壑区,冲沟发育,土壤侵蚀严重。盆地区土质良好,气候适宜,是重要的农业基地。

汾河流域水系图见图3-1。

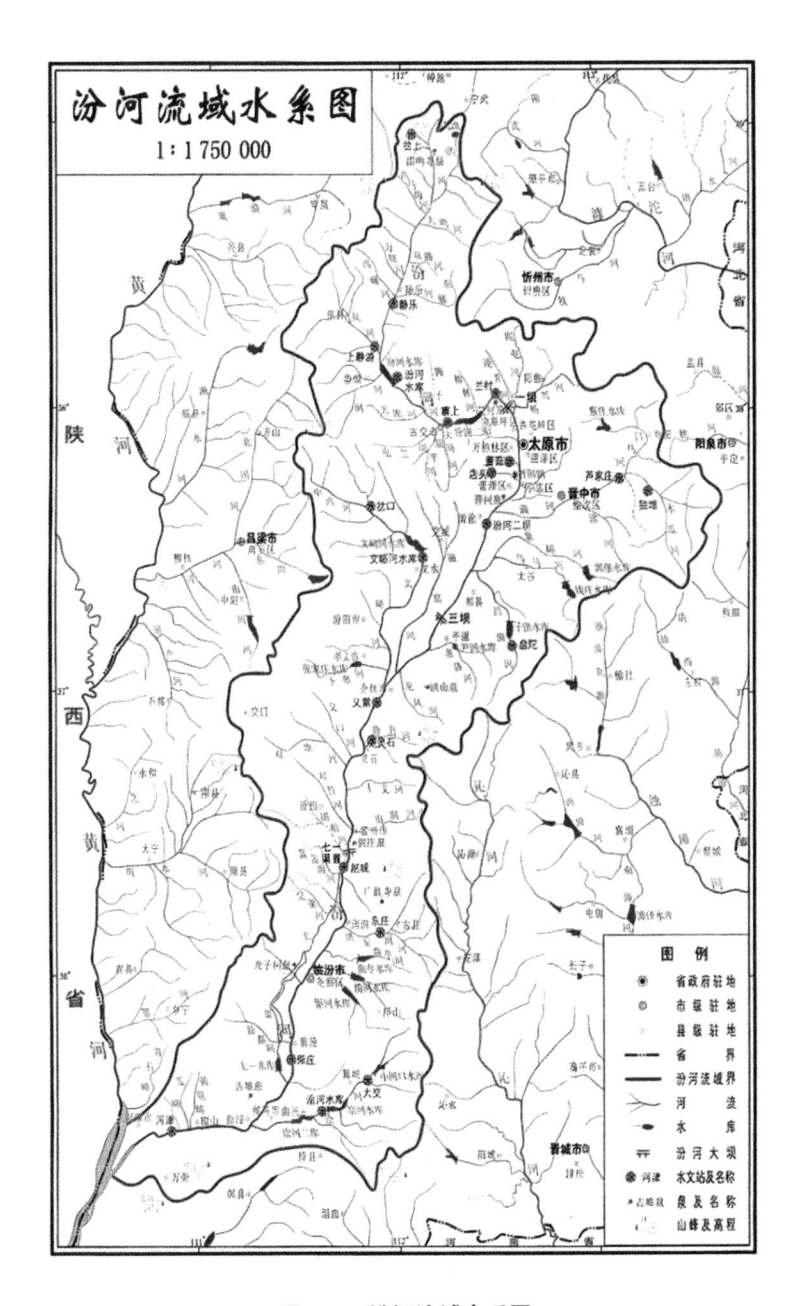

图 3-1 汾河流域水系图

2. 社会经济

汾河干流河道涉及忻州、太原、吕梁、晋中、临汾、运城等 6 个市 28 个县(市、区)。2019 年底,汾河干流流经各级行政区常住人口 1 150.1 万人,其中城镇人口 762.4 万人,城镇化率 66.3%;地区生产总值 6 287.8 亿元,其中第一产业 198.3 亿元、第二产业 2 551 亿元、第三产业 3 538.5 亿元,第三产业产值占比最大,占总产值的 56.3%;实际灌溉面积 592.1 万亩[①],粮食产量 302.5 万 t。

3.2.2 桑干河流域

1. 桑干河流域概况

桑干河属海河流域永定河水系,位于山西省北部,其上源为山西省的源子河与恢河,其中源子河发源于大同市左云县马道头乡潘家窑村,恢河发源于山西省北部宁武县管涔山分水岭村。源子河流经大同市左云县和朔州市右玉县、山阴县、平鲁区,在朔城区神头镇的马邑村与恢河汇合后称为桑干河,此后由西南向东北流经朔州市山阴县、应县、怀仁市和大同市云州区,在大同市阳高县南徐村流出省境进入河北省阳原县,于官厅水库上游与洋河汇合后称为永定河。桑干河为永定河的源头,是京津冀晋区域重要的水源涵养区和生态屏障。

桑干河流域总面积 26 547 km²,山西省内面积 16 767 km²。山西省内干流长 338 km,其中朔州市 232 km、大同市 90 km、朔州市和大同市共界 16 km。

桑干河支流众多,山西省内流域面积 200 km² 以上的一级支流有 13 条,分别为大沙沟、恢河、木瓜河、黄水河、大峪河、小峪河、鹅毛河、浑河、口泉河、御河、坊城河、壶流河和洋河,其中洋河和壶流河于河北省汇入干流。

桑干河流域水系图见图 3-2。

2. 社会经济

山西省内桑干河干流沿河涉及朔州市的右玉县、山阴县、平鲁区、朔城区、应县、怀仁市以及大同市的左云县、云州区和阳高县共 9 个县(市、区)。2018 年总人口数量 239.59 万人,其中城镇人口 128.4 万人;地区生产总值 1 203.12 亿元,其中第一产业 79.73 亿元,第二产业 452.65 亿元,第三产业 670.74 亿元;共有耕地面积 633.9 万亩,其中有效灌溉面积 304.5 万亩,粮食产量 186.4 万 t。

---

① 1 亩≈666.7 m²

图 3-2　桑干河流域水系图

3.2.3　滹沱河流域

1. 滹沱河流域概况

滹沱河山西段起点位于繁峙县横涧乡平型关村,流经忻州市的繁峙县、代县、原平市、忻府区、定襄县、五台县和阳泉市的盂县,终点位于盂县北峪口乡闫家庄村省界。

滹沱河干流在山西省内以北、西、南环绕五台山,形若"S"形,按其自然特征,习惯上分为上游、中游、下游三段:原平市崞阳县普济桥以上为上游河段,普济桥至济胜桥为中游河段,济胜桥至盂县北峪口乡闫家庄村省界为下游河段。各段概况如下:

上游段:从河源至普济桥,河流长度 143.2 km,属河谷型,由东北流向西南,沿程纵坡变化较大,从几十分之一到五百分之一左右,纵坡逐渐变缓,河宽变化在 100 m～500 m 之间,河床组成颗粒以中、粗砂为主,有些地方河谷阶地与河道主槽高差小。本段建有孤山水库、下茹越水库和繁峙县滨河水面工程。

中游段:普济桥至济胜桥为滹沱河中游段,河流长度 82.1 km,具有平原型河道的特征,崞阳至界河铺转南北流向,出界河铺峡口改向东流,两岸平坦开阔,河床宽浅,河宽在 500 m～1 000 m,最大河宽曾超过 2 km,河道平缓,坡降约为千分之一。河床组成物质主要是缺乏黏性的中细砂及少量粉砂。枯水期河床中形成沙洲,河床沙洲密布,河势变化迅速,主流摆动频繁,迁徙不定,是典型的游荡型河流。河道两岸均有一级阶地分布,一级阶地高出河床 1 m～2 m,在本段下游定襄至济胜桥一带的北岸有二级阶地分布,高出河床 6 m～10 m。建有原平市滹沱河水利风景区和界河铺橡胶坝。

下游段:济胜桥至山西出境省界为下游,河流长度 93.7 km,属峡谷型,河床窄深,宽处不过百米,窄处仅 30 m～50 m,坡降逐渐加陡至二百分之一,有的地段可达几十分之一,水流湍急,形成不少陡坎。

滹沱河流域总面积 24 664 km²,山西省内流域面积 14 038 km²,其中忻州市 11 936 km²、阳泉市 2 102 km²;干流全长 615 km,山西省内干流长 324 km,其中忻州市 275 km、阳泉市 49 km。

滹沱河支流众多,流域面积 200 km² 以上的一级支流有 15 条,分别为羊眼河、峨河、峪口河、阳武河、北云中河、南云中河、同河、小银河、龙华河、蒿田河、险溢河、牧马河、清水河、乌河和冶河。

滹沱河流域水系图见图 3-3。

2. 社会经济

山西省内滹沱河流域按行政区划包括忻州市的繁峙县、代县、原平市、忻府区、定襄县、五台县、宁武县、静乐县;阳泉市的盂县;晋中市昔阳县大部分,寿阳县、和顺县的一部分面积;太原市阳曲县;大同市浑源县、朔州市应县的小部分。滹沱河干流沿河涉及忻州市的繁峙县、代县、原平市、忻府区、定襄县、五台县和阳泉市的盂县共 7 个县(市、区)。

2019 年滹沱河干流涉及县域总人口 243 万人,城镇人口 129 万人,城镇化率 53.1%;地区生产总值 702.6 亿元,其中第一、二、三产业分别为 44.6 亿元、304 亿元和 354 亿元,三产结构为 7∶48∶56,第三产业比重最大,第一产业最小;流域总耕地面积 468.3 万亩,有效灌溉面积 198 万亩,粮食产量 125 万 t。

3.2.4 漳河流域

1. 漳河流域概况

漳河属海河流域漳卫南运河水系,在山西省内分浊漳河和清漳河两条河流,分别于长治市平顺县和黎城县流出省境,在河北省涉县合漳村汇合后始称漳河。漳河自浊漳南源至漳卫河汇流处徐万仓村,全长 460 km,流域面积 19 537 km²,其中山西省内流域面积 15 884 km²,流域内主要包括晋中市和顺县、榆社县、左

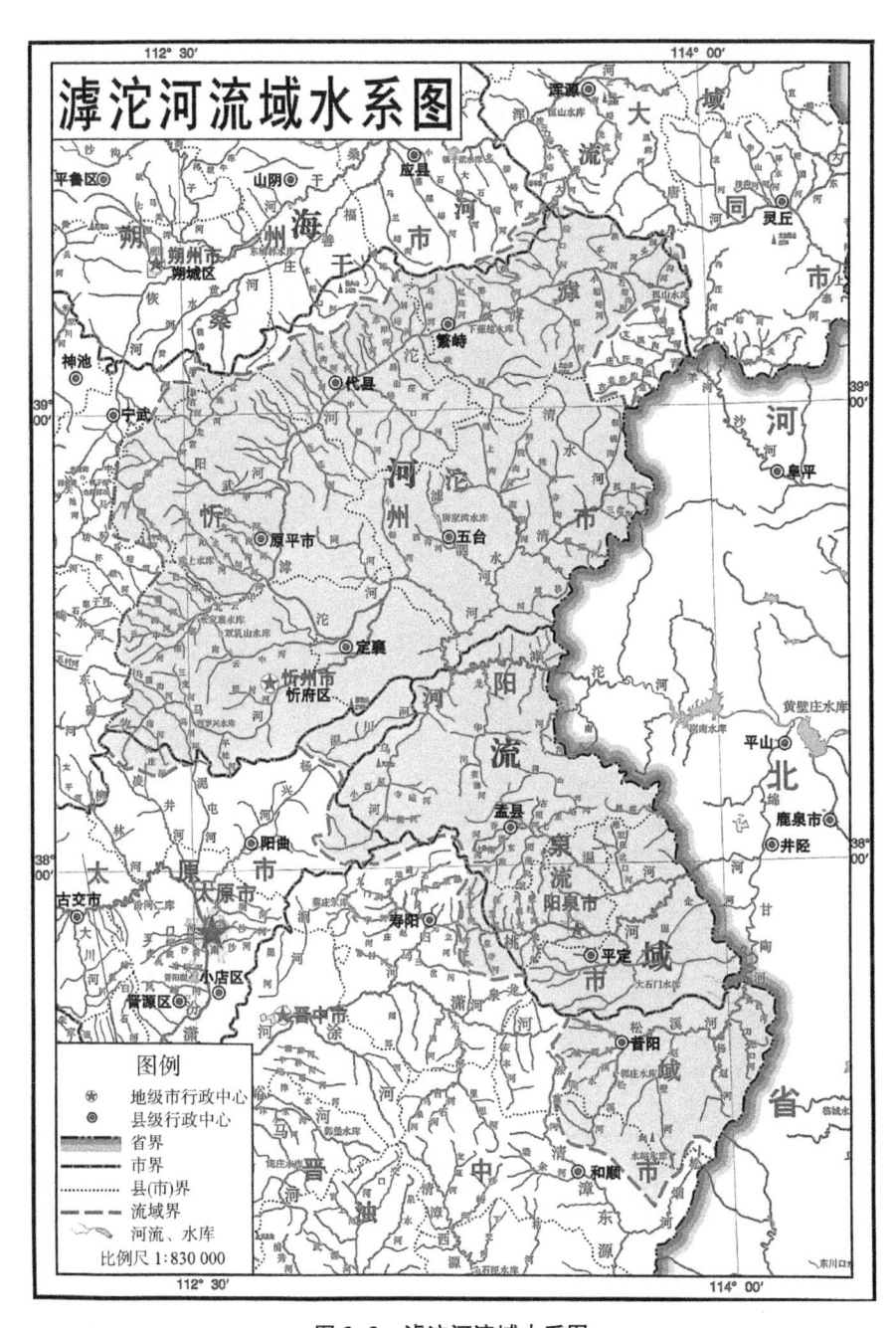

图 3-3 滹沱河流域水系图

权县、昔阳县和长治市潞州区、上党区、屯留区、潞城区、长子县、壶关县、平顺县、黎城县、武乡县、襄垣县、沁县。浊漳河流域水系图见图3-4。

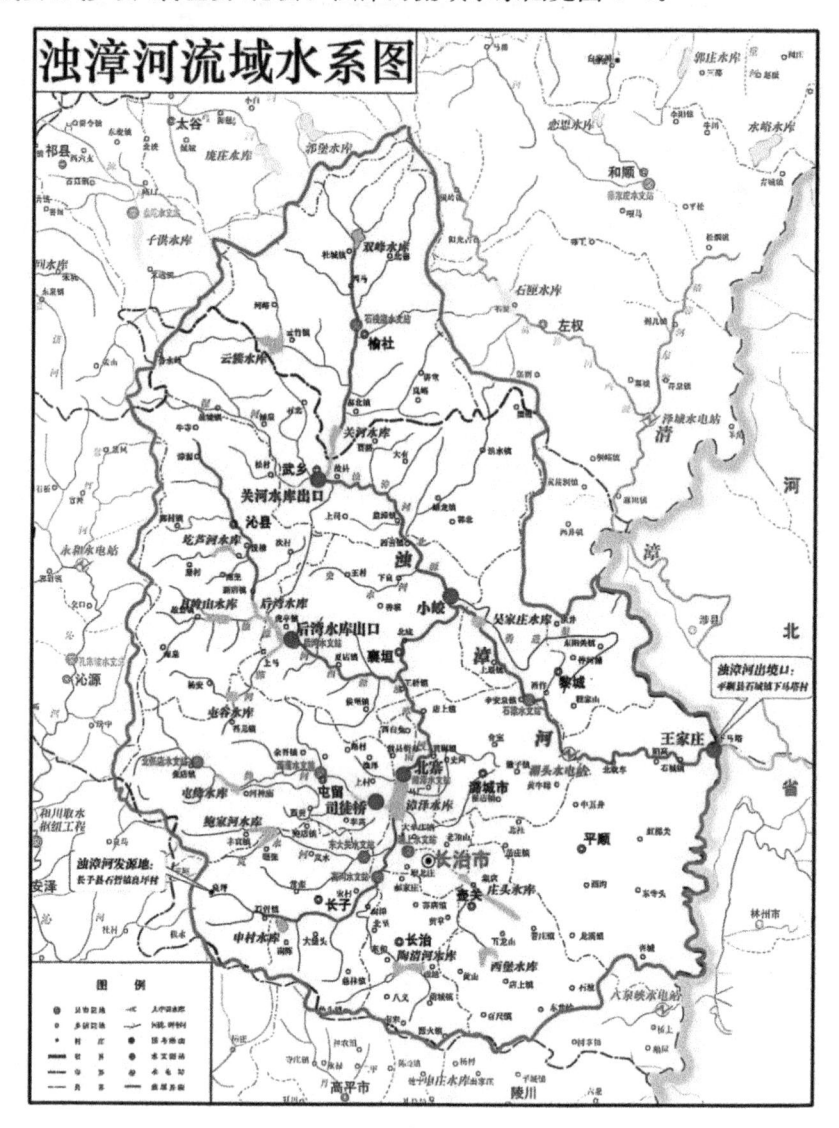

图 3-4　浊漳河流域水系图

1）浊漳河

浊漳河上游分为南源、西源与北源，其中南源为正源，发源于长治市长子县西南部的发鸠山，自南而北流经长治市长子县、上党区、潞州区、潞城区、襄垣县；西源发源于长治市沁县北部，流向由东南而正东，流经长治市沁县、襄垣县，在襄垣县甘村与南源汇合；北源发源于晋中市榆社县北部的三仙瑙村，流向由北而南，出长治市武乡县关河水库后流向东南，于襄垣县小峧村汇入浊漳河。西、南源在甘村汇合后向东北流约 26 km，在长治市襄垣县小峧村与北源汇合，之后经黎城县于平顺县马塔村出省境。

浊漳河在山西省内流域总面积 11 248 km²，干流河长（含南源）226 km，西源河长 84 km、北源河长 135 km。

浊漳河支流众多，流域面积 200 km² 以上的一级支流有 9 条，分别为陶清河、岚水河、石子河、小东河、平顺河、虹霓河、绛河、浊漳西源和浊漳北源等。

2）清漳河

清漳河上游分为东源和西源，其中东源为正源，发源于晋中市昔阳县沾尚镇沾岭山；西源发源于晋中市和顺县横岭镇上北舍村八赋岭，东西两源在左权县上交漳村汇合后称清漳河。清漳河干流经下交漳村入峡谷地段，河道窄而曲折，至九腰会村以下出峡谷，于长治市黎城县东崖底镇下清泉村西南出省境流入河北省涉县，在河北省涉县合漳村与浊漳河汇合称漳河。

清漳河流域面积 5 320 km²，其中山西省内流域面积 4 150 km²，干流河长 146 km，西源河长 104 km。

清漳河流域面积 200 km² 以上的一、二级支流有 4 条，分别为松烟河、南委泉河、清漳西源和枯河。

2. 社会经济

浊漳南源、西源、北源及干流涉及长治市的长子县、上党区、潞州区、潞城区、襄垣县、沁县、黎城县、平顺县，晋中市的榆社县。干流流经地区 2019 年总人口 283 万人，其中城镇人口 165 万人，农村人口 118 万人；地区生产总值 1 361 亿元，其中第一产业 43 亿元、第二产业 689 亿元、第三产业 629 亿元；有效灌溉面积 121 万亩；粮食总产量 126 万 t。清漳河流域涉及晋中市昔阳县、和顺县、左权县及长治市黎城县，2019 年总人口 70.91 万人；地区生产总值 232.85 亿元；有效灌溉面积 45.15 万亩，耕地总面积 118.26 万亩。

由于受自然气候的影响，清漳河流域各个区域种植作物有所不同，主要农作物有玉米、谷物、大豆、少量水稻及其他小杂粮。

3.2.5 沁河流域

1. 沁河流域概况

沁河流经晋、豫两省，是黄河三门峡至花园口区间一条较大的一级支流。沁河发源于长治市沁源县霍山东麓的二郎神沟，源头分水岭高程在 2 200 m 左右。

河流在太岳山崇山峻岭间蜿蜒南下,经临汾市安泽县,晋城市沁水县、阳城县、泽州县,于泽州县拴驴泉附近入河南省,由河南省济源市五龙口出太行山至武陟县南贾村汇入黄河。沁河干流山西段面积 9 091 km²;干流全长 485 km,山西省内 363 km。沁河山西流域位于山西省中南部,西北与汾河流域为邻,东南与漳河流域相接,南部汇入黄河。

沁河流域总面积 13 532 km²,山西省内面积 12 304 km²(含丹河);干流全长 495 km,山西省内长 363 km。

沁河支流众多,流域面积 200 km² 以上的一、二级支流有 20 条,分别为柏子河、蔺河、泗河、赤石桥河、紫红河、兰河、龙渠河、沁水县河、端氏河、柿庄河、芦苇河、西冶河、长河、获泽河、丹河、许河、巴公河、东大河、白洋泉河和白水河等。

沁河流域水系图见图 3-5。

2. 社会经济

山西省内沁河流域按行政区划主要包括长治市的沁源县、长子县的一部分,临汾市的安泽县和晋城市的城区、泽州县、沁水县、高平市、阳城县和泽州县大部分。

沁河干流沿河涉及长治市、临汾市及晋城市的 5 个县,分别为长治市沁源县,临汾市安泽县,晋城市沁水县、阳城县和泽州县。2019 年沁河干流涉及县域总人口 134.05 万人,城镇人口 66.55 万人,城镇化率 49.6%;地区生产总值 930.37 亿元,其中第一、二、三产业分别为 34.57 亿元、637.07 亿元和 258.73 亿元,三产结构为 3.7∶68.5∶27.8,第二产业比重最大,第一产业最小;流域总耕地面积 240.79 万亩,有效灌溉面积 53.10 万亩,粮食产量 52.31 万 t。

3.2.6 涑水河流域

1. 涑水河流域概况

涑水河发源于运城市绛县陈村峪村,向西南流经运城市绛县、闻喜县、夏县、盐湖区、临猗县、永济市等 6 个县(市、区),入伍姓湖后于永济市韩阳镇长旺村附近入黄河。

涑水河流域面积 5 774 km²,河长 199 km。干流除源头区段及入黄口段,约 85% 的河道位于地下水超采区,河道已断流约 50 年。沿途汇入的较大支流有洮水河、白水滩、沙渠河、白土河、姚暹渠等;主要天然湖泊有运城盐湖、伍姓湖、硝池、北门滩、鸭子池、汤里滩等。

姚暹渠发源于运城市平陆县张店镇国营林场,出王峪口沟沿中条山向东拦截王峪口沟、柳沟、寺沟、刁崖沟、史家峪、赤峪沟、元沟 7 条沟峪的清水,由夏县

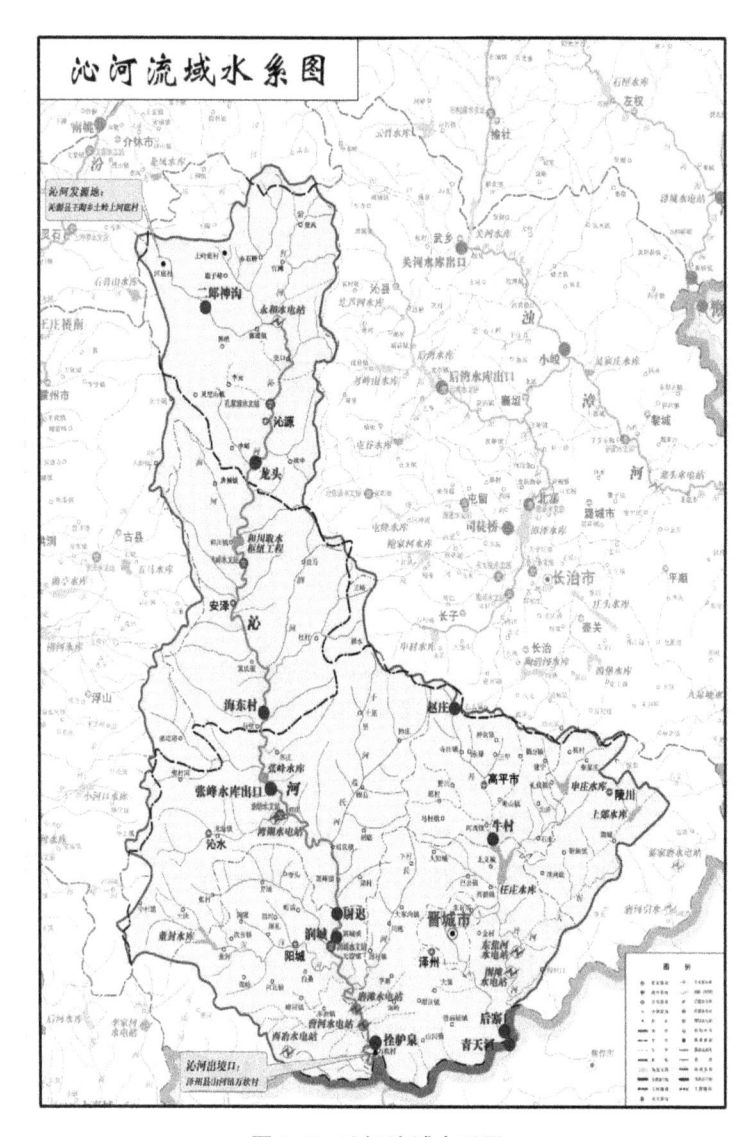

图 3-5 沁河流域水系图

朱吕村、张郭店村、五里桥村折向西南,经苦池蓄滞洪区与白沙河、青龙河汇合,经运城市盐湖区、永济市三娄寺村至伍姓湖与涑水河汇集,在运城市区分别有樊村沟(尧梦湖)和干河汇入。流域面积 2 328 km², 总长 97 km。

涑水河流域水系图见图 3-6。

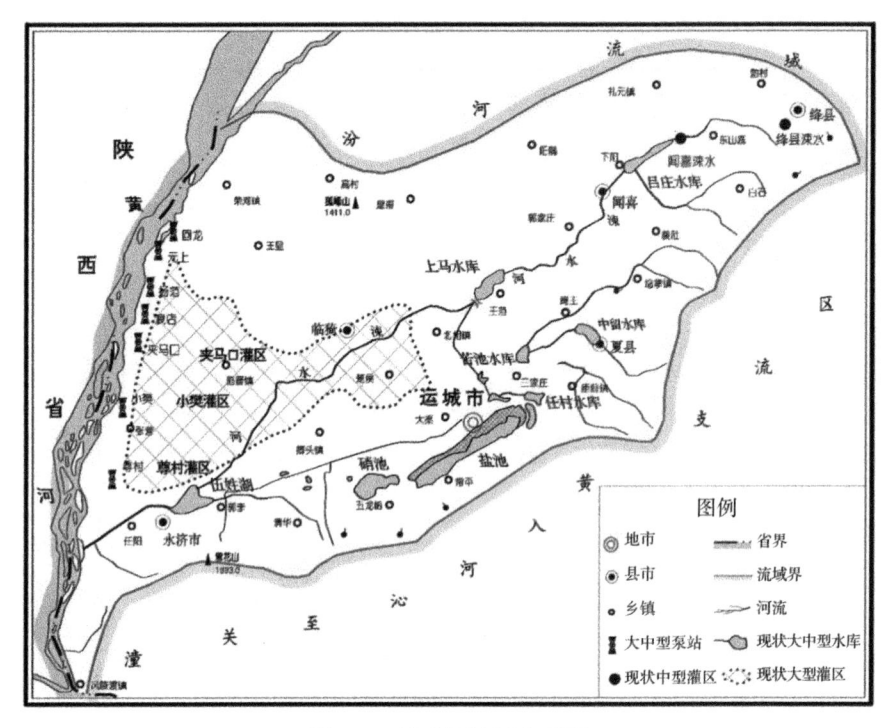

图 3-6 涑水河流域水系图

2. 社会经济

2019 年涑水河干流涉及县、区总人口 286.4 万人,城镇人口 158.6 万人,城镇化率 55.4%;地区生产总值 815 亿元,其中第一、二、三产业分别为 134.6 亿元、223.7 亿元和 456.7 亿元,三产结构为 16.5∶27.5∶56,第三产业比重最大,第一产业最小;干流涉及县、区有效灌溉面积 382.5 万亩,粮食产量 133.7 万 t。

3.2.7 大清河流域

1. 大清河流域概况

1)唐河

唐河位于大同市东南部,属海河流域大清河水系。发源于大同市浑源县黄花滩乡南花园,自西北向东南流经大同市浑源县王庄堡镇,至西会村入灵丘县,向东流至北水芦村又折向东南,于下北泉村出省境进入河北省。

唐河流域总面积 4 739 km²,其中山西省内面积 2 190 km²;河长 354 km,其中山西省内长 93 km。

在山西省内沿途汇入的支流主要有赵北河、华山河、大东河和上寨河等。

2）沙河

沙河位于大同市东南部,属海河流域大清河水系。发源于大同市灵丘县东河南镇东岗村,由东南向西北流经东河南镇后折向南,经白崖台乡、独峪乡,于灵丘县花塔村南出山西省境,进入河北省后称为大沙河。

沙河流域总面积 4 895 km², 其中山西省内面积 1 216 km²; 河长 272 km, 其中山西省内长 65 km。

在山西省内沿途汇入的主要支流有青羊河、独峪河和下关河等。

大清河流域水系图见图 3-7。

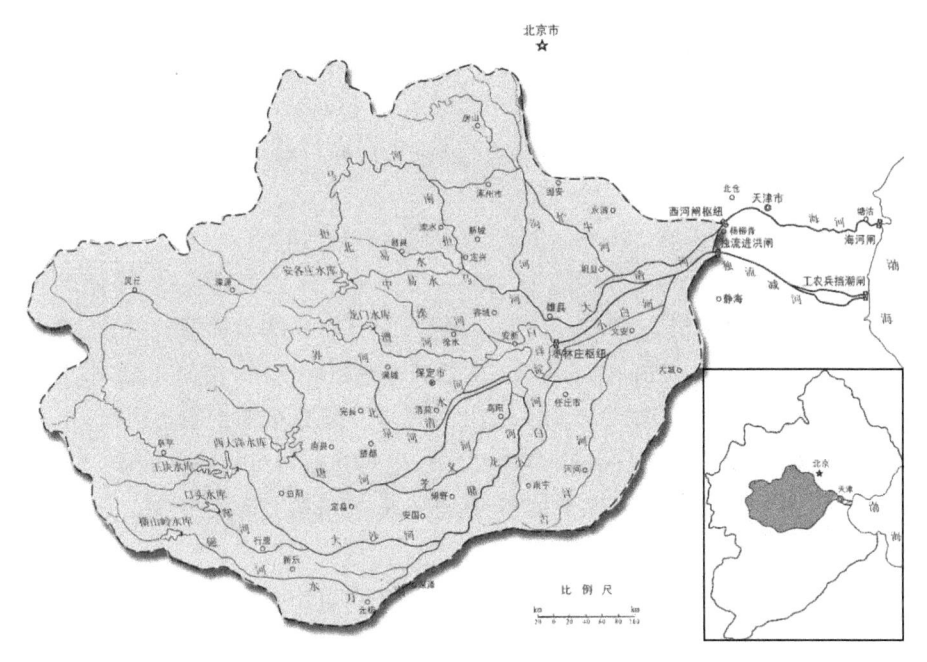

图 3-7　大清河流域水系图

2. 社会经济

唐河干流涉及大同市浑源、灵丘两县,2019 年总人口 60.18 万人,其中城镇人口 23.45 万人,城镇化率约 39%;地区生产总值 97.1 亿元,其中第一、二、三产业分别为 13.8 亿元、23 亿元和 60.3 亿元,第三产业比重最大,第一产业最小;流域总灌溉面积 47.14 万亩,有效灌溉面积 46.16 万亩,粮食产量 28.52 万 t。流域内粮食作物有玉米、谷子、马铃薯、糜黍、豆类等,经济作物以油料、果类和白麻为主,畜牧业以牛、马、驴为主,饲养业有猪、鸡、兔等。工业有采矿、采煤、炼铁、水泥、砖瓦、造纸、农机修配、石料加工、粮食加工等行业,其中花岗岩产品远销日本、澳大利亚、意大利、德国等地,玻璃纤维产品畅销20多个省份。交通有京原铁路,大同至涞源、灵丘至广灵的干线公路及县、乡公路,山区交通仍以驮运为主。

矿产资源有煤、铁、花岗岩、石棉、沸石、珍珠岩、铜、黑砂石、冰洲石、大理石等,矿藏丰富,种类达34种,现已开采的有14种。珍稀动物有狍、黑鹳等。

3.2.8 潇河流域

1. 潇河流域概况

潇河是汾河的一级支流,位于汾河中游段。潇河流域位于太行山西麓,山西高原东部,呈高原丘陵地貌。海拔高度南部北方山高 1 327 m,猛彪源头高程为 1 422 m,北边的大威山高 1 715 m,东北角的后方山高 1 513 m。主流河床高程在独堆水文站处为 900 m,芦家庄处 898 m,北合流村处为 800 m。垣面高程在 1 200 m 左右。

垣顶与河谷高差在 200 m～300 m,流域地貌按其特点可分为五类,第一类石质山区(面积约 679 km^2,约占 18.3%),多分布于流域的边缘地区,松塔河上游分布较广,山高坡陡,石厚土薄,人烟稀少,间有成片灌木林覆盖;第二类土石山区(面积约 441 km^2,约占 11.8%),主要分布在流域上游,覆盖较差,水土流失严重;第三类林区(面积约 269 km^2,占 7.2%),主要分布在上游边山区;第四类黄土丘陵区(面积约 1 786 km^2,约占 48%),主要分布在流域的中北部,人口多、覆盖差,水土流失严重;第五类河谷阶地区及平川区(面积约 545 km^2,约占 14.7%),主要分布在下游地区。

潇河是汾河的第二大支流,发源于山西晋中市昔阳县沾尚乡猛彪村,流经晋中市昔阳县、寿阳县、榆次区、太原市清徐县、小店区等 2 个市 5 县(区),在太原市小店区洛阳村、南马村汇入汾河。潇河上游有白马河、松塔河两大支流,在寿阳县芦家庄汇合为干流,流至榆次区北合流村,又有涂河汇入,于源涡村出山口进入平川区。源涡村以下有涧河、朱耕河等支流汇入,潇河流域总面积 4 064 km^2,其中晋中市内 3 763.3 km^2;潇河河道总长 147 km,其中晋中市内长度为 128.9 km,河流比降为 2.24%。

潇河干流上设立芦家庄、独堆 2 个国家基本水文站。芦家庄水文站位于山西省寿阳县上湖乡芦家庄村,控制流域面积 2 367 km^2,1953 年 6 月由山西省水文总站设立。独堆水文站位于山西省寿阳县羊头崖乡独堆村松塔河上,控制流域面积 1 152 km^2,1965 年 5 月由山西省水文总站设立,后撤销,分别于 2015 年在寿阳县松塔镇松塔村潇河干流上设立松塔水文站(控制流域面积 521 km²)、2011 年在寿阳县松塔镇华泉村潇河支流木瓜河上设立华泉水文站(控制流域面积 507 km²)。

潇河流域水系图见图 3-8。

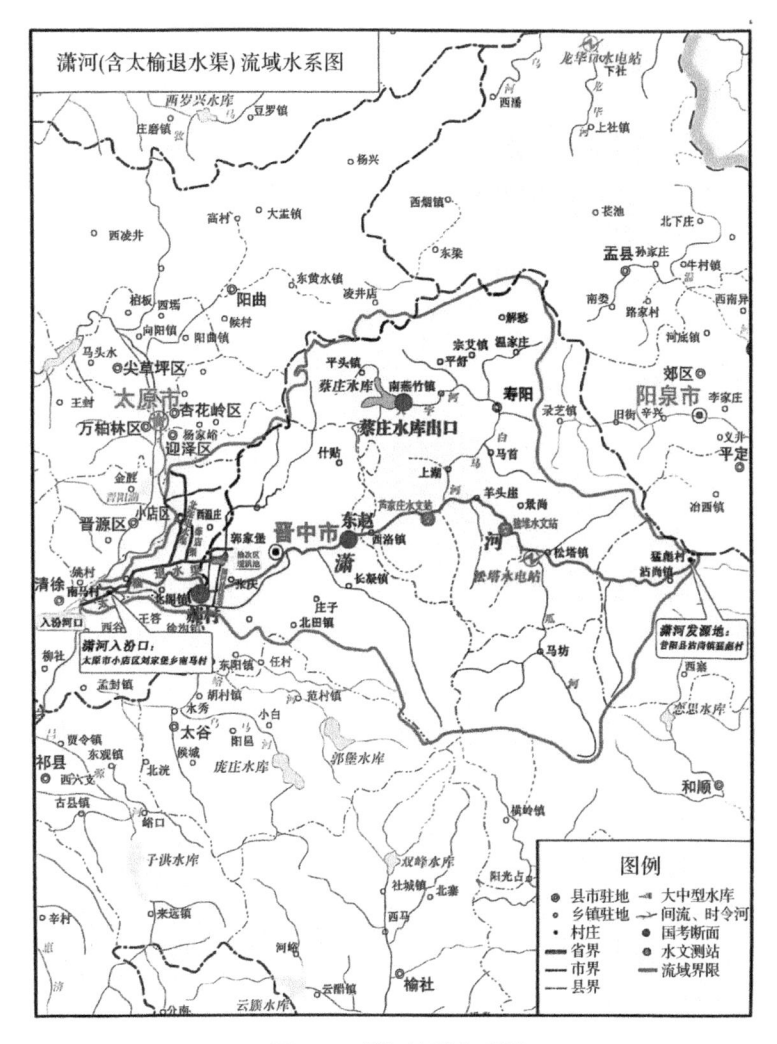

图 3-8 潇河流域水系图

2. 社会经济

潇河干流沿河涉及晋中市及太原市的 5 个县(区),分别为晋中市昔阳县、寿阳县、榆次区和太原市的清徐县、小店区。

2019 年潇河干流涉及县域总人口 233.84 万人,城镇人口 165 万人,城镇化率约71%；地区生产总值1 703.97亿元，其中第一、二、三产业分别为41.49亿元、799.68亿元和862.80亿元，三产结构为2.4∶46.9∶50.6，第二、三产业比重基本相当，第一产业最小；流域总耕地面积270.53万亩。

3.2.9 御河流域

1. 御河流域概况

御河流域位于永定河水系的西北部，地处入京水系的上游源头区域，是北京市的主要水源涵养地。流域地处内蒙古高原东缘丘陵地带，属阴山山系，地势西北高、东南低，平原区海拔高程一般在1 000 m~1 040 m左右，十里河汇入口以下区域为一狭长走廊，呈阶梯式递降。

御河是海河流域永定河水系桑干河的一级支流，发源于内蒙古自治区丰镇市三义泉镇三岔河村，于新荣区堡子湾乡镇羌堡村入山西省，再于吉家庄以西汇入桑干河，流域面积5 016 km^2，干流全长148 km，山西省内长71.2 km，山西省内流域面积2 613.5 km^2。

御河属省际河道，山西省内河道平均纵坡2.55‰，大同市上游已建孤山水库1座，设计防洪标准为50年一遇，校核标准为500年一遇，设计总库容520.4万 m^3。山西省内20 km^{2}以上的支流有圈子河、万泉河、东沙沟、淤泥河和十里河。御河从大同市城区穿过，右岸（河西）为大同市老城区，左岸（河东）为御东新区。

御河在山西省内的最大支流为十里河，十里河发源于左云县马道头乡辛堡子村，由东南向西北经麻黄头、南八里折向正北，在左云县城转向东北，流经张家场、鹊儿山、石墙框进入大同市区，然后途径高山镇、云冈镇，在平城区马军营乡小站村出山折向东南，最后于云冈区西韩岭乡北村附近汇入御河。流域面积1 277 km^2，山西省内1 221 km^2。

淤泥河是御河一级支流，发源于内蒙古凉城县曹碾满族乡周泉村，自西向东流经新荣区、赵家窑水库，最后于大同市新荣区古店镇山底村汇入御河，流域面积748 km^2，山西省内608.5 km^2，占流域面积81%。淤泥河上已建有赵家窑水库，经除险加固后，水库设计总库容9 830万 m^3。

万泉河是御河的一级支流，发源于阳高县长城乡镇边堡村砖银沟，在大同市新荣区镇川口村入境，由东向西南，在新荣区花园屯乡黍地沟村汇入御河。流域面积331 km^2，山西省内160.9 km^2。

圈子河发源于内蒙古丰镇市巨宝庄镇新营子村，在大同市新荣区堡子湾乡黑土墩村汇入御河。流域面积144 km^2，山西省内117.2 km^2。

东沙沟为御河的一条小支沟,支沟发源于新荣区花园屯乡麻口村采凉山顶,于花园屯乡的青羊岭村入御河,入御河口位置距离上游万泉河入御河口1.9 km,距离下游淤泥河入御河口3.8 km。流域面积23.48 km²,全部位于新荣区内。

御河流域水系图(山西省内段)见图3-9。

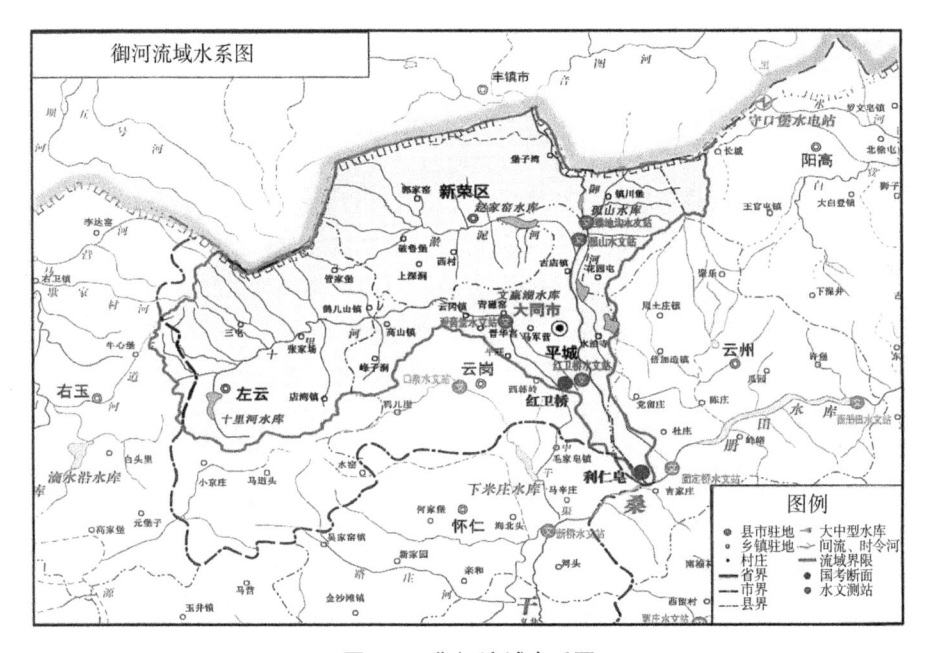

图3-9 御河流域水系图

2. 社会经济

山西省内御河干流沿河涉及大同市的新荣区、平城区、云冈区、云州区和朔州市的怀仁市。

2019年御河河道涉及县(区)总人口数量为234.77万人,其中城镇人口189.12万人,农村人口45.65万人;地区生产总值1 154.95亿元,其中第一产业27.63亿元,第二产业491.89亿元,第三产业635.43亿元;共有耕地面积237.56万亩,其中有效灌溉面积108.81万亩,粮食产量49.19万t。

3.2.10 昌源河流域

1. 昌源河流域概况

昌源河是汾河一级支流,发源于平遥县东南部太岳山脉孟山头南麓的北岭底村,流经武乡县南关村进入祁县,山区内由南向北流,出山口进入平川由东南向西北流,在祁县苗家堡村东南有乌马河汇入,后折向西南,在城赵镇原西村汇入汾河。流域总面积 2 424.1 km²,其中晋中市 2 335.8 km²、长治市武乡县 88.3 km²;昌源河河道总长 88.1 km,其中晋中市内长度为 81.8 km,长治市内长度为 6.3 km。

昌源河整体属蜿蜒曲折型河道,受主流影响河床经常处于摆动不定状态。涧村弧型闸以下河床属狭窄下切型,主槽在 30 m 左右,滩面在 100 m 以内,相对比较稳定,涧村以下河道属宽浅式,主槽在 50 m 左右,滩面在 100 m~150 m,由于主流摆动,两岸属沙性土质,固堤困难,一遇洪水,沿河两岸局部地段常常出现险情,农田、村庄安全受到威胁。

昌源河流域地形总趋势为东南高,西北低,由山区丘陵逐渐过渡到平川,为一级阶梯状地形。昌源河自东南向西北纵贯全县,形成西北部开阔的冲积平原。流域地貌由南向北可分为山区侵蚀构造和平川堆积构造两大区。东南部为土石山区,最高的四县垴海拔高程为 2 029.5 m,中部为古洪积扇组成的黄土丘陵区,其海拔高程为 800 m~1 000 m 之间,地势起伏不平,沟壑纵横,西北部形成的冲积平原,坡度平缓,一马平川,最低海拔高程为 750 m,三大地貌类型差异明显。

昌源河流域水系图见图 3-10。

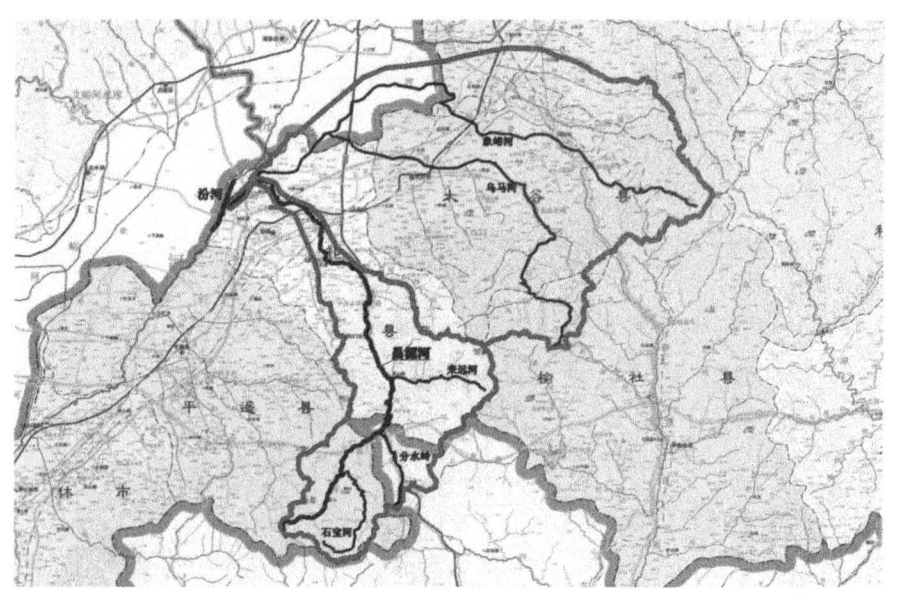

图 3-10　昌源河流域水系图

2. 社会经济

昌源河干流主要流经两市三县,主要包括晋中市的平遥县和祁县,长治市的武乡县,其中长治市的武乡县社会经济发展不在昌源河干流流域内,因此,本书仅介绍晋中市的平遥县和祁县的社会经济指标。

1) 平遥县

平遥县隶属于晋中市,昌源河发源于平遥县孟山乡北岭底村,流经平遥县孟山乡14个村庄,在大滩村下游进入长治市武乡县。昌源河在平遥县流域总面积为184 km²,干流长度为23.05 km,本段流域面积大于20 km²的支流有南沟河、石宝河和南岭沟等。

2023年末,平遥县常住人口44.278 5人,其中城镇人口22.283 2万人,乡村人口21.995 3万人。2023年全县国民生产总值146.6亿元,第一产业增加值19.6亿元,第二产业增加值44.8亿元,第三产业增加值82.2亿元,粮食总产量为20.0万t。

2) 祁县

祁县位于山西省中部,太原盆地南端,太岳山北麓,汾河中游东岸。东与太谷区相邻,西与平遥县接壤,南与武乡县交界,北与清徐县毗连,东南与榆社县山峦相依,西北与文水县隔汾河相望。地势由东南渐向西北倾斜下降。平面轮廓呈东南至西北长条状,北起贾令镇北左村,南至来远镇前庄村,南北纵长约44 km;东起东观镇白圭村,西至城赵镇建安村,东西横宽约25 km。祁县土地面积854 km²,辖8个乡镇,3个管委会,160个行政村,266个自然村,全县耕地面积为40.48万亩。拥有一个省级开发区,两个县级开发区。

祁县隶属于晋中市,昌源河在来远镇北关村进入祁县,在城赵镇原西村汇入汾河,干流流经来远镇、峪口乡、古县镇、东观镇、昭馀镇、西六支乡、贾令镇和城赵镇等8个乡镇。昌源河在祁县总流域面积为628 km²,干流长度为60.97 km,本段流域面积大于20 km²的支流有南河沟和乌马河等。

2023年末,祁县常住人口24.905 1万人,其中城镇人口11.898 5万人,乡村人口13.006 6万人。2023年全县国民生产总值117.188 9亿元,其中,第一产业增加值25.674 9亿元,第二产业增加值29.968 4亿元,第三产业增加值61.545 6亿元。

3.2.11 磁窑河流域

1. 磁窑河流域概况

磁窑河是汾河一级支流,地处汾河中游的右岸,文峪河东部,发源于交城县山区的塔梭村及清徐县山区的养天池一带,流经交城、文水、汾阳、平遥、孝义、介休六个县市,是吕梁平川区域第三大河流。磁窑河历史上以水灾频繁而闻名于当地,截至现在还承担着清徐部分地区和文峪河部分泄洪任务,流域总面积为 1 059.83 km²,其中白石南河 241.26 km²,瓦窑河 105.94 km²。磁窑河为汾西灌区一、二支渠排水的面积为 114.69 km²,干流从交城西石侯干流起至介休洪善村入汾口,干流流域面积 597.94 km²。河道总长 86.4 km,其中地处平川区域的河长 66.4 km。平川区河道纵坡 0.28‰~0.5‰。交城西石侯村是磁窑河干流的起点,也是壶瓶石河、瓦窑河、磁窑河、白石南河和汾河灌区一、二支渠总退水出口的交汇点,呈五指状布局。

磁窑河流域共涉及 6 个县(市),其中吕梁 4 个县(市)为交城、文水、汾阳、孝义,晋中 2 个县(市)分别为平遥、介休。粮食种植主要以小麦为主,占耕地面积 65%,高粱、玉米占 20%,其他占 15%。

磁窑河流域山区面积有 461.06 km²,占流域总面积的 43.5%,地形沟壑纵横,支离破碎,植被覆盖较差,岩石裸露风化严重,沟道纵坡较大,每逢洪水、泥石直下,出山后河道纵坡变小。平遥县段河道为平原河道,河道两侧均为耕地,泥沙淤积严重。

2. 社会经济

磁窑河平遥段流经香乐乡,县界将河道分隔为四段,自郝庄村流入,薛贤村流出。平遥县是山西省的人口大县、农业大县、旅游大县、文物大县,平遥古城是世界文化遗产、历史文化名城、国家级 5A 景区。现辖 14 个乡镇 273 个行政村、3 个街道办事处。2023 年末常住人口 44.278 5 万人。

平遥县位于太原盆地中南部,隶属于晋中市。海拔 735~1 955 m,全县南北宽约 44.5 km,东西长约 53.7 km,县域面积 1 260 km²。地势呈东南高、西北低,呈阶梯状,山地、丘陵、平川大致各占总面积的三分之一。

平遥地处内陆,属温带季风气候。年日照总时数 2 422.1 小时,日照百分率为 59%。年平均气温 10.6℃,年平均降水量 415.5 mm。

南同蒲铁路、大西高铁、邢汾高速、大运高速、汾屯公路、108 国道、省道东夏线穿平遥而过,区位优势明显,交通十分便利。

全县共有林地(林业用地)73 万亩。其中,有林地 31 万亩,疏林地 3 万亩,灌木林地 11 万亩。林木蓄积量 150 万 m³,森林覆盖率为 16.41%。

平遥县主要河流有汾河、惠济河、柳根河、瀴涧河、沙河、昌源河、官沟河等。除汾河外,其余均为季节性河流,干支流总长 225.2 km。县内有中小型水库 8 座,总库容 3 689.4 万 m³,兴利库容 1 251 万 m³,多年平均供水量 740 万 m³。

全县耕地 76 亩,其中,汾河灌区 32 万亩,井灌区 11 万亩,井汾双灌区 25 万亩。32 万亩汾河灌区,年平均利用汾河水量 2 480 万 m^3、利用昌源河水量 900 万 m^3。

1997 年 12 月 3 日,平遥古城被联合国教科文组织列为世界文化遗产。平遥古城距今已有 2 800 多年的历史,城内文物古迹众多,登记备案的不可移动文物有 1 075 处,各级重点文物保护单位达 143 处,其中国家级 19 处、省级 3 处、市级 4 处、县级 117 处。全县文物数量之多、品位之高,在全国县级城市实属罕见。

3.2.12 段纯河流域

1. 段纯河流域概况

段纯河是汾河的一级支流,发源于交口县水头镇广武庄村,在段纯镇下峪村入灵石县,自西北向东南流经下峪、吴家沟、段纯镇、杜家滩、云义、志家庄和坛镇乡堡子塘,于坛镇乡杨家山村汇入汾河。

段纯河流域上游交口县有一座小型水库——西山水库,坝址距交口县城 7.5 km,水库总库容 764 万 m^3;在段纯河入灵石县处右岸支流深井沟上游拟建一座小型水库——前进水库,总库容 199 万 m^3。

段纯河全流域面积 1 116 km^2,干流总长 72 km,流域西北部基本属于土石山区,东南部属于黄土沟壑区,河谷多为灰岩和河卵石,常年干涸、无清水基流,沟谷两岸有一级阶台地分布。河道平均比降为 10.5‰,河道较窄,河底平坦,河势稳定。

灵石县内段纯河流域面积 153 km^2,河长 20.9 km。段纯河进入灵石县后流域宽度由 15 km 骤缩到平均 8 km,入汾口最窄处仅 5 km 左右。

段纯河在灵石县内最大的支沟为深井沟,流域面积 34 km^2,其余支沟均为小于 10 km^2 的边山支沟。

2. 社会经济

灵石县地处山西省中部,晋中市南端。北与介休、孝义毗邻,东与沁源接壤,南靠霍州,西与交口、汾西交界。灵石县内山峦起伏,沟壑纵横,河沟众多。汾河从灵石县中间由北向南穿越全境。汇入汾河的较大支流有静升河、仁义河、交口河、段纯河。

灵石县总面积 1 202 km^2,设置 4 乡 6 镇,2023 年末全县常住人口 24.29 万人。灵石县矿产丰富,铁矿、硫黄、石膏、煤炭等种类齐全,是山西省能源重化工基地建设的新兴县镇,是全国重点产煤县之一。灵石县也是著名的旅游大县,县内有罗汉垣、坛镇垣等十大黄土残垣,全省著名的十大旅游景点之一王家大院就位于灵石县静升镇。2023年,全县实现地区生产总值364亿元,公共财政预算收入23.9亿元。

段纯镇总面积85 km²,辖区内共有22个行政村,40个自然村,人口约1.7万,耕地3.8万亩,乡镇企业有煤炭、焦化、硫铁矿、运输、商贸业。农业主产小麦、谷子、玉米。坛镇乡总面积59.03 km²,辖11个行政村,辖区常住人口8 397人,农业户数3 313户,耕地2.6万亩。

段纯河位于县城西南,河流两岸涉及段纯镇8个行政村和坛镇乡2个行政村及其耕地,同时河流两岸有数十家工矿企业。灵石县中煤循环产业经济园区位于段纯河河谷,东起坛镇乡堡子塘村,西至段纯镇吴家沟村,长约14.1 km,南北至段纯河谷两侧山脚,宽度0.1 km～1 km,片区内企业沿段纯河呈狭长带状布局,园区规划面积为6.75 km²。

3.2.13 涧河流域

1. 涧河流域概况

涧河属黄河流域汾河水系,发源于山西省晋中市寿阳县李家山,流经榆次区沛霖乡,向西入榆次后流经榆次区的东蒜峪、西蒜峪、高壁、杨庄、东左付、西左付、田家湾、东沛林、西沛林、西庄、神堂沟村、苏村、峪头、小南庄、志村至王杜、秋村、鸣李、杨盘最后入汾河,从鸣李以下即无明显的河道,属无尾时令河。全长34.76 km,流域面积203 km²,其中寿阳县9.52 km,榆次区25.24 km,现状河道平均纵坡10.2‰。

涧河下游有支流黑河汇入,黑河发源于榆次区乌金山镇北部罕山平地泉,由北向南经大峪口、小峪口、东沙沟村东过太旧高速公路,在鸣谦村与小南庄村之间汇入涧河,全长15.5 km,流域面积39.1 km²。

涧河中游田家湾村建有田家湾水库,坝址位于山西省晋中市榆次区城北18 km处的田家湾村,控制流域面积97 km²,总库容998.7万 m³,为一座以防洪为主的小型水库。

2. 社会经济

涧河流域包括寿阳县、榆次区两县区。

寿阳县位于山西省东部,现辖7镇7乡、206个行政村。2023年末全县常住人口19.617 3万人,其中城镇人口9.558 5万人,乡村人口10.058 8万人。2023年全县实现地区生产总值232.427 7亿元,其中,第一产业增加值20.664 9亿元,第二产业增加值160.389 8亿元,第三产业增加值51.373 0亿元。人均地区生产总值约 12.36 万元。全年粮食产量 36.84 万 t。

榆次区位于山西省中部,是晋中市政府所在地,现辖 5 镇 4 乡。近年来,全区经济和社会各业得到了跨越式发展。2023 年全区生产总值 355.54 亿元,一般公共预算收入 12.17 亿元,限额以上社会消费品零售总额 131.72 亿元,城镇居民可支配收入 46 792 元,农民人均纯收入 25 903 元,固定资产投资 189.84 亿元。粮食总产 1.58 亿 kg。榆次的外交招商引资活动日益活跃,形成"多方位、多层次、宽领域"的对外开放新格局,一大批外资企业进驻榆次。

3.2.14 白马河流域

1. 白马河流域概况

白马河是潇河支流,发源于寿阳县平头镇胡家埝村,由西北向东南流经平头镇、南燕竹镇、朝阳县、西洛镇(原上湖乡),在西洛镇赵家庄附近汇入潇河,主流全长 69.65 km。白马河上游主要有人字河、龙门河、石门河三大支流(其中上述前两条河在南燕竹镇白家庄村汇合为干流,后一条河到朝阳县童子河村西南汇入干流)。中下游有赵庄河、王坟河、三岔河和常村河等支流汇入,流域面积共计 1 067.5 km²,平均纵坡 4.64‰。

白马河流域内有 3 座水库,其中蔡庄水库于 1962 年 4 月建成蓄水,控制流域面积为 223 km²;石门水库于 1972 年建成蓄水,控制流域面积为 91.1 km²;郑家庄水库于 1973 年 7 月建成蓄水,控制流域面积为 23.3 km²,水库控制总面积占流域面积的 31.61%。白马河流域水系图见图 3-11。

2. 社会经济

寿阳县位于山西中部,全县总面积 2 110 km²,辖 7 镇 7 乡 2 个城区管委会,205 个行政村,8 个社区居委会,总人口 20.03 万。寿阳土地广阔,资源丰富。全县耕地面积 104 万亩,林地面积 110 万亩,在发展农业生产方面有着得天独厚的优势,是国家商品粮基地县。被中国农科院列为晋东豫西旱农开发实验区,同时还是山西山区杂粮豆类开发试点县。境内煤炭资源储量 98 亿 t,为全国重点产煤县。县内铝矾土、石膏、石料、紫砂等矿产资源也十分丰富。

3.2.15 乌马河流域

1. 乌马河流域概况

乌马河是汾河的二级支流,发源地分东、西两源,西源在太谷与祁县交界处上黑峰、通天沟一带,东源在榆社县内的黄花岭,以西源为正源,两源在太谷水磨坡村南相汇,流经太谷区窑子头乡槐树底、杨庄、窑子头、念沟、官寨、庞庄、经阳

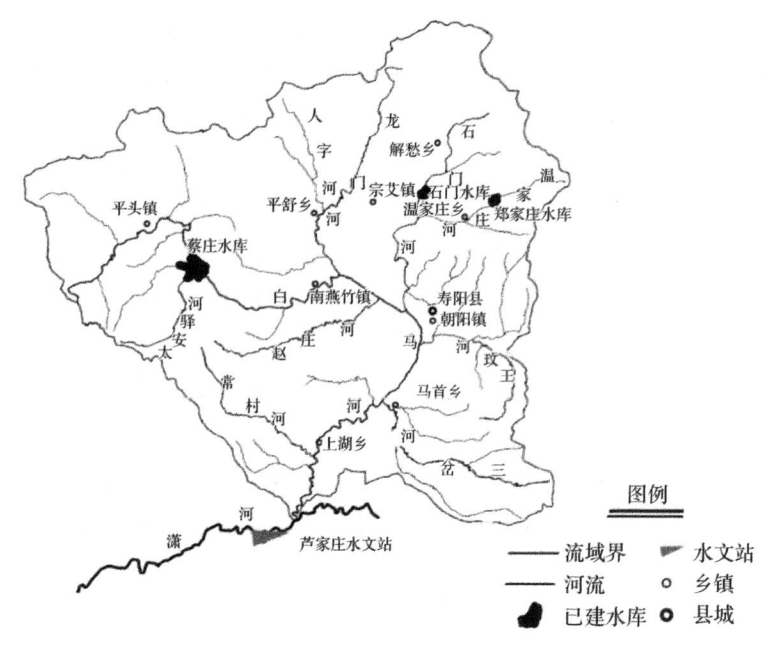

图 3-11 白马河流域水系图

邑乡的回马与小白乡的王村间,出山口后经县城与胡村镇韩村间、贾堡与水秀间,于南、北六门村西进入祁县、清徐县。其间,除上游左、右岸等支沟汇入外,出山口后又先后纳入发源于太谷区南山一带的四卦河、石河、咸阳河、朱峪河等众多支流。在清徐县东罗村西北又纳入太谷区象峪河,复向西南入祁县,与昌源河汇流后于祁县苗家堡流入汾河。

乌马河干流河道全长 86.76 km,流域面积 1 730 km²,干流流经祁县、太谷区、榆社县、清徐县。乌马河干流平均比降 4.06‰,平均年降水 457.5 mm,平均年径流 29.9 mm。河道中上游庞庄村建有庞庄水库,是一座具有灌溉、防洪、发电、供水等综合效益的中型水库,总库容 2 300 万 m³,水库控制流域面积 278 km²。

2. 社会经济

乌马河干流流经晋中市的祁县、太谷区、榆社县和太原市的清徐县。祁县位于山西省腹地,因"昭馀祁泽薮"而得名。公元前 556 年,晋平公将祁地赐予祁人先祖祁奚,建城兴邦,距今已有 2 500 多年的历史,是国家历史文化名城,晋商故里,总面积 854 km²,辖 6 镇 1 乡 1 个城区和 1 个省级经济开发区,共有 117 个行政村,16 个社区,2023 年末全县常住人口 24.905 1 万人,其中城镇人口 11.898 5 万人,乡村人口 13.006 6 万人。县城面积 14 km²。距离省城太原 55 km、太原武宿国际机场 45 km。县内南同蒲铁路复线,大西铁路客运专线,国道 108、208 线,大运高速、榆祁高速、邢汾高速,省道东夏线、祁方线纵横分布,交织成网,交通区位优势明显。2023 年全县地区生产总值 117.188 9 亿元,其中,第一产业增加值 25.674 9 亿元,第二产业增加值 29.968 4 亿元,第三产业增加值 61.545 6 亿元。

太谷区位于山西省中部,晋中盆地东部,隶属晋中市管辖,总面积 1 050 km^2,辖 3 镇 5 乡 3 个城区 152 个行政村,常住人口约 32 万。2023 年,全区地区生产总值 124 亿元;社会固定资产投资 50.81 亿元;社会消费品零售总额 41.05 亿元;一般公共预算收入 6.42 亿元;城镇常住居民人均可支配收入 41 584 元;农村常住居民人均可支配收入 26 713 元;连续多年获得"山西省区域经济发展先进区"称号,特别是在 2017 年度全省区域经济转型升级考核评价中,位列 34 个限制开发的农产品主产区第一名。

榆社县地处太行山中段西麓、晋中市南部。位于东经 112°38′~113°12′,北纬 36°51′~37°34′;东西宽 44 km,南北长 55 km。东与左权、和顺为邻,北与太谷、榆次接壤,西与祁县相靠,南与武乡毗邻。2023 年末全县常住人口 11.014 3 万人,其中城镇人口 5.306 2 万人,乡村人口 5.708 1 万人万,下辖 4 镇 3 乡 1 城区,169 个行政村和 10 个社区。全县总面积 1 699 km^2。

2023 年,榆社县全县地区生产总值 45.813 1 亿元,其中,第一产业增加值 7.135 4 亿元,第二产业增加值 16.686 亿元,第三产业增加值 21.991 7 亿元。2023 年全县粮食产量 5.872 万 t。

3.2.16 象峪河流域

1. 象峪河流域概况

象峪河,旧称小涂水、象谷河,俗称向阳河,是黄河三级支流,汾河二级支流,乌马河一级支流,为太谷县内第二大河。上游分东、南、北三源。以东源为正源,发源于太谷、榆次、和顺三县交界的八赋岭。20 世纪 30 年代前,下游南庄以下无固定河道,常夺旧官道宣泄洪水,水大时则经南庄村南向西南方向漫溢。后经人工开挖和自然冲刷才逐渐固定为今日之河槽。

象峪河全长 63 km,流域总面积 341 km^2。多年平均地表径流量 1 650.5 万 m^3。流域上游植被较好。河流年输沙量 26.7 万 m^3。郭堡水库以上土石山区河谷深切、坡陡流急,河谷大多呈 V 形。水库至范村口为黄土丘陵区,河槽逐渐开阔多呈厢形。范村口至孟高分水闸河道较宽浅,低于两岸呈宽浅厢沟。分水闸以下河道较顺直,河槽逐渐缩窄,铁路桥以下更狭窄,河床与两岸地面高差不大,行洪能力很低。

津水河为象峪河的一级支流，发源于榆次区大塔山，流经北郊村，向西偏北流至下寨，附近有蒲池河汇入，又向西至格子头，其间东贾河汇入，复向西偏北经任村西南再入榆次。水流较小时在榆次东阳、北社一带消失。水流较大时溢入南席村东洼地，为季节性沼泽。水流更大时漫溢汇入象峪河。流域总面积 250 km², 全长 50 km, 平均纵坡 6.11‰, 太谷县内流域面积 83.3 km², 河长 20 km。上游土石山区植被极差，水土流失严重。河流年输沙量 3.8 万 m³。中游石亩村南建有石亩水库，控制流域面积 45 km², 是一座用于灌溉、防洪、水产养殖的小型水库。

2. 社会经济

象峪河共涉及晋中市太谷区和榆次区，2023 年末干流流经县市区常住人口约为 127.8 万人，地区生产总值 479.54 亿元。

3.2.17 洪安涧河流域

1. 洪安涧河流域概况

洪安涧河属汾河的一级支流，因发源于安泽，流经洪洞，故名洪安涧河。洪安涧河上游分南北二涧。北涧（又称热留河）发源于古县，北起热留乡大南坪，东起老牛沟，流经党家坡、古阳、古县，至五马与南涧汇合。南涧（又称旧县河）发源于安泽，东起安泽县的草峪岭，南起古县的千树沟、阴家山沟，北起虎沟任坡里，汇合 357 条小沟。下游在洪洞县苏堡镇南铁沟进入洪洞县境，流经洪洞县苏堡、曲亭、大槐树 3 个镇的 8 个村庄，在北营村流入汾河。河流全长 86 km, 其中河源至干流起始位置（凌云村）长度 26.03 km, 干流（从凌云村至入汾口）长 59.97 km。流域面积 1 123 km², 流域平均宽 18.8 km。河谷为单式河谷，河床稳定，基本为砂砾卵石冲积而成。东庄以上为岩基河床，洪洞县内为砂卵石河床，平均坡降为 8‰。

流域内地形以丘陵山地为主，东高西低，黄土荒山植被保护差。洪安涧河在旧县河汇入口五马村下游有东庄水文站 1 座，水文站控制流域面积 987 km²。2009 年在一级支流旧县河入河口上游建有一座小型五马水库，水库控制流域面积 382 km²。

根据洪安涧河东庄水文站多年资料分析，洪安涧河多年平均流量 1.98 m³/s, 其中清水流量 0.5 m³/s, 洪安涧河多年平均径流量 0.596 亿 m³, 最大年径流量 1.79 亿 m³（1964 年），最小年径流量 0.33 亿 m³（1961 年），最大洪峰流量达 1 690 m³/s(1971 年)，但历时较短。东庄水文站实测多年平均输沙量 151.5 万 t, 输沙模数为平均每年 1 534 t/km²。

洪安涧河属汾河的一级支流，汇入的支沟主要有5条。

热留河：是洪安涧河一级支流，位于古县西北部，发源于古县北平镇的党家山和宽坪沟，与另一支水源源头在热留村会合后到古阳村汇于涧河北支主河槽，流域面积为170.94 km², 河流总长度29.5 km。

永乐河：流域面积为101 km², 河流总长度15 km。

旧县河：流域面积为381 km², 河流总长度40 km。

古县河：属洪安涧河水系，位于古县土石山区地段，上游连接永乐河、下游与石壁河汇合，河流总长20 km。

石壁河：是洪安涧河一级支流，位于古县东南部，北邻石壁乡的王滩与左村，南至旧县镇的韩村、西庄，东接安泽县的三交乡，西至石壁河出口的石壁乡五马岭村，河内常年流水，流域面积377.82 km², 河长21.4 km。

2. 社会经济

洪安涧河沿河涉及临汾市2个县，分别是古县、洪洞县。

2023年末，临汾市常住人口388.72人，其中城镇人口217.35万人，乡村人口171.37万人。临汾市2023年生产总值2 312.5亿元，其中，第一产业增加值178.0亿元，第二产业增加值1 232.5亿元，第三产业增加值902.0亿元。粮食总产量221.0万t。

古县位于临汾市东北部，是太岳革命老区，为煤炭资源型山区县。全县辖5镇1乡，73个行政村6个社区，总面积1 206 km²。2020年第七次人口普查全县常住人口7.981 6万人，其中乡村人口3.857万人。2023年，粮食总产量9.983万t，全县生产总值69.1亿元。

洪洞县，地处山西省南部、临汾盆地北端，东隔霍山与古县为邻，西靠吕梁与蒲县相接，北与霍州、汾西毗连，南与尧都区接壤，下辖15个乡镇325个行政村，总面积1 494 km²。2023年末常住人口62.359 4万人，其中城镇人口26.630 6万人，乡村人口35.728 8万人。2023年，粮食总产量37.16万t，全县地区生产总值227.75亿元。

3.2.18 浍河流域

1. 浍河流域概况

浍河为汾河的一级支流，发源于山西省中南部太岳山脉，河源位于浮山县米家垣乡辛庄村花沟，流经浮山县、翼城县、绛县、曲沃县、侯马市至新绛县开发区西曲村汇入汾河，全长111 km，河床纵坡3.24‰，流域面积2 052 km²，其中临汾辖区浮山县152 km²，翼城县895 km²，曲沃县155 km²，侯马市156 km²。

浍河流域属温带大陆性气候,四季分明。流域多年平均降雨量为520 mm,多年平均蒸发量1 819.6 mm,多年平均径流量9 080万 m^3,多年平均输沙量179.4万 m^3。

浍河河道大部分处在平原地带,沿河汇入支沟较少,汇入的主要支沟有7条。

翟家桥河:翟家桥河又称石门河,发源于翼城县东部的东坞岭,全长27 km,流域面积182 km^2,纵坡21.3‰,流域内平均年降水量520 mm。平均年径流量为390 m^3,于翼城县大河口村汇入浍河。

范村河:范村河发源于山西省浮山县响水河镇桥埝村,全长19 km,流域面积57.9 km^2,于山西省翼城县北关村汇入浍河。

常家河:常家河发源于山西省翼城县中卫乡岳庄村,全长19 km,流域面积59.3 km^2,于翼城县西王村汇入浍河。

干河:干河又称城西沟,发源于山西省浮山县东张乡南畔山村,全长26 km,流域面积63.9 km^2,于翼城县南丁村汇入浍河。

二曲河:二曲河发源于山西省翼城县南梁镇兴岭村,全长22 km,流域面积110 km^2,于翼城县大交村汇入浍河。

续鲁峪河:续鲁峪河发源于山西省沁水县杨岔岭,河道总长50 km,流域面积370 km^2,于翼城县大交村汇入浍河。

黑河:黑河又称么里河,是浍河的一级支流,源头有两条主要支流。一条发源于么里镇垣址坪村石窑一带的么里峪,另一条发源于绛县卫庄镇东桑村的里册峪,里册峪支流上建有里册峪水库,两条河在安峪镇董封村汇流后进入黑河主河道。黑河流域总面积383.54 km^2,河道总长65.6 km。至曲沃县下裴庄汇入浍河。

浍河干流自上而下建有小河口水库、浍河水库和浍河二库,三座水库以串联形式控制全流域面积的88.8%。

浍河水库坝址位于曲沃县城东10 km处的西吉必村附近,控制流域面积1 301 km^2,现水库总库容9 964万 m^3,是一座具有防洪、灌溉、养殖、旅游等综合功能的水库。

浍河二库位于侯马市东南约8 km的香邑村南。控制流域面积1 828.4 km^2,现水库总库容2 945万 m^3。

2. 社会经济

浍河沿河涉及临汾市3个县(市),分别是翼城县、曲沃县、侯马市。2023年末,翼城县常住人口25.739 2万人,其中城镇人口11.741 1万人,乡村人口

13.998 1万人。翼城县生产总值105.431 9亿元，其中，第一产业增加值18.275 9亿元，第二产业增加值35.144 2亿元，第三产业增加值52.011 8亿元。全年粮食产量18.869 8万t。翼城县总面积1 170 km²。

2023年末，曲沃县常住人口为21.018万人，其中城镇人口10.102 3万人，乡村人口10.915 7万人。曲沃县生产总值192.7亿元，其中，第一产业增加值27.0亿元，第二产业增加值120.6亿元，第三产业增加值45.1亿元。全年粮食产量16.5万t。曲沃县总面积437 km²。

2023年末，侯马市常住人口为25.619 2万人，其中城镇人口17.957 8万人，乡村人口7.661 4万人。侯马市生产总值189.33亿元，其中，第一产业增加值4.76亿元，第二产业增加值63.25亿元，第三产业增加值121.31亿元。粮食总产量8.696 9万t。侯马市总面积220 km²。

3.2.19 箭杆河流域

1. 箭杆河流域概况

箭杆河发源于太原北山南麓的三朗沟，于阳曲县安家庄北侧流入忻州市，在忻州牛尾庄附近汇入牧马河，箭杆河在阳曲县境内流域面积为76.5 km²，河道长度14.2 km，平均纵坡31.1‰，河流源头支沟有多处小泉，清水四季长流。

牧马河长118.3 km，流域面积1 498m²，发源于山西省阳曲县的白马山五庆沟，源头处河流由西北向东南流，过六固村后流向改为东北方向，在安家庄下游出阳曲县入忻府区。河道内有两条较大支沟，分别为吾情沟和七岭沟，在六固村汇合后向北继续流往忻州方向，吾情沟流域面积26.7 km²，河道长度8.3 km，平均纵坡39.3‰。

2. 社会经济

截至2023年末，阳曲县辖1个社区居委会、4个镇、5个乡，98个行政村30个居委会。2022年末，阳曲县常住人口12.759 2万人。阳曲县内，以汉族人为主体，少数民族极少。2022年阳曲县地区生产总值完成80.905 3亿元，其中，第一产业增加值8.855 6亿元，第二产业增加值53.049 6亿元，第三产业增加值19.000 1亿元。2022年阳曲县粮食产量10.430 6万t。

矿产资源以煤、铁、石膏为主，铅、云母也有蕴藏。煤炭资源主要有会沟通、西黄水煤田，总储量5 000余万t；西庄乡韩庄煤田，总储量1 173万t。铁矿主要分布于侯村乡汉岭村的红叶梁及王兴坪一带，总储量94.09万t。由于境内土质多为黏土，砖瓦工业遍布全县。

3.2.20 岚河流域

1. 岚河流域概况

岚河位于岚县东南部,是汾河的一级支流。河流发源于岚县河口乡直夺峪村,主源始于北马头山冷沟、卧羊沟,向南流经岚城、东土峪,在岚县坡上村接汇顺会河。于县城所在地东村东南处接汇上明河、普明河,从社科乡曲立村出岚县,由静游镇步斗村进入娄烦县,县内接汇龙泉河,在下静游村汇入汾河。河流全长66 km,控制流域面积1 181 km²,河道比降3.94‰,流域面积100 km²以上的一级支流有上明河、普明河、龙泉河三条。

岚河主流在东村汇合处以上称岚城河,以下为岚河干流。岚城河流域面积285.45 km²,流长34.5 km,河道纵坡9.56‰,糙率0.02~0.04。岚城以上为石质河床,宽30 m,水流较丰;岚城以下为卵石河床,逐渐变宽为70 m~100 m,四季清水长流,且无工矿企业排污,水质较好。河流年径流量为1 651.86万m³,清水流量为0.1 m³/s~0.3 m³/s,年输沙量191万t。

龙泉河为岚河的一级支流,发源于岚县梁家庄乡白化宇村,龙泉河有南北二源,南源称为南道沟,北源称为北道沟。北源出后山北麓,流经近周营、索家坡、袁家村;南源发源于黄姑山北部,流经翼家庄、宁泉湾、车道坡,在梁家庄两源汇合后,流经郭家庄、娄烦县赤土华村、上龙泉村、下龙泉村,汇入岚河。龙泉河流域面积166 km²,干流长32 km,平均比降12.91‰,糙率0.02~0.04。龙泉河在娄烦县内流域面积为39.7 km²,长度为10.7 km。

岚河流域干流河口处建有上静游水文站。上静游水文站位于娄烦县静游镇上静游村的汾河支流岚河上。水文站始建于1954年6月,控制流域面积1 140 km²,存有1954—2019年洪水观测资料。

岚河娄烦段于2020年完成了治导线划定,规划标准为20年一遇,范围是从娄烦县界至汇入汾河河口,左岸岸线长8.0 km,右岸岸线长8.1 km。

岚河流域水系图见图3-12。

2. 社会经济

娄烦县地处太原市西北部、吕梁山腹地、汾河中上游,距省城太原97 km,东依古交,西邻方山,南毗交城,北连静乐,西北与岚县接壤,是集山区、老区、库区为一体的国家扶贫开发重点县,也是省城太原最重要的水源地和生态屏障。全县总面积1 289 km²,辖3镇4乡3个居委会,11个社区、105个行政村。

2023年全县地区生产总值43.506 4亿元,其中第一产业完成4.103亿元,第二产业完成24.304 8亿元,第三产业完成15.098 6亿元。全年粮食总产量

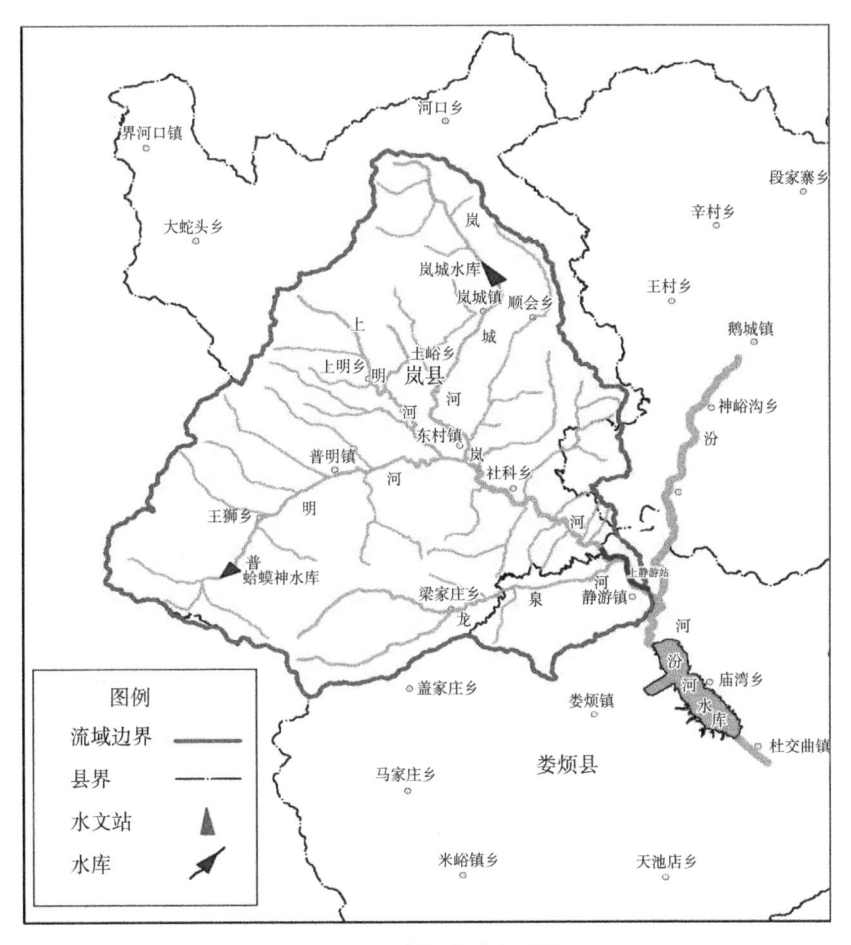

图 3-12 岚河流域水系图

2.500 8 万 t。

2023 年末全县常住人口为 8.805 9 万人,其中,乡村人口 4.245 7 万人,城镇人口 4.560 2 万人。

3.2.21 乌河流域

1. 乌河流域概况

乌河属于海河水系,为滹沱河一级支流,乌河位于阳曲县东北部,河流发源于太原东山西麓的西黄龙头沟,于西郭湫村北侧一公里处进盂县,在盂县尧子坪村南侧与温川河交汇,由西南向东北蜿蜒地向滹沱河流去。乌河全长 64 km,流域面积 1 174 km²,在阳曲县内的流域面积为 177.5 km²,河长 23.3 km,河道纵坡5.4‰。太原流域区属低温半干旱气候,多年平均降雨深503.6 mm,多年平均径流深42.8 mm,径流深约为降雨深的1/12。由于灰岩广泛出露,只有发生大雨和暴雨时产生短暂径流。洪水多由暴雨形成,暴雨特征历时短,雨强大,水位陡涨陡落。洪水与降雨特征相似,常常给沿河两岸村庄造成威胁。

乌河流域地形分布主要为黄土丘陵沟壑、黄土丘陵阶地以及耕种平地三种类型,河势整体稳定。局部河段由于水流与河床相互作用的结果,侧向侵蚀明显,使河段弯曲,呈S形弯道。河流上游河谷断面呈V形,谷坡相接,河谷内河床明显;中下游河谷断面呈U形,河谷宽、浅,谷面开阔,谷坡两侧有阶地分布,但水流受山体、高陡阶地等天然束缩,河床下蚀明显,河床两侧岸坡陡立。

2. 社会经济

乌河涉及的阳曲县的行政区域是凌井店乡。凌井店乡(俗称东凌井)地处山西省阳曲县东部,西临东黄水镇,北临杨兴乡,东与阳泉市盂县接壤,南与晋中市寿阳县毗邻,314省道(S314)、京昆高速公路(G5)、石太高铁贯穿全乡,距县城(黄寨镇)27公里,交通便利。全乡总面积183.01 km²,共13个行政村,42个自然村,常住人口8 350人(2017年),耕地面积约56 973亩。乌河干流流经凌井店乡尧沟、西汉湖、凌井店、湾里、大方山、东郭湫、西郭湫7个行政村庄。

3.2.22 杨兴河流域

1. 杨兴河流域概况

杨兴河位于太原市东北部,由东北向西南纵贯阳曲县,发源于太原东山北端牛金山东麓的孟家岭沟,流经阳曲县的大盂、黄寨和尖草坪区的向阳店、阳曲,于尖草坪区北固碾村南侧入汾河。杨兴河是太原市内太原段汾河上的较大支流,属黄河流域二级支流,自上而下汇入此段河流的主要支流有:中社河(东黄水河)、泥屯河、西凌井河等。杨兴河流域面积为1 408.9 km²,其中阳曲县1 208.0 km²,尖草坪区133.0 km²,杏花岭区56.2 km²,寿阳县8.9 km²,迎泽区2.8 km²。河流长度63.0 km,其中阳曲县46.6 km,尖草坪区16.4 km。河道平均纵坡7.1‰。

河流上游干流段阴山村附近修建有阴山小型水库,水库以上河流河道弯曲,具有山区河流特点,水库以下河流逐渐展宽,河川阶地宽阔。在河流中游干流段的支流上修建有四座小型水库,分别是龙王沟水库、迎春水库、北留水库、深沟河水库。

2. 社会经济

2022 年尖草坪区地区生产总值完成 581.76 亿元，其中：第一产业增加值 2.96 亿元，第二产业增加值 228.5 亿元，第三产业增加值 130.3 亿元。2022 年末全区常住人口 53.73 万人，其中城镇人口 50.78 万人、乡村人口 2.95 万人。

3.2.23 其他支流

其他支流主要包括黄河流域的沿黄支流和海河流域的卫河水系。沿黄支流主要指发源于吕梁山西部、中条山南部汇入黄河干流的河流，共计 69 条，其中流域面积 200 km² 以上的一级支流 30 条，主要为苍头河、杨家川、偏关河、县川河、朱家川河、岚漪河、蔚汾河、湫水河、三川河、屈产河和昕水河等。

卫河发源于晋城市陵川县夺火乡夺火村，干流流经晋城市陵川县、泽州县，在泽州县韩家寨村出山西省，于河北省大名县营镇回族乡北周庄与漳河汇流成为卫运河（漳卫河）。卫河总流域面积 14 834 km²，山西省内流域面积 1 625 km²，干流全长 411 km，省内河长 46.5 km。

3.2.24 晋阳湖

晋阳湖位于山西省太原市晋源区，东靠新晋祠路，南接历史悠久的古晋阳城和驰名中外的晋祠旅游胜地。晋阳湖水库是一座在洼地周围筑堤而成的人工浅型水库，库区南北长 2 990 m，东西宽 1 700 m～2 000 m，库底比较平坦，高程为 773.0 m～775.9 m，最高坝顶高程为 782.1 m，水深平均 2 m～4 m，湖水面积 5.658 km²。

晋阳湖由汾河二库通过汾河一坝的西干渠补水，为内陆水体，属于"旁引水库"。晋阳湖承担着清徐县工业供水调蓄功能，由汾河二库通过西干渠将水引至晋阳湖，通过晋阳湖调蓄后经管道供清徐工业用水。

3.2.25 漳泽湖

漳泽湖地处上党盆地腹部，上党城镇群"1+6"的几何中心，主体为漳泽水库。漳泽水库建于海河流域浊漳河南源干流上，是一座以供水、灌溉、防洪为主，兼顾旅游等综合利用的大（2）型水库，水库于 1960 年建成，1995 年完成了除险加固扩建工程，防洪标准达到了 100 年一遇设计，2000 年一遇校核。

漳泽湖汛限水位对应水面面积 24 km²，总库容 4.27 亿 m³，是山西省第三大水库，控制流域面积 3 176 km²，占浊漳南源全流域面积的 89%。

3.2.26 云竹湖

云竹湖位于榆社县西南部，距县城 22 km，距太原市 88 km。湖区地域跨云竹镇和河峪乡，东面紧邻云竹镇，西南、西北分别与武乡县、祁县相邻。云竹湖系海河流域南运河水系、浊漳河支流。云竹湖位于浊漳北源支流云竹河上，入库河流有清秀河和石盘河。

云竹水库控制流域面积 353 km^2，流域长度 25.8 km，流域平均宽度 13.68 km，流域平均纵坡 12.5‰。在云竹水库控制流域中，石山区面积 160.6 km^2，占流域总面积的 45.49%；土石山区面积 88.13 km^2，占流域总面积的 24.97%；黄土丘陵沟壑区面积 104.27 km^2，占流域总面积的 29.54%。石盘河流域面积 186 km^2，流域长度 21.5 km，流域平均宽度 8.65 km，流域平均纵坡为 8.30‰。石盘河流域中，石山区面积 87.1 km^2，占流域面积的 46.83%，土石山区面积 48.2 km^2，占流域面积的 25.91%，黄土丘陵沟壑区面积 50.7 km^2，占流域面积的 27.26%。

清秀河流域面积 167 km^2，流域长度 25.8 km，流域平均宽度 6.47 km，流域平均纵坡 12.5‰。清秀河流域中，石山区面积为 73.5 km^2，占流域面积的 44.01%，土石山区面积为 39.93 km^2，占流域面积的 23.91%，黄土丘陵沟壑区面积为 53.57 km^2，占流域面积的 32.08%。

云竹水库控制流域中，上游多风化砂页岩，中下游冲沟较多，普遍出露第三纪黄土，两岸岩石为黄土覆盖，厚度一般在 10 m 以上，地面海拔高程在 1 011 m～1 065 m 之间。流域内植被覆盖一般，水土流失较为严重。

3.2.27 盐湖

盐湖地处晋南盆地腹地，秦晋豫黄河转弯处，南依中条山，北靠峨嵋岭鸣条岗，东连涑水瑶台，西接黄河古渡，呈东西狭长形态，包含盐湖、汤里滩、鸭子池、硝池滩、北门滩五大水域，是运城千百年来形成的巨大历史奇观、文化奇观、自然奇观。湖面海拔 324.5 m，最深处约 6 m，总面积 132 km^2。

3.2.28 伍姓湖

伍姓湖位于山西省西南部、中条山北麓、永济市区东北方向，距黄河 20 km，目前水域面积 9.8 km^2，是山西省面积最大的天然淡水内陆湖。伍姓湖历史源远流长、文化底蕴深厚，该湖源于舜帝后裔五大姓氏——虞、姚、陈、胡、田居于湖边而得名，作为伍姓文化的肇始地和尧舜德孝文化的重要载体，为华夏五千年文明演进作出了重要贡献。伍姓湖生物资源丰富,拥有湖泊湿地、沼泽湿地、人工湿地等类型,生长着芦苇、苔草、香蒲等湿地植物,一直是我国候鸟迁徙廊道上的重要驿站,栖息有大天鹅、灰鹤、鸳鸯等众多珍稀鸟类。

3.3 流域洪灾调查

1. 1988年汾阳"8·6"特大洪灾

1988年8月6日,山西中部汾阳发生一次特大暴雨,全县遭受历史罕见的暴雨洪灾。从8月6日凌晨开始,雨区逐渐由汾阳西南部向东北方向移动,并扩展到孝义、文水两县。降雨过程为8月6日凌晨1时至上午8时,历时6~8小时,出现两个暴雨中心:一处在汾阳县城西部北花枝一带,中心点雨量为260 mm;另一处位于杏花村西7 km处的朝阳坡,中心点雨量250 mm。6小时暴雨等值线笼罩范围内,北花枝中心区200 mm以上雨区为43.8 km²,朝阳坡中心区28.8 km²。100 mm以上整个雨区为566 km²,50 mm以上为1 383 km²,25 mm以上雨区为2 442 km²,并扩展到临近县内。

暴雨主要集中在6日凌晨1~4时,据上金庄雨量站测报,最大降雨强度在1~2时内降雨量为70 mm,1~4时内降雨量为110 mm。而暴雨中心3小时降雨量为200 mm。在大暴雨的袭击下,汾阳县周边20余条河沟暴发了洪水,造成部分河道溢决。冲向太绥公路的平川低洼地带,洪水汹涌直下,势不可挡。北部洪水向杏花镇汇集,流量超过河道原设计行洪能力,致使遍地漫流,由于公路排洪洞失去泄洪作用,使大量洪水涌入杏花村汾酒厂内,积水深2 m;西部洪水冲毁董寺河桥,并冲决北岸河堤;西南部洪水冲决河堤后淹没西阳城村和吴家社村。

此次特大暴雨洪水,使全县18个乡镇、318个村庄、5个居委会受灾。其中,贾家庄、城关、阳城、峪道河、见喜、肖家庄、三泉、栗家庄等8个乡镇灾情严重。被洪水围困的96个村庄中以东堡、下堡、米家庄、北廊、董寺、太平、崖头、圪垛、南关、东关、恐村、义丰南、申家堡、吴南社、昌宁宫、义安、潞城等17个村庄损失最为严重。大量洪水排退不畅,使全县积水面积达333 hm²。全县遭受洪水冲淹农田2.57万 hm²,其中有1万 hm²绝收,粮食减产4 475万 kg,经济损失达5 530万元。3 900多户居民家中进水,倒塌房屋3 600间,危房1.2万间,1.5万人无家可归,49人丧生,淹死猪羊等牲畜1 500多头。全县水利工程损失约占40%,12条排灌渠道被冲毁;1 033眼水井淤埋,冲坏200 km防渗渠、58处人畜吃水工程。机电灌站22处、水电站1处、小型水利工程29处、两处万亩灌区以及多种建筑物遭受损坏,造成经济损失达 2 045 万元。这次洪灾中县和乡镇企业损失也极为严重。有 127 个厂矿企业停产,经济损失约 4 200 多万元。此外,交通、邮电、输电、供水等设施也被破坏。通信全部中断达 17 h,300 余根电杆倒断,太绥公路冲断两处,12 条县级公路冲断 61 km,塌方 40 万 m³,县城自来水管道冲断 3 处,两个供水井淤埋,造成全县城 3 天断水,2 处 3 kV 输变电站冲坏,10 kV 干线倒杆断线 25 km,46 km 输电支线和 420 km 低压线路全部冲淹,造成全县停电 3 天。商业部门倒塌房屋、库房 21 万 m²,180 所学校受灾。冲倒 160 株树木,损失总价值约 1.8 亿元。

2. "96·8"洪水

1996 年山西省平均降水量 566 mm,比 1956～1993 年多年平均降水量多 49 mm,在时空分布上极不均匀,表现为汛前干旱少雨,汛期暴雨频繁。1～5 月全省平均降雨量 63 mm,比历年同期偏少 24 mm;汛期 6～9 月全省平均降雨量达 437 mm,比历年同期偏多 60 mm。大强度的降雨主要集中于 7 月下旬和 8 月上旬,两旬平均降雨量 154 mm,比正常年偏多 60%,汛期降水量最大的县(市)为垣曲县 644 mm,比正常年偏多 243 mm;汛期降雨量超过 500 mm 的县(市)达 28 个,短历时降雨强度最大站为兴县水文站,7 月 23 日 1 小时实测雨量 101.6 mm;次降雨量最大的站为昔阳县三教河站,实测降雨量达 539.1 mm,稀遇程度为 270 年一遇。

频繁的暴雨使山西省除永定河水系外,其余大多数河流都有较大洪水发生,其中松溪河泉口水文站 8 月 4 日洪峰流量达 4 100 m³/s,为建站以来最大值,重现期为 90 年一遇,是 1963 年特大洪水的 1.5 倍;滹沱河南庄站 8 月 6 日洪峰流量 1 720 m³/s,清水河南坡站 8 月 5 日洪峰流量 791 m³/s,云中河寺坪站 8 月 8 日洪峰流量 513 m³/s,均为建站以来实测最大值;滹沱河济胜桥站、榆社河石栈道站等也出现了建站以来第二位洪水;汾河干流出现了近 30 年以来的最大洪水。暴雨范围广、雨量大,洪水稀遇致使洪灾损失严重。据初步统计,全省共有 84 个县(市)1 180 个乡镇;4 万个村庄遭受洪水侵袭,受灾人口达 523.8 万人,倒塌房屋 14.02 万间,死亡 249 人。水利设施在洪水灾害中直接经济损失达 11.14 亿元,包括损坏大中型水库 4 座,小型水库 42 座,水库垮坝 5 座,损坏堤防 1 489 km,决口 394 km,损坏机电井 2 932 眼,机电泵站 616 座,小水电站 60 座。农林牧渔业直接经济损失 39.3 亿元,农作物受灾面积 61.2 万 hm²,成灾面积 40.5 万 hm²,绝收 20.8 万 hm²,毁坏耕地 4.13 万 hm²,损失粮食 4.98 万 t,死亡牲畜 8.86 万头(只)。

此外,工业、交通运输业在洪水灾害中损失 16.7 亿元,其他经济损失

13.91亿元。全省直接经济损失达81.05亿元。

3. 1998年洪水

1998年中国发生的大洪水灾害是历史上最严重的一次,其涉及的流域和地区非常广泛,给国家经济和社会发展带来了巨大的损失。我国1998年大洪水主要发生在长江流域、黄河流域、海河流域和淮河流域。其中由于汛期内高温、高湿的天气,使黄河流域发生了严重的洪涝灾害,黄河流域内出现了多次特大洪水,特别是在河南省、山西省等地导致大量农田和城市被淹没。

4. 2007年"7·29"洪水

2007年7月28—30日,晋城市5个县(市)中有42个乡(镇)先后遭受了暴雨、特大暴雨的袭击,短时期降水量大都在200 mm以上,局部地区达377 mm。由于降雨持续时间长,雨量大,造成山洪暴发,河流猛涨,堤坝、桥涵被冲毁,交通、通信中断,房屋倒塌、损坏或进水,畜禽伤亡,农作物被冲淤,损失惨重。农作物受灾面积达3.19万hm²,其中绝收面积0.52万hm²;倒塌房屋3 375间,造成危房5 137间,房屋进水4 576户;冲毁公路677 km、桥梁76座、河坝28 500 m、沼气池445个、鱼塘0.66 hm²、吃水工程39处;4座水库及8座塘坝出现险情;冲走冲倒各类树木9.1万株;冲走牛、羊、猪、鸡等8 147头(只),鱼34万尾;冲走煤31 201 t、水泥3 300 t、石粉2 500 m³;雷电击毁电视58台;河水冲走1人。此外,暴雨还造成部分地区通信、照明、电视线路中断,总计直接经济损失7亿元。

5. 2021年暴雨洪水

2021年山西省发生多次洪水灾害,以10月秋汛最为严重,山西省中南部出现长时间、大量降水,引发了汾河、浊漳河、清漳河、沁河和涑水河流域的严重洪灾。多条河流出现近年来较大洪水,造成堤防、耕地、道路和水利设施的严重破坏。其中,沁河干流堤防基础被淘刷,支流入河口顶冲沁河右岸,部分护坡损毁,铅丝笼堤防防护覆盖层冲毁,西里水电站厂房道路护坡被毁,电站拦河坝局部冲毁。涑水河流域的绛县和永济市也遭受了护坡和农田的损失。此外,姚暹渠、沙渠河和青龙河等其他河流也出现了堤防塌陷、滑坡、裂缝、坑洞和管涌等险情,导致农作物受损和部分地区农田被淹没。

2021年10月上旬,汾河流域中下游发生了有气象记录以来最强秋汛,汾河干流多处河段发生洪水漫堤、堤防决口、坝体裂缝、堤外内涝等突出防洪问题。太原盆地段(兰村至霍州界)和临汾盆地段(霍州至襄汾界)汾河干流防洪工程洪灾影响相对较小,仅有局部堤防出现堤顶裂缝和堤坡塌陷问题,普遍存在支流入河口、排水口汾河顶托和倒灌问题,汾河百公里生态修复工程的河道内工程冲刷损失严重，灵石和霍州峡谷段的堤防基础冲刷、护岸坍塌严重；汾河下游谷地（襄汾至入黄口）汾河干流防洪工程洪灾影响较大，主要表现为：普遍存在两岸堤防裂缝和坍塌、洪水漫堤、河势不顺、河道淤积和河道林木、高秆作物阻洪以及支流入河口、排水口汾河顶托和倒灌等问题。堤防决口 1 处，位于新绛桥东村；堤防未达标漫顶冲毁 80 处，长度 42.7 km，主要位于侯马、新绛、稷山、河津段；堤防裂缝和坍塌两岸累计 173 km；穿堤建筑物和堤防结合部损坏 211 处；支流入河口、排水口汾河顶托和倒灌 12 处。

2021 年漳河流域内多次暴雨，以 10 月秋汛最为严重，最大 2 小时降雨 100 mm，干流黎城石梁站最大洪峰 1 880 m³/s，平顺段最大洪峰 2 200 m³/s，多处堤防、道路、耕地冲毁严重。2021 年 10 月 2—6 日，浊漳河流域山西省中南部出现持续时间长、降水量大的连续降水过程，并伴有短时强降水。受此次强降水影响，浊漳河流域范围内产生了洪峰流量大、持续时间长的行洪过程，河道沿线部分堤防、耕地被冲毁；沿线道路部分路基被冲毁，部分路段路面冲断；河道内水利设施损毁；后湾水库、漳源水库溢洪道损坏。清漳河流域 50 km² 以上的 12 条河流均出现近年来较大洪水。和顺县水毁情况严重，堤防损毁 15 处，共计 2 370 m，其中松烟镇东坡段冲毁 100 m，坪松至松烟段堤防冲毁 670 m，马坊独堆堤坝冲毁 60 m，寺头堤坝冲毁 30 m，军城堤坝冲毁 11 处，其他堤防 1 500 m；决口堤防 3 处，共计 371 m，其中松烟镇松烟段 300 m、松烟镇白仁段 35 m、北河堤防 36 m；护岸损毁 2 处，冲毁长度 1 km。

2021 年沁河流域内多次发生暴雨，晋城市阳城县润城段干流河道洪水漫堤，淹没损失严重。晋城市阳城县、泽州县、沁水县 3 县多条支流均发生严重洪灾。沁河干流长治市沁源县段堤防基础受淘刷 2.1 km，护坡局部损毁，支流入河口顶冲沁河右岸，堤坝护脚损毁 120 m。临汾市安泽县城北段高速连接线沿河护堤坍塌 270 m，沁河重点段铅丝笼堤防防护覆盖层冲毁 11.3 km，西里水电站厂房道路护坡水毁 500 m，支流入河口有不同程度倒灌。晋城市沁水县段河头村水毁堤防 100 m，南大村堤防水毁 360 m，郑庄桥上下游、花沟村堤防护脚局部损坏，电站拦河坝局部冲毁；阳城县段劈山口改扩建未实施，导致洪水漫路，润城镇等被淹，部分公路等基础设施被冲毁或损坏，沁河生态治理一、二期工程在建的园林绿化等设施被冲毁。

2021 年涑水河流域涑水河运城市绛县拓家坡、高家堡段、白家涧、郝家窑段、宋西村段、柳庄村、新庄段护坡、护角冲毁共 950 m；运城市永济市段出现决堤漫堤险情，淹没农田 7 万亩。姚暹渠运城市盐湖区圣惠路至曲庄头桥 4.6 km，出现堤防塌陷、滑坡、裂缝、坑洞、管涌等险情；运城市永济市段出现多处决堤险情,淹没农田 8 万亩。沙渠河 3 座跨河机耕桥、1 座交通桥被冲毁,沿线 7 个村庄 1 000 余亩耕地作物受损。青龙河运城市闻喜县段 2 座漫水桥冲毁、2 座漫水桥受损,150 m 堤防损毁;夏县段上董段左堤 100 m 外堤坡出现渗水、管涌、坍塌,跃进水库至禹王段左右堤顶、护坡出现不间断裂缝;盐湖区段出现漫堤现象,局部农田被淹没。

6. 2023 年暴雨洪水概况

受台风"杜苏芮"北上与冷空气共同影响,2023 年 7 月 28 日至 8 月 1 日,海河全流域出现强降雨过程,累计面降雨量 155.3 mm,其中北京市 83 小时面降雨量达到 331 mm,为常年全年降雨量的 60%。受其影响,海河流域有 22 条河流发生超警以上洪水,8 条河流发生有实测资料以来的最大洪水,大清河、永定河发生特大洪水,子牙河发生大洪水,海河流域发生了流域性特大洪水,这次特大洪水是 1963 年以来海河流域最大的场次洪水。这次大洪水命名为海河"23·7"流域性特大洪水。7 月 29 日 18 时,中国气象局中央气象台发布暴雨红色预警。这也是中央气象台自 2010 年正式启用预警发布机制以来发布的第二个"国家级"暴雨红色预警。《中国水利》公开报道,据初步统计,此次暴雨洪水造成海河流域、北京、河北、山西、河南等地区水文(位)站损毁 408 处,白沟河东茨村水文站以上暴雨集中区 70% 以上的测报设施遭受水毁,此外还有大量的雨量、墒情、地下水等监测设施设备遭受不同程度的毁坏。

2023 年 10 月山西省水利厅对山西省水文总站编制完成的《山西省海河流域"20230730"暴雨洪水调查分析报告》(送审稿)和《山西省海河"23·7"流域性特大洪水暴雨洪水调查分析报告》(送审稿)进行了技术审查。暴雨洪水调查分析报告从暴雨调查、洪水调查、水库及闸坝防洪作用、水文测验及水情预报等方面进行了详尽分析,对山西省海河流域大清河、子牙河和漳卫河水系主要河流的暴雨洪水进行了调查分析,整编分析了 1 253 个雨量站、15 个水文站资料,分析整理了 7 座中小型水库洪水过程资料,调查洪水河段 106 处。

3.4 山西省河湖岸线保护和利用现状

汾河流域岸线以堤防为主进行保护,同时开发利用以水库、水电站、拦河坝、取排水口、跨河建筑物为主,左岸岸线长 674.1 km,右岸岸线长 688.1 km。汾河治理一期工程于 1998 年 10 月开工,2000 年 9 月完工,治理范围为胜利桥至南内环桥段,全长 6 km。汾河治理二期工程于 2005 年 10 月开工,2011 年 9 月完工,治理范围为:南延段,南内环桥至祥云桥段,长 7.5 km;北延湿地段,胜利桥至柴村桥段,长7 km。全长14.5 km。汾河治理三期工程于2016年8月开工,2019年5月完工,治理范围为:祥云桥至迎宾桥南2 km,全长12.5 km。汾河治理四期工程于2020年6月开工,2021年9月完工,治理范围为:北起汾河一坝流域生态修复工程滚水堰,南至柴村桥北500 m,全长10 km。

桑干河河道岸线开发利用条件受地域影响较大,主要以水库、堤防(护岸)、跨河桥梁(道路)、拦河闸(坝)等为主,总长度为630.15 km,利用率为25.63%,保护长度为37.32 km,保护率为5.92%。

沁河左岸岸线长373.5 km,右岸岸线长387.9 km。岸线保护以堤防为主,岸线开发利用以水库、水电站、拦河坝、取排水口、跨河建筑物为主。

滹沱河干流涉河建筑物主要有水库2座、取水工程37处、水电站11处、桥梁95处、排污口20个,左岸岸线占用长度约48.70 km,右岸岸线占用长度约47.52 km。

清漳河和清漳西源干流岸线保护以堤防为主,岸线开发利用以水库、水电站、拦河坝、取排水口、跨河建筑物为主。沁河左岸岸线长373.5 km,右岸岸线长387.9 km,岸线保护以堤防为主,岸线开发利用以水库、水电站、拦河坝、取排水口、跨河建筑物为主。

涑水河干流河道岸线保护长度为199 km,已建堤岸护坡长75.3 km,涉河建筑物主要有取水工程4处、排污口8个、水库4座、桥梁211处。左岸岸线占用长度约16.18 km,右岸岸线占用长度约16.31 km。

唐河干流左岸共建有堤防22.47 km,右岸共建有堤防24.94 km。沙河左岸岸线长60.32 km,右岸岸线长60.99 km,左岸堤防占岸线比37.25%,右岸堤防占岸线比40.89%,两岸岸线开发利用包括取水工程、水电站拦河坝、跨河桥梁等。

潇河流域左岸岸线长141.33 km,右岸岸线长143.26 km。岸线保护以堤防为主,现有左岸堤防31.14 km、右岸堤防34.54 km。左岸堤防占岸线比22.03%,右岸堤防占岸线比24.11%。岸线开发利用以水库、取水枢纽、拦河坝、跨河建筑物为主,左岸岸线利用长度59.40 km、右岸岸线利用长度62.94 km。开发利用程度左岸42.03%,右岸43.93%。

御河干流河道全长71.2 km,河道经过系统治理,有连续的堤防,堤防总长度为43.09 km,其中左岸堤防长度22.71 km,右岸堤防长度20.38 km。御河河道岸线总长度为143.76 km,岸线利用总长度为18.30 km,利用率为12.73%;岸线保护长度为43.09 km,保护率为29.97%。新荣区建有水库,岸线利用率较高,其他区域岸线利用程度相对较低。

2021年3月,山西省人民政府办公厅印发山西省"五湖"生态保护与修复总体规划及晋阳湖、漳泽湖、云竹湖、盐湖、伍姓湖等5个生态保护与修复专项规划的通知，规划包括《山西省"五湖"生态保护与修复总体规划（2021—2035年）》和《晋阳湖生态保护与修复规划（2021—2035年）》《漳泽湖生态保护与修复规划（2021—2035年）》《云竹湖生态保护与修复规划（2021—2035年）》《盐湖生态保护与修复规划（2021—2035年）》《伍姓湖生态保护与修复规划（2021—2035年）》等5个专项规划，晋阳湖、漳泽湖、云竹湖、盐湖、伍姓湖岸线保护与利用规划编制工作还在进行中。

3.5　存在的问题

随着社会经济的发展，河流岸线开发利用项目日益增加，部分河段岸线无序开发和过度开发问题突出，涉水建筑物逐渐增多，河流岸线开发利用程度逐步提高，随意侵占河道水域、滩地以及随意排放粪污废物的现象日益增多，从而造成岸线资源水土流失并影响防洪、供水和生态环境安全。

流域岸线管理范围内存在的问题主要有以下几点。

1. 不合理占用岸线资源

汾河流域、桑干河流域、漳河流域、大清河流域的此类问题主要体现为：河道两岸各类小散乱污企业私挖滥采，长期侵占水域岸线、破坏涵养林带、污染地下水源；扩建的村庄挤占河道、倾倒垃圾、不规范的填河造路等工程占用岸线资源、对河道行洪能力影响很大。

2. 污水废物的排放造成岸线范围内水土流失严重

汾河流域、桑干河流域、滹沱河流域、漳河流域、沁河流域、涑水河流域、大清河流域此类问题主要体现为：流域沿岸部分养殖场粪污处理设施建设滞后，部分畜禽养殖企业将产生的大量污染物直接排入河流，堆放的废物也因雨水冲刷而流散，造成土壤板结严重，形成大面积水土流失，严重破坏河水环境和农村生态环境。

农药残留污染、地膜残留污染、化肥污染和畜禽养殖场粪便污染。煤化工及煤电企业，高耗水行业污水排放，河流水环境承载能力弱，使得水质污染，污水中的污染物质会进入土壤，对土地环境造成污染。被污染的土地无法再为植物提供良好的生长环境，会导致植被减少，进而影响岸线生态系统的功能和稳定性。

3. 岸线范围内植被覆盖率低

桑干河流域属于干旱、半干旱大陆性季风气候，流域内风大沙多、干旱少雨。

丘低谷密,沟壑纵横,山丘区地表多为岩石裸露或土层较薄,有林地448 km²,仅占总面积的15%。夏秋季多生长零星灌木、杂草,加之干旱缺雨,总体上不利于绿色植物繁衍生长,因而形成风大、沙多、植被稀疏,水土流失严重的生态特征。

近年来随着生态文明建设,漳河流域森林面积在逐渐增加,但从林龄结构看,成熟林面积远低于其它龄级林地面积,林龄结构不尽合理,森林总体质量低下,树种单一,生态功能脆弱;两岸树木由于长期被烟灰、粉末覆盖,树冠生长不良、无光无色、落叶过早。沿途树木死亡率为5%,生长不良树木20%,且绿化带面积不足。

大清河流域人口密度较低,耕作粗放,海拔较高,地形平缓,土质疏松,气候干燥,风大沙多,风沙危害严重,林草覆盖度低。

3.6 山西省河湖岸线生态化改造措施

1. 岸线建筑物改建

对占用岸线资源的废弃穿堤建筑物进行拆除;对于结构老化,损毁严重,现已不能很好运行与发挥作用,而且严重威胁防洪安全的穿堤建筑物,按需重建;对于结构尚好,仍能运行的建筑物,按需加固;对于有新增取水要求的区域,按需新建穿堤涵闸工程。

2. 加强污染治理与管理

1) 完善养殖粪污管理

暂停新建、改建、扩建的畜禽养殖场及养殖小区,修建50个好氧发酵罐,建立年产25万t的畜禽粪便有机肥加工项目,并建成两个大型畜禽养殖粪污收集中心,用于集中处理散养户养殖粪污。

2) 入河口排污整治

针对区域内各污水厂加大监督执法力度,逐步实现污染物排放科学化、定量化管理。建设内容主要包括设立标识牌,增设缓冲堰板。实施生态净化工程,包括生态沟渠、净水塘坑、跌水复氧、人工湿地等。结合污水处理设施的建设情况和规划,对现有入河排污口进行必要的合并与调整。

3) 加强环境治理,推进废弃物资源化利用

各地区制定污水收集、处理及回用规划,完善污水处理厂管网建设,实现污水全回收。加大污水处理力度,新建污水处理厂,节水减排,减少工业企业污水排放。规划再生水利用工程,用于工业、公园绿化和市政杂用水。建设人工湿地,处理污水并改善水质。支持畜禽养殖场进行标准化改造和粪污综合利用,建

设无害化处理设施,加强环境监管,减少污染。建设残留地膜和废弃塑料袋加工厂,实施农业降解地膜新技术,避免"白色污染"。设立土壤水分、养分检测站,指导科学施肥,防止地下水污染。建设农作物秸秆加工厂,实现废弃物资源化利用。利用养殖粪便生产有机肥,降低化学肥料施用量,减少对地下水的污染。增施无污染有机肥。

4) 加强企业污水排放监督与管理

为了保护环境,需要依法取缔污染严重的小型工业企业,严格环境准入,确保新建项目符合国家产业政策、环境影响评价和"三同时"制度,并加强入河、湖、水库排污口的监管。同时,要综合考虑行政区和控制单元的水污染防治目标,从严审批产生有毒有害污染物的新建和扩建项目,暂停审批总量超标地区的新增污染物排放量建设项目,并实行新建项目环评审批的新增排污量与治污年度计划完成进度挂钩的机制。专项整治十大重点行业,鼓励企业自愿组织实施清洁生产审核,推行工业用水循环利用,发展节水型工业。此外,还要集中治理工业集聚区的水污染问题,大力发展工业园区循环经济,加强生态工业园区建设,推广节能减排技术。对于新建园区必须配套建设集中处理设施,并加强园区企业排水监督。电镀、化工、皮革加工等企业应建设独立废水处理设施或预处理设施,以确保达标排放且不影响集中处理设施的运行。严格控制化工园区的建设,严格审核进入园区的化工企业,进入园区的企业必须符合国家产业政策,并严格执行"三同时"制度。

在地下水补给区范围内,对产生污染严重的企业要坚决取缔。对企业排出的污水要定期进行检测,对于超标厂家处以经济上和行政上的处罚,并因地制宜建设污水处理设施和垃圾处理设施,实行污染源的集中控制。

5) 农村垃圾治理

通过开展清扫保洁,实行垃圾统一收集、清运和处置,清理农村"四堆"和村庄容貌整饰工作,全流域建立起完善的农村清扫保洁和垃圾收运处置体系。县城周围村庄生活垃圾纳入城镇生活垃圾处理系统,推广建立户分类、村收集、乡镇转运、县处理的农村垃圾收集清运与处理体系,实现生活垃圾集中处置。

在近期没有条件实施以上措施的,以乡镇或小流域为单元,在远离水源地保护区的沟道规划建设垃圾处置点,通过淤地坝库底防渗处理、分层堆放、覆土填埋等方式,将垃圾就地转化为沟坝地的淤地造地资源,可作为植被恢复区。决不允许将垃圾倾倒在河道内。

6) 畜禽养殖污染控制

推动畜禽养殖区与居民区分离,发展园区养殖,支持标准化改造与粪污综合利用。加强病死动物无害化处理设施建设与监管。强化规模化畜禽养殖环境管理，严守禁养区、禁建区规定，推行无（少）污染养殖技术。在养殖合作社推广污水处理与粪污堆肥工程，促进养殖粪便资源开发利用。推动"畜粪产沼、沼气发电、沼渣沼液产肥料"循环经济发展，实现养殖与种植良性互动。新建养殖场需配套污染处理设施，改造畜禽养殖小区（场）污粪处理设施，取缔个体养殖场。

7）加强水产养殖污染防治

加强水产养殖管理，合理确定水产养殖规模布局，严格控制围网养殖面积。推广循环水养殖、不投饵料养殖等生态养殖技术，减少水产养殖污染。具有饮用水水源地功能的水库禁止网箱养殖水产品。

3. 加强岸线生态环境整治与保护

1）河流水系整治

恢复河流水域湿地，充分利用洪水资源。在汾河干、支流重点城镇河段蓄水，对干、支流堤防外侧低洼滩涂、鱼塘、沙坑等进行整修，修建一批能调蓄径流的"珍珠串"状水域，蓄滞洪水，充分利用雨洪资源，使洪水资源化，恢复河流水系的滩涂水域、抬升地下水位、净化水质，改善流域的河道管理范围及岸线生态环境。

2）生态修复与保护工程

生态修复与保护是指通过采取生物和生态工程技术，对湖库型水源保护区的湖库周边湿地、环库岸生态和植被进行修复和保护，营造水源地良性生态系统。主要措施有人工湿地、河岸生态防护、湖库周边生态修复、湖库内生态修复等。

3）严格保护土壤资源

新增大中型灌区时应考虑多级沉淀以确保入田泥沙粒径接近本底土壤，避免发生灌区土壤沙化。同时督促环保部门、农业部门和国土资源部门对农业使用化肥农药进行监察监控，减少或避免化肥的使用量，合理安全使用农药，禁止使用国家明令禁止的高毒、高残留农药，提倡绿色环保农药，促使灌区可持续发展。

4）堤外湿地规划

规划堤外湿地布置在干、支流大堤外侧、滩涂低洼地带以及支流入干流河口位置，采用分洪闸分洪，引排自如，既能分洪，又不至于发生洪涝灾害。通过在河道堤防修建引洪口，引洪至河道两侧的堤外湿地，浇灌林木，增加入渗，涵养水源，改善河道周边环境。

5) 高郁闭度森林布设

在重点河流的源头和山区实施高郁闭度森林布设，对残林、疏林或遭到自然灾害、人为破坏的林地、采伐迹地以及由于过度放牧导致草场退化但地面有草类残留根茬与草籽的荒草地，进行封禁保护。对单靠封禁保护措施不能恢复林草植被的荒地，因地制宜采取乔木林、灌木林、种草以及乔灌草混交等不同方式进行人工造林种草。

6) 水土保持措施

坚持"预防为主，保护优先"，在流域内实施全面预防保护。设立河源保护区，按照功能划定重点保护区和一般保护区。对流域内水土流失地区开展综合治理，坚持以小流域为单元，合理配置工程、林草、耕作等措施，形成综合治理体系。在25度以上的坡地沟道内建设坝系工程，防止水土流失；提高骨干坝建设标准，确保防洪安全；将适宜的坡耕地改造为梯田。

7) 护岸工程

采用生态护岸，以台阶花池式护岸及草坡入水式护岸为主进行护岸治理工作。对于安全性要求较低的河道采用刚柔结合的护岸结构，以提高河岸绿化带的生态系统，将现有的混凝土、浆砌块石等光滑、硬质的护岸材料改为多孔粗糙的、生态性能强的护岸材料，为生物创造适宜的生存环境。

8) 严格保护土壤资源

退河滩地为行洪区时应剥离占地区表土资源，妥善收集后可用于植被恢复。规划工程涉及的现有灌区内部滩地，属土壤盐渍化敏感区，除发展为高效节水灌溉田，按需定水外，还要辅以灌排结合、平整土地等措施以避免土壤次生盐碱化。同时督促环保部门、农业部门和国土资源部门对农业使用化肥农药情况进行检查监控，减少或避免化肥的使用，合理安全使用农药，禁止使用国家明令禁止的高毒、高残留农药，提倡使用绿色环保农药，促使灌区可持续发展。

4 河湖岸线生态化改造案例

河湖岸线生态化改造治理是我国政府长期以来在环境保护和可持续发展方面所做的努力之一。本研究对天津、广东、浙江、江苏、安徽等省份的河湖岸线生态化改造进行了调研，分析了存在的问题，总结了典型的河湖岸线生态化改造措施及案例。

4.1 河湖岸线情况概述

天津市地处海河流域下游，历史上素有"九河下梢"之称，承担着海河流域75%的洪水宣泄任务。海河流域内各水系呈扇型分布，从北、西、南三面向天津汇集，防洪压力很大。按流域水系划分，北部的蓟运河、潮白河、北运河和永定河等北四河水系，汇集到永定新河入海；南部的大清河、子牙河、南运河水系，通过独流减河、子牙新河、漳卫新河入海，中间的海河干流相继分泄南北两大水系的部分洪水。由于天津地势低洼，除蓟州山区外，城乡沥涝积水多靠泵站扬水排入行洪河道。规划范围内共划分了248个功能区，岸线总长度2 255.53 km。其中保护区101个，岸线长度679.12 km，占比30.1%；保留区89个，岸线长度1 033.76 km，占比45.8%；控制利用区52个，岸线长度453.56 km，占比20.1%；开发利用区6个，岸线长度89.09 km，占比4.0%。

广东省河流众多，以珠江流域（东江、西江、北江和珠江三角洲）及独流入海的韩江流域和粤东沿海、粤西沿海诸河为主，集水面积占全省水域面积的99.8%，其余属于长江流域的鄱阳湖和洞庭湖水系。全省流域面积在100 km² 以上的各级干支流542条（其中，集水面积在1 000 km² 以上的有62条）。独流入海河流52条，较大的有韩江、榕江、漠阳江、鉴江、九洲江等。水文监测全省多年平均降水量 1 771.2 mm,折合年均降水总量 3 145 亿 m³。降水时程和地区上分布不均,年内降水主要集中在汛期 4—10 月,约占全年降水量的 70%～85%;年际之间相差较大,全省最大年降水量是最小年的 1.84 倍,个别地区甚至达到 3 倍。

云南省内河流众多,径流面积 100 km² 以上的河流有 1 002 条,分属长江、珠江、红河、澜沧江、怒江和独龙江六大水系。全省水资源总量 2 141 亿 m³,居全国第三位,人均水资源量 4 535 m³。全省水面面积大于 1 km² 的湖泊有 30 个,滇池、洱海、抚仙湖、星云湖、程海、泸沽湖、异龙湖、杞麓湖、阳宗海等是云南著名的"九大高原湖泊"。

四川省河流众多,以长江水系为主。黄河一小段流经四川西北部,为四川和青海两省交界,支流包括黑河和白河;长江上游金沙江为四川和西藏、四川和云南的边界,在攀枝花流经四川南部,在宜宾流经四川东南部,较大的支流有雅砻江、岷江、大渡河、理塘河、沱江、涪江、嘉陵江、赤水河。

贵州省河流处在长江和珠江两大水系上游交错地带,有 6 个河谷、9 个县属长江防护林保护区范围,是长江、珠江上游地区的重要生态屏障。全省水系顺地势由西部、中部向北、东、南三面分流。苗岭是长江和珠江两流域的分水岭,苗岭以北属长江流域,流域面积 115 747 km²,占全省面积的 65.7%,主要河流有乌江、赤水河、清水江、洪州河、舞阳河、锦江、松桃河、松坎河、牛栏江、横江等。苗岭以南属珠江流域,流域面积 60 420 km²,占全省面积的 34.3%,主要河流有南盘江、北盘江、红水河、都柳江、打狗河等。

在新疆维吾尔族自治区的北部,主要有额尔齐斯河、乌伦古河、博尔塔拉河、奎屯河、伊犁河等河流。新疆湖泊从种类上划分,有两大类,一类是河流的终点,分为咸水和半咸水湖,咸水湖如罗布泊、艾比湖、艾丁湖等,半咸水湖如赛里木湖、乌伦古湖,对河流不起调节作用。另一类是淡水湖,如喀纳斯湖、博斯腾湖等,对河流有调节作用。

宁夏回族自治区主要河流有黄河干流及其支流。区域内黄河及其各级支流中,流域面积大于 10 000 km² 的仅黄河和清水河 2 条,大于 1 000 km² 的有 15 条。祖厉河、清水河、红柳沟、苦水河及黄河两岸诸沟位于黄河上游下段,葫芦河、泾河位于黄河中游中段,另外有黄河流域内流区(盐池)、内陆河区(属内蒙古石羊河的中卫市甘塘)。黄河干流自中卫市南长滩入宁夏,流经卫宁灌区到青铜峡水库,出库入青铜峡灌区至石嘴山头道坎以下麻黄沟出宁夏,区内河长 397 km,约占黄河全长的 7%。多年平均过境水量 306.8 亿 m³(1956—2000 年),是宁夏主要的供水水源。

内蒙古自治区内共有大小河流千余条。黄河由宁夏石嘴山附近进入内蒙古，由南向北，围绕鄂尔多斯高原，形成一个马蹄形。其中流域面积在 1 000 km² 以上的河流有 107 条；流域面积大于 300 km² 的有 258 条。有近千个大小湖泊，主要有呼伦湖、贝尔湖、达里诺尔湖、乌梁素海、岱海、居延海等。内蒙古自治区按自然条件和水系的不同，分为：大兴安岭西麓黑龙江水系地区（克鲁伦河、额尔古纳河）；呼伦贝尔高平原内陆水系地区；大兴安岭东麓山地丘陵嫩江水系地区（罕诺河、那都里河、多布库尔河、甘河等）；西辽河平原辽河水系地区（老哈河和西拉木伦河）；阴山北麓内蒙古高原内陆水系地区；阴山山地、海河、滦河水系地区；阴山南麓河套平原黄河水系地区（黄河、大黑河）；鄂尔多斯高平原水系地区；西部荒漠内陆水系地区。

江苏省分属长江、淮河两大流域，从仪六丘陵经江都、(老)通扬运河到如泰运河算作江淮分水岭。淮河流域主要包括淮河水系和沂沭泗水系。淮河水系在江苏省内为 3.97 万 km²，涉及淮安、宿迁、扬州、泰州、盐城、南通等 6 市。包括：洪泽湖上游入湖水系、洪泽湖下游水系、里下河腹部水系、滨海垦区水系、废黄河水系。沂沭泗水系位于废黄河以北，南接淮河下游水系，北以沂蒙山脉与黄河流域分界，江苏省内 2.56 万 km²，涉及徐州、宿迁、连云港、盐城等市。内部水系包括：沂河水系、沭河水系、中运河水系、微山湖西水系、沂南水系、沂北水系、沭北水系。

安徽省主要河流分属淮河、长江、新安江三大水系。北部宿县地区，有一小部分属废黄河，一小部分属沂沭泗流域的复兴河水系。其中淮河水系 6.69 万 km²（包括废黄河 470 km²、复兴河 163 km²），长江水系 6.6 万 km²，钱塘江水系 6 500 km²。

北京市河流隶属海河流域，市内五大水系分别属于海河流域的大清河、永定河、北运河、潮白河、蓟运河水系。北京地势"天倾西北，水归东南"，五条天然河道大体上自西北向东南走向贯穿市域，除北运河发源于市内，其他四大水系均由市外流入。根据《北京市第一次水务普查公报》，全市流域面积大于 10 km² 的河道共有 425 条，已纳入河长制管理，总长度约为 6 414 km。北京市域水系形成"两山聚水、五河贯都、三环营城、多枝成网"的空间体系。

上海市河网大多属黄浦江水系，主要有黄浦江及其支流苏州河、川杨河、淀浦河等。黄浦江流经市区，终年不冻，是上海的水上交通要道。淀山湖是上海最大的湖泊。

福建省内河流呈格子状、扇形，是一个相对独立完整的多元水系。福建省内主要有闽江、九龙江、晋江、木栏溪、闽东诸河、汀江、沿海诸河等河流水系。

浙江省江河众多,自北而南有东西苕溪、钱塘江、曹娥江、甬江、灵江、瓯江、飞云江、鳌江八大主要水系;浙、赣、闽边界河流有信江、闽江水系,还有其他众多的小河流等。其中,除苕溪注入太湖水系、信江注入鄱阳湖水系,二者属长江水系外,其余均独流入海。流域面积大于 10 000 km² 的河流有钱塘江和瓯江两条。

江西省河流有赣江水系、抚河水系、信江水系、饶河水系、修水水系、长江干流、鄱阳湖环湖区河流、湘江水系和东江水系。其中,前五大水系流入鄱阳湖,长江干流是指直入长江的九江一段,鄱阳湖环湖区河流直接入湖,湘江水系和东江水系属于省内发源而流往外省的河流。

湖南省四大水系为"湘资沅澧",即湘江、资水、沅江、澧水,汇合于洞庭湖,流入长江,终归大海。人们大多以为"湘资沅澧"是按四大水系的大小顺序排位的,其实不然。严格意义上讲,"湘资沅澧"只是简单按地理位置由南向北顺序排列而已。

湖北省水系主要分为三大流域,长江干流流域、汉江流域、清江流域。汉江是长江最大的支流,主要流经陕西、湖北二省。清江也是长江的支流,主要流经湖北恩施土家族苗族自治州、宜昌市。此外还有堵河、南河、沮漳河、蕲水、浠水、涢水等长江或者汉江的支流。

山东省河流分属黄河、淮河、海河三大流域及半岛独流入海水系。全省平均河网密度为 0.24 km/km²,干流长度在 5 km 以上的河流有 5 000 多条,10 km 以上的有 1 552 条。黄河横贯菏泽、济南等 9 市,在东营市垦利县入海。有沂河、沭河、梁济运河、洙赵新河、东鱼河、泗河、韩庄运河、大汶河、徒骇河、马颊河、德惠新河、漳卫河、小清河、潍河、大沽河等大型河道 15 条。湖泊主要分布在鲁中南山丘区与鲁西平原接壤带,总面积 1 494 km²,兴利库容 23 亿 m³,较大的湖泊有南四湖和东平湖。

河南省是我国唯一地跨长江、淮河、黄河、海河四大流域的省份,流域面积分别为 2.72 万 km²、8.83 万 km²、3.62 万 km²、1.53 万 km²,省内河流大多发源于西部、西北部和东南部山区,流域面积 5 000~10 000 km² 的河流 8 条,流域面积 10 000 km² 以上的河流 11 条,常年水面面积 1 km² 以上的湖泊 6 个。

秦岭山脉东西横贯陕西省,秦岭以北为黄河水系,主要支流从北向南有窟野河、无定河、延河、北洛河、泾河、渭河等,流域面积 133 301 km²;秦岭以南除南洛河外,均属长江水系,有嘉陵江、汉江和丹江,流域面积 72 265 km²。

河北省河流众多,长度在 18 km 以上、1 000 km 以下者就达 300 多条。省内河流大都发源或流经燕山、冀北山地和太行山山区,河流下游有的合流入海,有的单独入海，还有因地形流入湖泊不外流者。主要河流从南到北依次有漳卫南运河、子牙河、大清河、永定河、潮白河、蓟运河、滦河等，分属海河、滦河、内陆河、辽河4个水系。其中海河水系最大，滦河水系次之。

辽宁省流域水系划分为三大流域七大水系。三大流域分别为辽河流域、黑龙江流域和海河流域。七大水系分别为辽河水系、辽东湾西部沿渤海诸河水系、辽东湾东部沿渤海诸河水系、辽东沿黄海诸河水系、鸭绿江水系、松花江水系、滦河及冀东沿海诸河水系。

黑龙江省内江河湖泊众多，有黑龙江、乌苏里江、松花江、绥芬河四大水系，流域面积50 km²及以上河流2 881条，总长度为9.21万km。黑龙江省内有兴凯湖、镜泊湖、五大连池、莲花湖、连环湖、桃山湖、向阳湖等众多湖泊。常年水面面积1 km²及以上湖泊253个，其中，淡水湖241个，咸水湖12个，水面总面积3 037 km²（不含跨国界湖泊境外面积）。

4.2 河湖岸线存在的问题

针对河湖岸线生态化改造，本研究对广东、浙江、江苏、安徽等省份进行了调研。综合这些省份调研结果和山西省调研及结果，发现我国其他省份也存在山西省存在的主要问题，详见表4-1。

表4-1 岸线存在问题及对应省份

岸线存在的问题类型	调研中有此类问题的省份	山西有此类问题的流域
不合理占用岸线资源	云南省、贵州省、江苏省、安徽省、天津市、广东省、福建省、江西省、湖南省、湖北省、河南省	汾河流域、桑干河流域、漳河流域、大清河流域
污水废物的排放造成岸线范围内水土流失严重	宁夏回族自治区、江苏省、安徽省、福建省、浙江省、湖南省	汾河流域、桑干河流域、滹沱河流域、漳河流域、沁河流域、涑水河流域、大清河流域
岸线范围内植被覆盖率低	安徽省、福建省	桑干河流域、漳河流域、大清河流域

1. 不合理占用岸线资源

主要包括城市化压力、非法占用和违建、河滩和岸线退化等问题。城市发展扩张给河湖岸线带来了压力，部分岸线被用于城市化建设，导致岸线退化、生态环境受损；一些地方存在非法占用和违建问题，居民或企业私自在河湖岸线上建设房屋、厂房等,破坏了岸线生态环境;过度开发和滥采河沙导致河滩退化,河水溃岸等问题加剧了河湖岸线的退化,见图4-1。比如云南省、贵州省、江苏省、安徽省、天津市、广东省、福建省、江西省、湖南省、湖北省、河南省等省市均存在此类问题。

图4-1 不合理占用河滩现象

2. 污水废物的排放造成岸线范围内水土流失严重

主要有水污染、河湖黑臭、生物多样性丧失等问题。一些河湖岸线受到了水污染的影响,主要包括工业废水、农业面源污染和城市污水的排放(见图4-2),导致水质下降,影响生物多样性和人类健康;部分河湖岸线存在黑臭问题,即水体水质差、气味难闻,主要原因是污水直排和水污染导致的富营养化;一些河湖岸线生态系统遭受破坏,导致生物多样性丧失,湿地的开垦和河道的改道等活动直接影响了物种的栖息地。比如宁夏回族自治区、江苏省、安徽省、福建省、浙江省、湖南省等省市均有此类问题存在。

图4-2 污水排放现象

3. 岸线范围内植被覆盖率低

一些河湖岸线存在生态功能不完善的问题,存在岸线范围内植被覆盖率低的现象(见图4-3),缺乏湿地保护和生态修复,影响到水体的自净能力和生态系统的稳定性。比如安徽省、福建省等省市均有此类问题存在。

图 4-3　岸线植被覆盖低现象

4.3　改造措施

生态化改造的内涵在《关于中国生土民居生态化改造的研究》一文中的界定是基于对环境的"生态补偿的原则"以降低人类的设计活动对生存环境的"负干扰"为目的的实践活动。我国很多省份都做了关于河湖岸线的生态化改造工作。比如云南省做了水生态修复工作，贵州省在清水江凯里市段河道治理中做了生态框挡墙护岸，江苏省针对长江生态系统做了一系列生态改造项目，安徽省做了长江生态廊道保护和修复，天津市做了海河河道堤岸的生态化修复工作，广东省做了水环境治理和水生态修复的工作等。

我国政府关于河湖岸线生态化改造治理所做的相关工作包括：

1. 法律法规支撑

我国出台了一系列法律法规，包括《中华人民共和国水污染防治法》等，旨在加强对河湖水质的监管和治理。

2. 水环境整治行动

我国实施了一系列水环境整治行动，如长江、黄河、淮河等重点河流的治理行动，以及全国性的河湖黑臭水体整治行动。通过加强水污染治理和河湖生态环境修复，改善了水体质量和岸线环境。

3. 生态重建与修复

在河湖岸线生态化改造治理过程中，注重生态重建和修复工作。采取了植被恢复、湿地保护、水生态修复等措施，提高了河湖岸线的生态功能，促进了生物多样性保护和生态系统恢复。

4. 岸线绿化和景观提升

在河湖岸线治理中，注重岸线绿化和景观提升，通过植树造林、绿化美化等方式，改善河湖岸线的环境质量，提升了岸线的景观价值和居民的生活环境。

5. 宣传教育和社会参与

积极开展河湖岸线生态化改造治理的宣传教育，提高公众环境保护意识，鼓励社会参与。通过组织志愿者、开展宣传活动等方式，推动全社会关注和参与河湖岸线生态治理工作。

为解决这些河湖岸线存在的问题，需要从源头上控制污染排放，加强河湖水环境的治理和生态修复工作，完善相关法律法规和管理制度，并提高公众的环境保护意识，推动全社会共同参与河湖岸线保护与治理工作。调研发现其他省份根据其存在的不同问题采取了不同措施，具体如表 4-2 所示。

表 4-2 我国不同省、自治区、直辖市河湖岸线存在的问题与改造措施

省份	存在的问题	采取的措施
云南省	涉河涉湖项目影响岸线的基本功能	1. 夯实湖泊水生生态系统监测能力建设 2. 开展流域生物多样性保护工作 3. 全面发挥湖滨带生态屏障功能 4. 建立健全湖滨湿地运维管护长效体制 5. 加强环湖生态核心区、湖滨缓冲带生态保育和修复 6. 切实提升水源涵养能力
贵州省	1. 清水江干流岸线控制线的确定不合理 2. 清水江干流岸线功能区的划分不合理	1. 根据清水江干流岸线资源特点，规划和管理好岸线资源，实现效益最大化 2. 坚持深水深用，浅水浅用原则，控制好岸线相关规划陆域和水域 3. 合理布局重点骨干港口，积极发展专业化公用码头 4. 把可持续发展战略放在突出位置，走新型工业化道路
宁夏回族自治区	1. 水生态健康欠佳，生态系统脆弱 2. 环境与发展矛盾突出，发展动力不足 3. 生态保护欠账多，监管能力不足	1. 构建科学的黄河流域生态发展机制 2. 积极争取国家支持，加强与沿黄省份间的协同合作 3. 完善生态保护治理措施，保障生态发展 4. 弘扬、传承有宁夏特色的黄河文化
江苏省	1. 城区段堤岸全面硬化 2. 沿岸缓冲带生态景观建设注重陆向景观恢复，忽视水向生态恢复 3. 岸线滨水生态系统尚未系统构建，生物多样性较低	1. 返自然型岸线生境再生研究及工程示范 2. 人与自然和谐共生的自然生态岸线研究与示范 3. 江阴城区段生态化改造整治工程

续表

省份	存在的问题	采取的措施
安徽省	1. 沿江部分河湖湿地面积萎缩，洪水调蓄能力有所降低，水生和湿地生物栖息地愈加破碎化（长江流域） 2. 城镇人居环境质量有待提升，城镇内部绿地与滨江开敞空间不连通，城中村、工业废弃地等亟待整治（长江流域） 3. 受围湖造田、城乡、交通、水利建设、煤炭开采等人为活动影响，淮河沿线部分湿地生态系统受损退化，局部地区湿地破碎化程度增加；采煤沉陷区进一步扩大，造成土地损毁、水土污染等问题（淮河流域） 4. 河床淤积，生态流量降低，塘库湿地等退化较为严重，洪水调蓄能力有所下降（新安江流域） 5. 引江济淮工程建设中产生较多临时用地，对沿线自然生态系统造成一定损坏。人工水利设施建设改变沿线河流水文条件，对周边农田排涝、生物多样性等产生一定影响（江淮运河）	1. 主要开展长江生态廊道保护和修复关键问题研究及应用，设立沿江重要河湖湿地修复、滨江城镇土地综合整治提升、沿江废弃矿山整治与生态修复、沿江重点区域土壤污染修复治理等4个重大工程项目（长江流域） 2. 主要开展淮河生态廊道保护和修复关键问题研究及应用，设立沿淮蓄滞洪区重要河湖湿地修复和淮南矿区采煤沉陷区生态修复等2个重大工程项目（淮河流域） 3. 主要开展新安江生态廊道保护和修复关键问题研究及应用，设立新安江沿线森林质量提升、新安江沿线湿地生态修复等2个重大工程项目（新安江流域） 4. 主要开展江淮运河生态廊道保护和修复关键问题研究及应用，设立江淮运河临时用地复垦、江淮运河水生生物资源保护、江淮运河沿线林带湿地建设等3个重大工程项目（江淮运河）
天津市	1. 部分岸线开发利用布局不合理 2. 岸线管理制度措施有待完善 3. 岸线管理体制有待完善	1. 海河河道堤岸的生态化修复，利用乔木灌木的根系纤维固定岸坡；采用自然材料护岸，如卵石护坡、条石护坡、山石护坡、石笼护坡、木桩护坡等，结合植物生态护岸设置，营造丰富多样的生态景观 2. 海河沿河绿带的生态化修复
广东省	1. 岸线资源配置不合理，缺乏高效利用 2. 开发利用与治理保护不够协调，无序开发和过度开发问题突出 3. 单纯重视经济效益，忽视防洪、供水安全和生态环境功能 4. 岸线利用缺乏有效管理 5. 侵占河道滩地 6. 围网养殖的现象较为普遍 7. 部分河段无堤防或堤防标准偏低 8. 岸线资源使用低效	1. 水环境治理 2. 水生态修复 3. 岸线综合利用 4. 针对占用滩地的设施、自行加高的子堤，应根据相关法律法规并结合实际，有计划、有步骤地清退。对河床下切而形成的险段，有计划地开展堤围除险加固治理 5. 对于历史遗留的滩地建筑，为了尊重历史与现实，采取控制增量的办法，逐步消除滩地建筑
福建省	1. 水污染 2. 河道沉积物堆积 3. 岸线开发与保护之间的平衡 4. 生态环境退化	1. 强化闽江流域生态环境准入 2. 强化重点区域、行业污染防治 3. 深化工业污染综合治理 4. 深入推进生活污水处理提质增效 5. 深化入河排污口整治 6. 巩固提升闽江生态系统功能

续表

省份	存在的问题	采取的措施
浙江省	1. 水污染治理相对滞后 2. 水体污染越来越严重 3. 地表水水质保优压力大 4. 水资源管理体制机制仍需完善	1. 严格生态空间管控 2. 深化水环境综合治理 3. 强化生态保护与修复 4. 加强生物多样性保护 5. 提升数字化监管水平
江西省	1. 总体开发利用率不高且不平衡性严重 2. 开发无序,缺少规划指导 3. 缺乏管理依据 4. 管理权限不明	1. 加大水域岸线管理力度 2. 加大治理投入,加快河道综合整治 3. 完善法规制度,强化执法监督 4. 加强河道岸线治理工程的监测和管理 5. 加强宣传,提高岸线资源保护意识
湖南省	1. 河道水质、污染环境问题 2. 四兴河长年被侵占从事水产养殖,河流堵塞不通、水生态严重退化 3. 八鸽山村并未进行生活污水的集中收集与处理,而是选择直排入田,导致水稻无法扎根,对当地农户造成了较大经济损失	1. 追根溯源把好"入河关" 2. 分类治理做活"洞庭水" 3. 点翠成金用好"绿宝藏"
湖北省	1. 岸线总体规划亟须制定 2. 河湖岸线管控与开发利用的矛盾 3. 岸线管理机制仍需完善 4. 非法侵占河道等"四乱"行为偶有发生 5. 防洪问题较为突出	1. 严格落实岸线保护责任制 2. 利用全面推进河长制湖长制契机,充分发挥河长制湖长制对河湖水域岸线管理保护的制度优势 3. 进一步完善多部门分工合作、流域管理和区域管理相结合的岸线管理体制
河南省	1. 河湖划界确权落实难度大,清四乱任务艰巨而长久 2. 河湖岸线功能定位不清,部分地区岸线利用及布局不合理 3. 河湖岸线空间管控缺乏依据及管控要求 4. 河湖水域岸线监管能力有待加强	1. 强化综合治理、系统治理、源头治理,推动黄河流域生态环境持续改善,提升黄河干流水质 2. 建设沿黄 1 268 km 复合型生态廊道,打造千里生态廊道 3. 通过水资源总量控制保证饮用水水源地的水量和水质,通过城乡统筹确保农村地区饮用水安全,通过分级管理和分类施策对水源地进行专门保护

4.4 典型案例

调研发现国内关于河湖生态化改造的成功案例已有不少,下面针对类似问题的典型成功案例进行分析。

4.4.1 针对不合理占用岸线资源改造案例

不合理占用岸线资源通常采用河道岸线建筑物改建的方法,即指由于河道边建筑物不合理占用岸线时对河道周边的建筑物进行重新设计、改造或重建的方法。在河道岸线建筑物改建中,需要考虑到与河道的关系、城市规划的要求以及环境保护的需要。具体的改建工作包括建筑物的扩建、重建、装修和翻新等,同时也可能涉及防洪设施的建设、河道绿化和生态恢复等工程。通过这些改建措施,可以提升河道岸线建筑物的功能性,创造宜居的环境,增加城市景观的吸引力,同时也要确保对环境的保护和对生态系统影响的最小化。

1. 江西湘东区萍水河改造项目

江西湘东区萍水河流域沿岸存在违规建筑、河道水质污染严重,部分农村河道生态系统失衡。为了提升河道生态景观效果并创造市民亲水空间,当地采取了多项措施,包括将城区现有的直立式防洪墙改造为步道,并拆除违规建筑等,如图4-4所示。此外,还对部分河段原有的硬质岸坡进行了生态化改造,同时针对那些受限制的河道,实施了生态空间的恢复工作。

图4-4 萍水河防洪工程及生态综合治理项目

宜黄县积极打造百花洲湿地公园,将原先单一的岸线形态转型升级为三层次结构,从而构建出多样化的岸线空间布局。此举不仅提升了防洪能力,使之达到既定标准,而且丰富了场地的地形变化,为市民提供了更多与水亲近的机会。在宜黄县曹水生态清洁小流域治理项目中,有效降低挡墙的硬化程度,改善水生态环境,增强水体的自然净化能力,在直立式挡墙临水一侧引种了芦竹等水生植物,成功构建了一个独具特色的植物缓冲带。通过这一措施,有效地为水生动物营造了更为丰富的栖息环境,进一步提升了整个流域的生态质量。

2. 湖北宜昌建设长江生态廊道

在湖北宜昌长江岸线枝江段,存在着诸多岸线问题亟待解决。该区域非法码头的建设活动频发,砂石厂无序占用与堆放现象严重,不仅破坏了岸线的生态环境,也威胁着长江的通航安全。此外,未经处理的污水被随意排放,导致水质恶化,沿江居民私搭乱建现象也屡见不鲜,进一步加剧了岸线管理的难度。

为了有效保护水资源、提升水利工程效能并改善水环境,枝江市积极采取多项举措。通过深入贯彻山水林田湖草系统综合治理理念,枝江市强化了长江岸线的绿化工作,进一步提升了生态屏障功能。同时,非法码头的整治工作也取得了显著进展,码头数量从 39 个成功缩减至 25 个,有效规范了岸线利用秩序。在治理策略上,枝江市采纳了"治水、治岸、治区"这一全面性的综合治理方针,并据此构建了市、镇、村三级河湖库渠长责任体系,确保责任落实到人。通过这一体系,枝江市成功完成了 37 项河道"清四乱"整治任务,为河道畅通和水质改善奠定了坚实基础。为降低沿岸工业污染、畜禽养殖污染、水产养殖业污染以及农业面源污染,枝江市采取了一系列举措。其中,拆除禁养区内的养殖设施是重要一环,同时建立污水处理设施,确保各类污染物得到妥善处理。此外,枝江市还在沿江区域实施大规模植绿、高质量绿化和紧急复绿行动,打造出一条层次清晰、环境优美、功能全面、效益多样的生态廊道。

这些措施的实施,不仅推动了由点到面、由线到片的区域生态修复新模式的逐步形成,还为全域水生态治理规划的综合制定提供了有力支撑。通过建立跨部门的联合防治机制,枝江市在污染截断、水生态恢复与保护、非法岸线整治、沿江绿化等方面,成功实施了源头控制与综合管理策略。此外,通过不断拓展岸线绿色空间,枝江市进一步提升了沿江地区和滨江城区环境的品质,为市民创造了更加宜居的生活环境。

3. 珠江广州河段占用河道滩地

由于历史原因,珠江广州河段岸线存在占用河道滩地的情况,使得河道行洪断面减少,目前已完成大部分"清四乱"任务,仍有个别问题有待整治,占用形式以厂房民房违建、乱堆砂石、网箱养殖、种植庄稼为主。同时,为保护滩地设施,还存在子堤有不同程度加高现象。

对占用滩地的设施、自行加高的子堤,应根据相关法律法规并结合实际,有计划、有步骤地清退。对河床下切而形成的险段,有计划地开展堤围除险加固治理。

经调查,规划范围占滩建筑绝大部分为村庄,居住年代久远,是在《中华人民共和国水法》(以下简称《水法》)与《中华人民共和国河道管理条例》(以下简称《河道管理条例》)颁布以前已经形成,属历史形成。对于历史遗留的滩地建筑,为了尊重历史,采取控制增量的办法,逐步消除滩地建筑。而对经调查为《水法》与《河道管理条例》颁发以后开发利用的,确定为非法利用滩地,根据《中华人民共和国防洪法》中"谁设障,谁清障"的原则清除。

4.4.2 针对污水废物排放造成岸线范围内水土流失严重的改造案例

1. 广东东陂河流域水环境治理和水生态修复

广东东陂河流域存在水资源短缺、水体污染的现象。由于水资源短缺,生产、生活用水挤占生态用水的现象日益严重,部分沿线水电厂已因水量不足停产。同时生活污水排放量随着人数增长日益增大,导致东陂河水质不断恶化,给水环境保护和城乡饮水安全带来了严重的威胁。

广东省在水域岸线等水生态空间的管理上采取了严格的措施,依法明确了河湖的管理界限。同时,为确保岸线的有效利用,实施了规划岸线的分区管理,并强化了岸线的保护,倡导节约集约利用的原则。严禁以各种名义侵占河道、围垦湖泊、非法采砂。进一步推进河湖"清四乱"整治常态化规范化工作,坚决遏制新增的河湖"四乱"问题,恢复河湖水域岸线生态功能。加强河湖开发建设过程中水生态环境保护,尽量维持河湖岸线自然状态。以榕江、练江、小东江、东莞运河、黄江河、九洲江等重点流域,以及新丰江、枫树坝等存在潜在水生态风险的湖库为重点,推进河岸缓冲带建设及修复,结合生态沟渠、滞留塘、湿地建设,逐步恢复河岸带生态系统功能,增强对面源污染的拦截、净化功能。从实际出发开展生态保护和自然修复,严格控制河道管理范围内人工设施建设,避免过度人工化。

2. 云南省水生态修复

鼎湖湿地是云南省大理白族自治州的重要湿地,受到了前期人为开发和污染的影响。为了修复湿地生态系统,政府采取了一系列措施,包括湿地整治、生态恢复、水环境治理等,同时加强湿地保护管理,限制开发污染源。泸沽湖是云南省的淡水湖泊,受到了过度捕捞、乱捕乱放、非法养殖等问题的困扰,导致水环境质量下降和湖泊生态系统破坏。为了改善湖水的质量,政府采取了限渔政策,禁止非法养殖,积极推行环保型养殖方式,并加强水质监测和管理,落实湖泊保护法规。滇池是云南省最大的淡水湖,长期以来受到了湖泊富营养化、水污染、湿地退化等问题的影响。政府采取了一系列措施,包括治理污水排放、禁捕和养殖、湿地保护和恢复等,以净化湖水、恢复湖泊生态系统。

云南省山地众多,水土流失严重,对水生态和生态环境造成威胁。政府推行水土保持工程,包括植被恢复、梯田改造、集雨工程等,以减缓土壤侵蚀、保护流域水资源,促进水生态恢复。

3. 郑州黄河滩区生态修复项目

黄河下游滩区是指黄河主河槽和防汛大堤之间的地区,包括嫩滩、二滩和高滩三种类型的滩地。郑州黄河滩地公园规划设计项目位于黄河下游南岸,占地面积约 44 km²。该区域自然环境遭受了多方面的破坏,例如防洪政策、农业与村庄建设、生产堤等因素的影响,造成水土流失。尽管黄河上游水文条件趋于稳定,但位于小浪底至花园口之间的项目场地仍缺乏必要的工程控制措施,是黄河洪水的主要集中区域。因此该区域内的工程设施和滩地本身的蓄滞洪功能变得尤为重要。

根据滩区的问题,俞孔坚等基于"三滩分治"模式,据嫩滩、二滩、高滩各自独有的特征和实际利用情况,分别提出了针对性的生态修复策略。"三滩划分"及修复单元布局如图 4-5 所示。

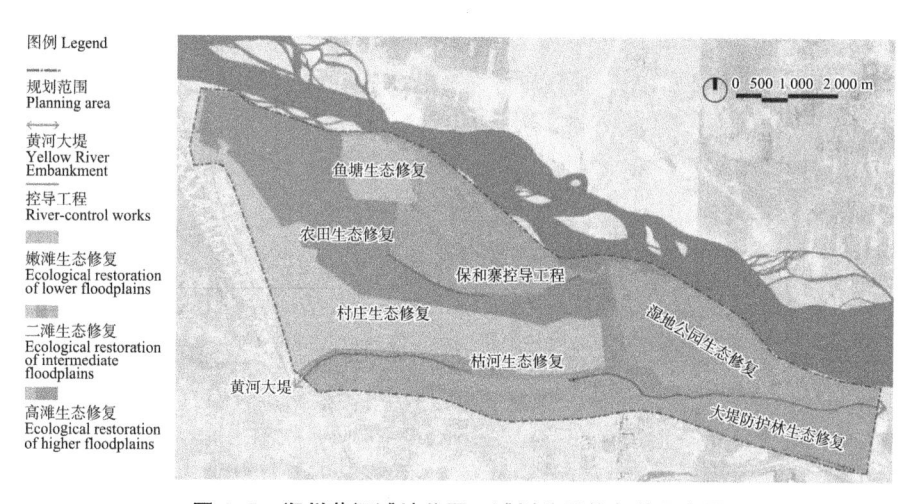

图 4-5 郑州黄河滩地公园三滩划分及修复单元布局

嫩滩,作为郑州黄河湿地自然保护区的核心部分,其湿地面积因人造鱼塘和防洪堤的建立而显著减少,对黄河的生态系统和防洪能力带来了严重的负面影响。嫩滩区域采取湿地补偿政策,逐步退耕退渔,实施生态修复,包括拆除生产堤、放淤增加过水能力、植被恢复等措施,逐步恢复黄河滩地原生生境。

在二滩地区,其广袤的面积与相对较低的洪水威胁为农业生产提供了坚实的基础。然而,当前的土地利用情况却展现出了丰富的多样性,其中农田、果园、鱼塘以及村落等多种形式并存,呈现出一种复杂而多元的土地利用格局。面对当前的低效率和质量不高的农田及果园生产,以及无序扩展的设施农业现状,二滩正在进行一系列生态和农业结构调整。这包括去除非必要的农业设施,优化土地使用模式,并构建以生态为基础的农田系统。此外,通过增设陂塘等农田海绵体,实现雨季的水资源积蓄与旱季的灌溉需求,旨在提升地区的水资源保持能力。同时,此区域正积极推动水资源的节约与生态农业的发展,进而通过建立复合型生态农业体系,包括发展具有地区特色的林果业、蔬菜和其他作物种植,鼓励采取轮作、间作和套种等多样化的农业生产方式,以增强土地使用效率和改善土壤条件。

高滩地区的农村居民点较为集中,周围种植了大片的人造防护林,而季节性河流贯穿这些区域。这些防护林由于树种过于单一,容易导致林地的退化,进而影响其防护功能。为了提升滩区的行洪滞洪能力,当地采取了多项措施,包括嫩滩的退耕退渔与还湿还草工作,以及二滩农田海绵设施的建设。高滩区域强化防洪措施,包括增强行洪滞洪能力和安排必要的生活基础设施。

三滩地区通过生态修复措施全面提升了其生态环境,旨在恢复黄河滩地的原始生态环境。这一系列措施增强了调节水沙、水源保护、水土保持、生物多样性维护以及气候调控等多项生态服务功能。通过加强对空间使用的管理,确保了"三滩分治"策略得以有效实施。

4. 太原汾河治理

在太原市,针对汾河水量减少、水质污染加剧、有些河道已经慢慢变成臭水沟的问题,政府启动了一项以"防洪排污、园林绿化、旅游休闲"为一体的汾河城区段环境整治工程。为建设复式河道断面,设计者在河道的东西两岸精心布置了排污管道,用以将城市污水安全地导向下游排放。在河道内部,设计者巧妙地设置了中隔墙与四座蓄水橡胶坝,这些设施有效地将日常水流与蓄水区域分隔,使河道被分成了两部分:一侧是污水渠,靠近西岸;另一侧则是净水渠,靠近东岸,形成了具有分隔存水功能的河道截面。为了实现"多自然型河流"的目标,规划者提出了一个创新的方案,即以橡胶坝为界限,将规划区段细分为三个各具特色的河段。在此基础上,规划者进一步明确了三个卵形自然生态发展空间,并随之设计了三个特色鲜明的功能活动空间,从而打造出人、城市、生态和文化融合一体的滨河空间模式。

此项目不仅显著改善了汾河的环境和生态,增强了市民的滨水体验,还获得了国家和国际级奖项,被视为城市季节性河流景观规划设计的成功案例。然而,项目执行过程中部门协作不足,暴露了一些问题,比如:水利工程的初期处理采用截弯取直等传统工程整治方法,对河流生态和景观造成了损害。

5. 浙江苕溪水系深化水环境综合治理

浙江省苕溪清水入湖河道整治工程是太湖流域水环境综合治理工程之一，是国家172项重大水利工程。该项目湖州市境内总投资64.75亿元，主要整治东苕溪、西苕溪、杨家浦港及长兴港等河道。项目于2014年陆续开工建设，2020年全部完工。项目的实施，有效提高了湖州苕溪流域防洪排涝和水资源配置能力，同时有效改善了流域水环境。

浙江苕溪水系综合治理之前，水体污染日益严重的主要原因包括：河道淤积加剧，农村生活污染严重，河床不洁，及平原河网受自然和人为因素影响导致泥土堆积。这些因素不仅导致水质下降，还促使水域富营养化，进而造成水草如水葫芦泛滥，形成了一个恶性循环。河道淤积、农业污染和未能及时清除的河泥进一步加剧了问题。针对这些问题，浙江省采取了以下措施：

（1）推进城镇污水处理厂提质增效。实施《关于推进城镇污水处理厂清洁排放标准技术改造的指导意见》（浙环函〔2018〕296号），高标准补齐污水处理短板，加快城镇污水处理提质增效，计划2025年达到17万t/a以上城镇污水处理能力，新建、改造配套污水管网长度300公里以上。持续推进城镇"污水零直排区"建设，以区县为单元，全域构建"污水零直排区"数字化管理系统，实现2025年区县城镇"污水零直排区"实现全覆盖。

（2）强化农业农村水污染防治。推进种植业污染削减，实施农田化肥减量增效行动，普及测土配方施肥，推广水肥一体化施肥新技术；建设氮磷拦截沟、生态沟渠、植物隔离条带、净化塘，削减农田氮磷流失，计划到2025年全湖州市新建氮磷生态拦截沟30条以上。加强畜禽养殖污染防治，计划到2025年全市畜禽粪污资源化利用和无害化处理率达到92%以上，规模养殖场粪污处理设施装备配套率保持100%。开展水产养殖治理能力提升行动，加强30亩以上水产养殖尾水处理设施建设与后续运维，确保养殖尾水达标排放；健全养殖尾水处理设施长效运行维护管理机制，探索建立区县尾水治理数字化监管网络平台，实现尾水治理点智能监管。完善农村生活污水治理体系，计划到2025年农村生活污水处理设施标准化运维率100%，农村生活污水治理农户受益率达90%以上，出水达标率达95%以上。

（3）加强对工业污染的防治措施，执行生态环境的"三线一单"分区管理策略，对涉及水资源的项目实行严格的生态环境审查制度。推进工业园区"污水零直排区"建设，开展排污口规范化建设和智慧化监管。建立全口径水污染排放清单，实现"一滴水"全过程监管。于2022年完成全市工业园区"污水零直排区"建设。

（4）加强船舶码头污染防治。健全船舶污染物接收转运处置体系，推行船舶污染物集中接收转运和"船上储存、交岸处置"为主的治理模式。推进船舶生活污水接收点建设，重点排查并规范西苕溪、东苕溪、京杭运河沿线企业自备码头。各区县督促码头建立台账，不定期抽查抽测污水、垃圾收集转运和排放情况。

6. 洞庭湖追根溯源把好"入河关"

因环保意识较低，八鸽山村并未进行生活污水的集中收集与处理，而是选择直排入田，导致水稻无法扎根，对当地农户造成了较大经济损失。

在对水环境综合整治的过程中，汉寿县对涉水污染源进行全面调查摸底，建立污染源台账，重点围绕城乡居民生活污水、水产养殖污染、农业面源污染等8个领域的269个项目开展专项整治，向西洞庭湖的污染顽疾挥动了斩污的"利剑"。

"黑灰水"合流是农村地区长期存在现象，也是城乡居民生活污水处理的"重头戏"。为解决这一问题，汉寿县大力开展农村改厕项目建设，通过引导农户结合新建房屋自主改厕与建设集中式生活污水处理项目等举措，将生活污水统一收集处理。据估算，汉寿县实施农村生活污水治理的村，每年可削减氨氮约10.14 t、总磷约1.56 t。

结合污染防治攻坚战"夏季攻势"，湖南自2021年以来先后实施603个整治项目，从农业、工业、城乡生活污水等多处着手，同时坚持"自然恢复为主、人工修复为辅"的工作方针，强化生态保护与修复，全面完成东洞庭湖国际重要湿地保护与恢复工程建设等项目，累计修复受损退化湿地1 436余 hm^2，清退欧美黑杨42万亩；2022年，洞庭湖北部补水二期工程连通水系41 km。

4.4.3 针对岸线范围内植被覆盖率低的改造案例

1. 广东湿地修复

广东省针对湿地面积持续缩减、关键物种生境遭受破坏等问题，积极采取了多样化的保护与修复策略。特别是针对重要湿地、湿地自然保护区以及水鸟生态廊道内的退化湿地生态修复和生境恢复，优先实施了一系列针对性的保护与修复措施，以确保其生态功能的恢复与提升。加大人工湿地保护修复力度，完善基础设施建设，修复库塘周边野生动物栖息生境，提高人工湿地的生物多样性。

把人工湿地公园建设作为提高治水治污效果的重要抓手，针对大型污水处理厂下游、河流交汇处及重要河口等关键生态节点，根据当地实际情况，因地制宜地规划建设湿地公园，以充分发挥其生态功能，促进水环境的改善与保护。加大重点支流沿线湿地生态保护及修复力度，建设滨岸生态景观带。加强湿地修复方案可行性、合理性评估,健全湿地监测评价体系,强化湿地修复成效监督,保障湿地修复与保护的可持续性。计划到2025年,全省新增湿地面积190.51 hm^2。

2. 安徽长江流域综合治理

安徽长江流域湖泊水系众多,洪水调蓄功能较为重要。由于围湖造田、城镇及工业园区的开发和矿业开采等人类活动的影响,长江沿岸部分河流和湖泊的湿地面积缩减,植被覆盖率降低,河流调蓄功能也相应减弱。这导致水生生物及湿地生物的栖息地日益碎片化,生态环境面临严峻挑战;城镇人居环境质量有待提升,城镇内部绿地与滨江开敞空间不连通,城中村、工业废弃地等亟待整治;池州市和怀宁县、铜陵市郊区、芜湖市繁昌区、宣城市宣州区、宁国市、广德市等地废弃矿山数量较多,尚待修复;安庆、池州、铜陵、芜湖、马鞍山、宣城等市局部区域土壤遭受污染。

对华阳河湖泊群、龙感湖、升金湖、白荡湖、陈瑶湖、南漪湖以及池州市"三河五湖"等开展生态修复、综合治理,实施河湖岸线综合治理,持续加强湖泊自然保护地修复,加强入湖河流小流域综合治理,减少水土流失,扩大野生动物栖息地,并通过增殖放流及鱼道建设提高水生生物多样性。强化安徽升金湖国际重要湿地保护和恢复,建设龙感湖、升金湖等重要湖泊湖滨生态缓冲带,加强滨湖区天然林保护和公益林建设,实施退耕还林还草还湖还湿、退化林修复、国家储备林和血防林建设、森林抚育、土地综合整治,恢复重要湿地生境并提升净化功能。通过水生植物配置等措施,增强坑塘、沟渠对水体污染物的截留、吸纳、净化能力,提升水体环境质量。

对池州市和怀宁县、铜陵市郊区、芜湖市繁昌区、宣城市宣州区、宁国市、广德市等地的废弃矿山集中分布区域,开展地形地貌重塑、山体植被恢复、土地复垦等工作,有效解决矿山地质环境受损问题,对沿江废弃矿山进行整治和生态修复。

对沿江部分地区土壤污染严重区域,按照优先保护、安全利用、严格管控的原则,实施农用地分类管理、分级管理。重点开展工业污染场地治理、历史遗留尾矿库整治以及农业面源污染治理等工作,恢复已被污染的土壤环境。

3. 安徽淮河流域和新安江流域生态廊道保护和修复

沿淮蓄滞洪区植被覆盖率低,对其周围重要河湖进行湿地修复。对城西湖、高塘湖、瓦埠湖、焦岗湖、涡河、池河等与淮河密切相通、水系相连的河湖水体,通过清淤疏浚、引水补水、水系连通、排污口整治等措施,促进沿淮河湖水环境提升。深入推进沿淮蓄滞洪区和湿地的生态修复,提升沿淮湿地生态功能,改善水禽栖息地生态环境并提高生物多样性水平。

实施新安江沿线湿地保护修复工程,加强河流、沼泽、湖泊等自然湿地生态修复，对部分退化严重湿地和泥沙淤积水系进行清淤和岸线整治，扩大生态流量，促进河湖水质改善，增强流域湿地调节能力，恢复湿地生态系统。建立水土流失综合防护体系，沿新安江及支流河谷至屯溪盆地，推进土地综合整治和沙化土地治理，减少水土流失。

4. 北京转河整治工程

转河整治反映出的生态问题包括长期填埋、河流两岸用地紧张、地上地下管线众多、市区缺水少绿以及高大建筑的限制。

该项目整治过程中，以"宜宽则宽、宜弯则弯、人水相亲、和谐自然"为主旨进行生态化改造。采用多种形式的生态护岸，如卵石缓坡护岸、山石护岸、木桩护岸和种植槽护岸，以稳定河床、改善生态环境。对防洪墙进行景观设计，结合地形地势采用不同形式的挡土墙，突出水景设计，缓解了堤岸的压迫感。建立河水循环系统，利用水的流动特性打造瀑布、水帘洞、溪流等景观，既能净化水体又增强了立体水景效果。实施雨水的回收利用，通过设计绿地低于路面高程和采用透水砖等方式，加速雨水渗透地下，增加土壤水分含量，从而优化城市植被的生长环境，并改善土壤微生物生存条件。设计浅水湾，扩大水域面积，增大蓄水面积，为生物提供多种生境。

此项目成效显著，包括新增水面 5.7 万 m^2、绿地 4 万 m^2，改善了城市景观，实现了河道通航，促进了生物多样性，并为城市提供了休闲娱乐场所。转河项目通过生态材料使用和开放性护岸设计，展示了城市水系连接和生态廊道创建的重要性，为生态恢复提供了有益经验。

5. 江苏韭菜港码头人与自然和谐共生的自然生态岸线研究

为了减少长江的水流、风浪和潮汐变动对韭菜港码头附近岸线生态修复植被的稳定定植与生长所造成的不利影响，在韭菜港码头形成的相对封闭岸段，首先实施生境底质改良工程，对旧码头附近的近岸区域进行消浪促淤措施，并适度调整地形地貌以降低水位差异。通过生境改造工程，形成近自然的滩涂地形，适宜人工种植植物的生长和稳定化定植。在植被恢复项目中，选用芦苇这种挺水植物作为引导种，其后植物多样性的提高和扩散主要依赖于自然的演进过程。岸边植被种类繁多且覆盖密度高，不仅有助于提升水质，而且能为鱼类提供优质的产卵和觅食场所。这有助于逐渐形成长江沿岸适宜各类生物种群栖息与繁衍的环境，最终逐步演变为斑块状的自然滩地和生物聚集区。

该工程借鉴日本北川自然观察公园的设计理念（如图 4-6 所示），利用残存码头与长江大堤之间的空间恢复滩涂，进行生态空间保护和修复的同时，建造"砂卵石滩、草地沼泽、池塘和河滩洼地"等多种水生态环境的多样化空间，实现

4 河湖岸线生态化改造案例

近距离观察自然、接受自然教育,在恢复自然岸线的基础上,成为人与自然和谐的、自然观察与休闲活动为一体的江畔城市湿地公园,如图 4-7 所示。

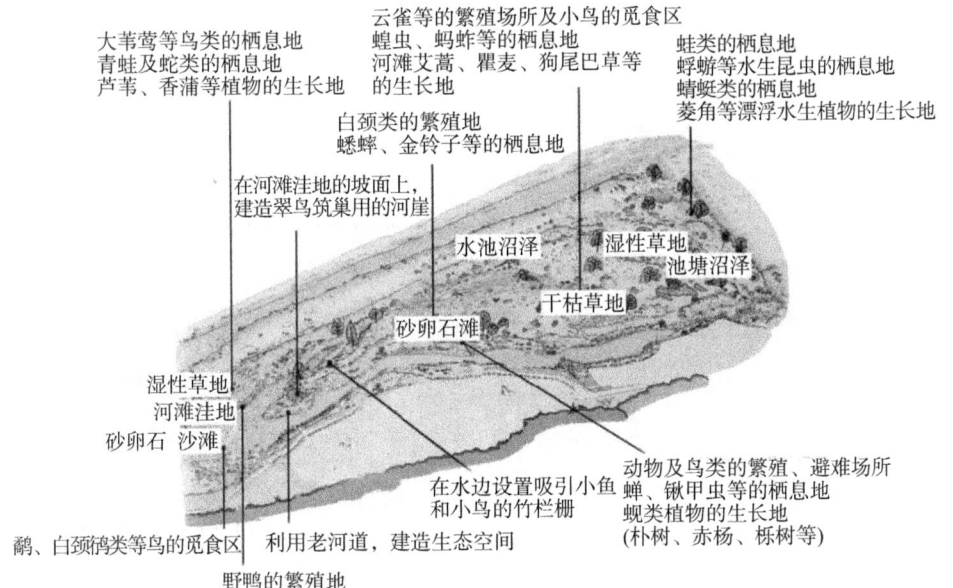

图 4-6 日本北川自然观察公园设计示意图

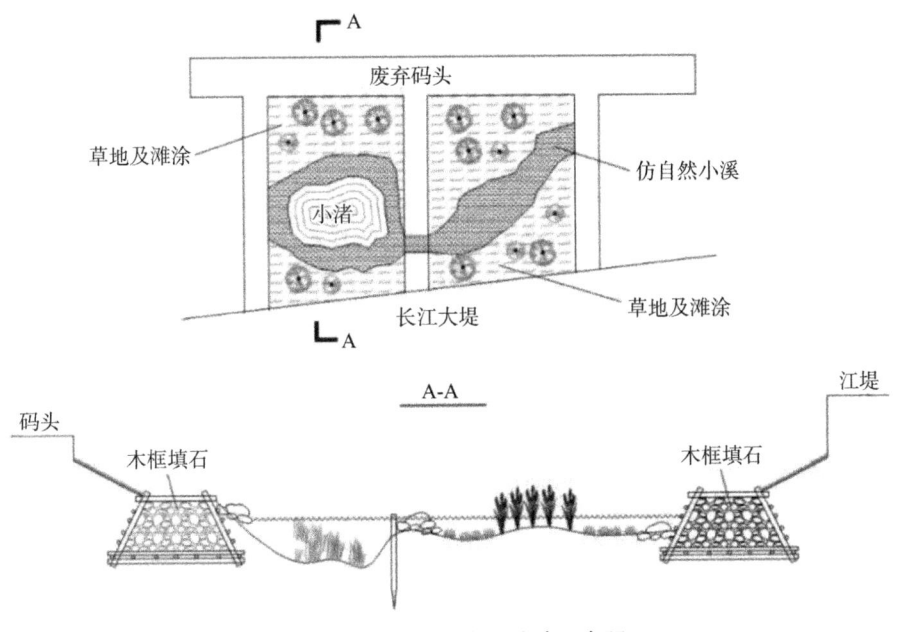

图 4-7 韭菜港生态化改造示意图

4.4.4 季节性河道引起生态问题

1. 北方地区季节性河道生态修复治理

北方地区季节性中小河流存在以下共性问题：

（1）防洪安全问题：郊野段的河道，远离城区喧嚣，是常年自然冲刷形成的冲沟，其构造以草、土石为主。然而，部分区域由于缺乏有效的治理措施，岸坡遭受了冲刷侵蚀，河道断面在生产建设活动中受到挤压变形，部分区域甚至出现了淤塞现象，对行洪通畅造成了影响。当上游洪水迅猛流下时，河道两侧的岸坡更是遭受了强烈的冲刷，这不仅对堤顶的安全构成了严重威胁，还进一步加剧了水土流失的问题。

在北方地区，小型河道的补给主要依赖于降雨。这些降雨的特点在于持续时间短暂、覆盖区域有限，但降雨强度较大。主汛期通常集中在6月至9月，尤其是7月至8月，降雨最为频繁。这些河道的洪水表现出暴涨暴落的特性，洪峰形态尖瘦，峰高但流量相对较小。洪峰的年际变化显著。进入非汛期后，河道来水量锐减，水流难以覆盖整个河床，导致大片滩地裸露。此时，水流速度减慢，河床中的坑洼区域容易积水形成死水区，进而引发水质恶化，产生异味。

（2）水质污染问题：在非汛期，尤其是进入枯水期后，河道流量显著减少，导致污染物浓度显著上升。此时，河道水体常呈现发黑、发臭的现象，并伴有刺鼻的气味。面对这样的水质状况，仅仅依赖河道自身的自净能力已不足以实现水质的明显改善。因此，需要采取更为有效的措施来提升河道水质，确保水环境的健康与稳定。

（3）生态多样性问题：传统的河道治理方式主要聚焦于河道岸坡的构筑，其中硬质材料如混凝土和浆砌石占据主导地位。这些材料因其出色的抗冲刷能力、结构形式的简易性以及优良的耐久性而被广泛采用。然而，它们同样存在一些显著的不足，比如形式显得单一且生硬，一旦破损修复难度较大，更重要的是，它们会阻断草本植被的生长基底，影响生态环境的健康发展。因此，在河道治理的过程中，我们需要更加全面地考虑材料选择对生态环境的影响，以实现更加科学、合理且可持续的河道治理。

针对以上问题采取了下述修复方案。

（1）防洪安全措施：在构建河道护岸时，可选用格宾石笼、植被型生态混凝土、土工材料以及草皮等多种生态护坡材料。设计主河槽时，应以河道中心线为基准，左右两岸摆动形成流畅的弧线，保持其蜿蜒特性。弧线的弯曲度应适中，避免过于急促，以免影响水动力，同时确保不会过于接近岸坡坡脚，防止坡脚和基础受到冲刷。在设置拦沙坎时，应遵循确保洪水正常过流的原则，将其有效高度控制在 80 cm 以下。具体的高度应根据实际情况进行确定，以确保既能有效拦沙又不会对洪水过流造成不利影响。对于北方的小型河道和沟道，拦沙坎的结构通常采用格宾石笼（图 4-8）或混凝土结构。这样的设计既满足了河道治理的需求，又充分考虑了生态环保的因素，有助于实现河道的可持续利用。

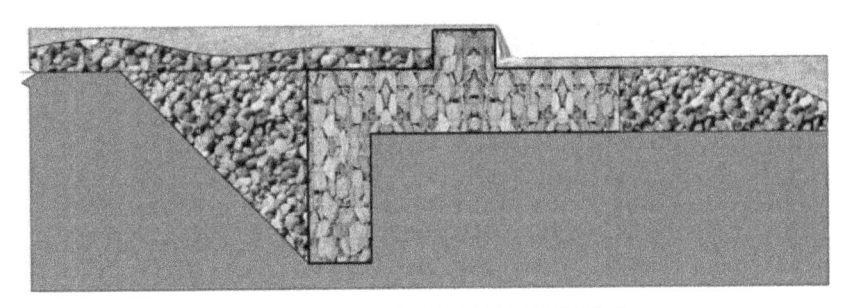

图 4-8　格宾石笼拦沙坎典型横断面图

（2）水质提升措施：河道清淤工作至关重要，首要任务是彻底清除河道内的生活垃圾与建筑垃圾，以恢复河道的自然状态并保证水质健康。对于堤岸以外的部分，可以根据实际情况灵活选择处理方式，既可以外运处理，也可以结合生态种植进行就地消化。为了确保河道生态环境的健康与安全，对于存在污染风险的河道底泥，首要任务是进行详尽的底泥检测。在获取检测报告后，对于确认受到污染的底泥，将在明确的范围和深度内进行精确的清淤处理。当河道水域面积较大且水体流动性较差时，可有效利用拦沙坎进行跌水充氧，以提高水体中的溶解氧含量，促进水体的自净能力。这些措施的实施，有助于提升河道水质，维护河道健康，推动水资源的可持续利用。

（3）生态修复：工程生态修复措施可用河道基底改良、微地形重塑、生态河床构建等。

（4）沿河环境提升措施：河道植被修复技术涉及多个层面，其中，构建水陆交错带的湿生与挺水植物群落以及近岸带的浮叶或漂浮植物与沉水植物群落是关键环节。此外，部分河道还需特别关注水生动物，如鱼类和底栖动物等的丰富度与多样性恢复工作。至于河道堤顶路的建设，应综合考虑两岸人口密集度及规划定位，选取适宜河段进行铺装，以确保道路建设与生态环境相协调。

2. 辽宁康平县季节性河流治理

北方季节性河流的水量主要依赖于雨水补给，其变化与降雨季节紧密相关。在夏季，由于降雨量的增加，河流的水量相对较多；而到了冬季，降雨量减少，河流的水量则显著下降，甚至可能出现断流现象。这种水量极度不稳定的特点，使得河流往往难以满足日常的用水需求。更为严重的是，在丰水期，由于雨水的大量涌入，洪涝灾害频发，给周边地区带来极大的威胁；而在枯水期，河流的断流又加剧了生态环境的恶化，使得河流生态系统变得极为脆弱。

康平县内的河流面临的主要问题包括河湖连通性不足、河势稳定性欠缺以及河湖水系拦蓄调节能力有限。这些河流岸坡的土壤以风沙土为主，植被覆盖较为稀疏，因而常常出现水土流失现象。在严重的情况下，河道岸坡可能发生坍塌，导致河道内淤积严重，河道主槽变得模糊不清。

康平县季节性河流采用分区治理的思路，将河湖水系分成3个治理分区，如图4-9所示。

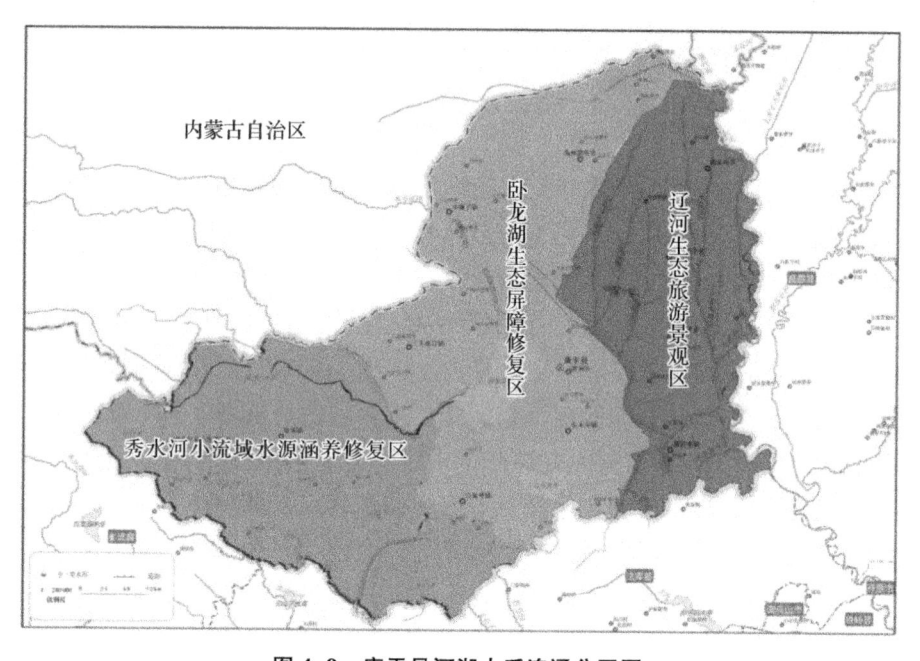

图4-9 康平县河湖水系连通分区图

秀水河小流域水源涵养修复区主要涵盖县域的北部及西部相关河流区域。为增强该区域的水源涵养能力，缓解水土流失问题，实施了河道生态治理、村镇绿化建设及林地栽植等多项举措。这些措施旨在提升植被覆盖率，从而推动生态环境的优化与可持续发展。

卧龙湖生态屏障修复区主要包括卧龙湖、东关河及三台子水库等核心区域，其主要目标聚焦于解决河湖连通性挑战，旨在恢复并提升该区域的水循环效率。采取了河道清淤疏浚工程，以畅通卧龙湖的补给通道，并配套建设了拦河建筑物,从而确保水流的顺畅与生态的连通。同时,调整区域内排水河道的正交方式旨在增加卧龙湖的入水量,从而有效改善生态环境。此外,积极促进卧龙湖周边农村的乡村旅游产业发展,旨在引导农民从传统农业种植和畜禽养殖向更多元化的收入结构转变,进而推动当地经济的可持续发展。此举不仅有助于提升当地经济水平,还能有效解决卧龙湖生态补水不足和面源污染等问题,实现生态与经济的和谐发展。

辽河生态旅游景观区特指康平县东部沿辽河一带,基于辽河国家湿地公园的建设规划,将重心置于小塔子村节点的细致打造上。通过全面推进村内环境的综合整治工作,致力于将小塔子村打造成一个充满传统文化气息、乡村风情浓郁的田园式村落。

3. 黄土丘陵干旱区季节性河流生态治理模式,以兰州新区水阜河为例

黄土丘陵干旱区,由于地处特殊的地理条件之下,其降水特征表现为稀少且集中。这种气候条件下,植被覆盖度较低,地质结构疏松,导致水土流失现象尤为严重。地形方面,该区域地势崎岖不平,沟壑纵横交错,进一步加剧了水土流失的程度。

水阜河是一条位于干旱黄土丘陵地带的季节性洪水河道,其独特的地理位置和气候条件使得该河道具有显著的季节性洪水特征。其治理思路应着重于两个方面。首先,是针对河道本身的治理,即稳定河床与河槽,确保在满足最大泄洪能力的前提下,确保河道的稳定与安全,保持河道断面的稳固性,通过采取一系列措施,有效防止河岸的淘刷和河床的下切,以维护河道的整体稳定与安全。其次,是全面治理河道沿线及其周边生态环境,致力于构建水岸生态屏障带,旨在遏制水土流失恶化,进而打破生态环境恶性循环的链条,实现生态环境的可持续发展。

针对干旱黄土丘陵地区季节性河流的特性,治理措施常采用复合型断面型式,旨在提升河道的稳定性并强化其生态功能。首先,为应对河道底部的冲刷问题,采用刚性处理方式,构建稳定的结构层,以此预防河槽因不利因素导致的持续下切,确保河道的稳固与安全;其次,在边坡底部,位于正常水位线以下区域,为了有效抵御水流游荡对河岸的淘刷作用,选用具备优异变形适应能力的柔性护坡材料,如土工膜、格宾石笼等,确保河岸的稳定与安全;最后,将正常水位线以上的区域设计成缓坡形式,并在坡上种植根系发达的植物,以形成生物固坡,这样不仅能够防止裸露河岸因降雨洪水冲刷而失稳,还能提升河岸的生态功能,促进生态环境的改善。这些措施共同构成了一个综合的河道治理方案,旨在全面提升河道的稳定性与生态环境质量。

针对河槽宽阔且纵向坡度平缓的河段，进行了河槽整形处理，并分段采用宽矮型挡水建筑物——拦水坝体，实现其溢流功能。在坝体结构的选择上，考虑了黄土地区较强的变形特性，因此选用了格宾石笼与防渗膜的组合。对于河道相对较窄的河段，则设置了矮型滞流矮墙（坎），这种结构具有良好的拦水效果，能有效减轻流水对河床的冲刷和下切作用。在布置滞流矮墙（坎）时，依据河道的设计纵坡进行精准布置，确保相邻矮墙（坎）上游底部高程与下游顶部高程基本保持一致，并控制矮墙（坎）之间的距离在 50 m 至 100 m 之间。此外，确保滞流矮墙（坎）的高度高出河底约 50 cm，以保证其功能的正常发挥。

在治理水阜河的生态工作中，当地成功构建了一套全面的生态绿化灌溉体系。该体系在河道治理过程中巧妙融入了调蓄工程的建设，从而有效汇集并处理区域内的降水、工业废水及生活污水。经过深度净化处理后的水资源，被精准用于生态植被的灌溉，实现了水资源的循环利用。同时，为了对河道两岸的生态植被进行实时、精准的灌溉，安装灌溉管道和喷灌系统，确保植被的健康生长，进一步提升水阜河的生态环境质量。

5 河湖岸线生态化改造指导思想和工作原则

5.1 指导思想

  山西省河湖岸线生态化改造的指导思想是：深入贯彻"节水优先、空间均衡、系统治理、两手发力"治水思路，积极践行"绿水青山就是金山银山"的发展理念，全面落实因地制宜、绿色发展，结合幸福河湖建设，着力提升河湖岸线生境，积极恢复岸线生态，促进人与自然和谐共处，支撑经济社会可持续发展。

  山西省是华北水塔，是京津冀的水源涵养地，是三北防护林的重要组成部分，是拱卫京津冀和黄河生态安全的重要屏障。但山西省也面临着水资源短缺、水生态环境脆弱、水安全保障能力不足等问题。河湖是水资源的重要载体，是生态系统的重要组成部分，事关防洪、供水、生态安全。空间完整、功能完好、生态环境优美的河湖岸线，是最普惠的民生福祉和公共资源。科学实施河湖岸线生态化改造是 2023 年山西省政府工作报告中深入实施减污降碳扩绿增长行动，扎实推动黄河流域生态保护和高质量发展的重点工作内容，也是山西省《2023 年全省河湖治理管理工作要点》中全力推进河湖治理工程建设的重要内容。指导思想可从以下方面进一步理解：

  （1）从习近平总书记提出的"节水优先、空间均衡、系统治理、两手发力"治水思路，"绿水青山就是金山银山"的重要发展理念及习近平总书记四次考察调研山西的重要讲话的重要精神，汲取指导思想。

  2017 年 6 月，习近平总书记就经济社会发展和贯彻落实党的十八届六中全会精神到山西考察调研，并在太原组织召开了深度贫困地区脱贫攻坚座谈会。

他强调，要高度重视汾河的生态环境保护，让这条山西的母亲河水量丰起来、水质好起来、风光美起来。他要求山西从转变经济发展方式、环境污染综合治理、自然生态保护修复、资源节约集约利用、完善生态文明制度体系等方面采取超常举措，全方位、全地域、全过程开展生态环境保护。

2020年5月，习近平总书记在山西考察时强调，要牢固树立绿水青山就是金山银山的理念，发扬"右玉精神"，统筹推进山水林田湖草系统治理，抓好"两山七河一流域"生态修复治理，扎实实施黄河流域生态保护和高质量发展国家战略，加快制度创新，强化制度执行，推动经济转型发展取得更大成效。

2022年1月，习近平总书记赴山西考察调研，深入农村、文物保护单位、企业等，给基层干部群众送去党中央的关心和慰问。他指出，要坚持以人民为中心的发展思想，不断提高人民群众获得感、幸福感、安全感。要坚持以习近平新时代中国特色社会主义思想为指导，深入学习贯彻党的十九届五中全会精神，按照"十四五"规划和2035年远景目标纲要要求，统筹做好经济社会发展各项工作。

2023年5月，习近平总书记再次到山西考察调研，在决胜全面建成小康社会、决战脱贫攻坚的关键时刻，他进农村、访农户、看企业、察改革，就统筹推进常态化疫情防控和经济社会发展工作、巩固脱贫攻坚成果进行调研。他对山西这些年来在脱贫攻坚、转型发展、综合改革、生态保护、民生事业、管党治党等方面取得的成绩给予肯定，勉励山西百尺竿头更进一步，在高质量转型发展上迈出更大步伐，努力蹚出一条转型发展的新路子。

中共中央、国务院印发《黄河流域生态保护和高质量发展规划纲要》：以习近平新时代中国特色社会主义思想为指导，全面贯彻党的十九大和十九届二中、三中、四中全会精神，增强"四个意识"、坚定"四个自信"、做到"两个维护"，坚持以人民为中心的发展思想，坚持稳中求进工作总基调，坚持新发展理念，构建新发展格局，坚持以供给侧结构性改革为主线，准确把握重在保护、要在治理的战略要求，将黄河流域生态保护和高质量发展作为事关中华民族伟大复兴的千秋大计，统筹推进山水林田湖草沙综合治理、系统治理、源头治理，着力保障黄河长治久安，着力改善黄河流域生态环境，着力优化水资源配置，着力促进全流域高质量发展，着力改善人民群众生活，着力保护传承弘扬黄河文化，让黄河成为造福人民的幸福河。

（2）根据《山西省防洪能力提升工程实施方案》《"一泓清水入黄河"工程方案》《山西省人民政府关于加快实施七河流域生态保护与修复的决定》《山西省"五湖"生态保护与修复总体规划（2021—2035年）》《2023年山西省政府工作报

告》《2023年全省河湖治理管理工作要点》等文件，全面落实因地制宜、绿色发展，明确科学实施河湖岸线生态化改造的必要性和结合在建重点工程实施河湖岸线生态化改造的可行性。

（3）根据《关于持续深化河湖长制全面推进幸福河湖建设的决定》，提出打造幸福河湖的指导思想。2023年5月17日，山西省级总河长签发山西省第2号总河长令——《关于持续深化河湖长制全面推进幸福河湖建设的决定》，要求各级河长湖长、河长制办公室、各有关部门和单位要深入贯彻落实习近平生态文明思想和习近平总书记关于建设造福人民的幸福河湖重要指示精神，持续加强生态环境保护，保障防洪安全，推进水资源节约集约利用，推动黄河流域生态保护和高质量发展，保护传承弘扬优秀水文化，不断增强人民群众的获得感、幸福感、安全感，在全省范围内开展幸福河湖建设。

（4）结合河湖岸线生态化改造的内涵，提出着力提升河湖岸线生境，积极恢复岸线生态，促进人与自然和谐共处，支撑经济社会可持续发展的指导思想。

河湖岸线是指河流两侧、湖泊周边一定范围内水陆相交的带状区域，是河流、湖泊自然生态空间的重要组成，结合山西省河湖岸线特点，根据山西省河流岸线规划报告，岸线边界线分为临水边界线和外缘边界线。已有明确治导线或整治方案线（一般为中水整治线）的河段，以治导线或整治方案线作为临水边界线；平原河道以造床流量或平滩流量对应的水位与陆域的交线或滩槽分界线作为临水边界线；山区性河道以防洪设计水位与陆域的交线作为临水边界线；水库库区一般以正常蓄水位与岸边的分界线或水库移民迁建线作为临水边界线。采用河湖管理范围线作为外缘线，但不得小于河湖管理范围线，并尽量向外扩展。对有堤防工程的河段，外缘边界线可采用已划定的堤防工程管理范围的外缘线。堤防工程管理范围的外缘线一般指堤防背水侧护堤地宽度；对无堤防的河湖，根据已核定的历史最高洪水位或设计洪水位与岸边的交界线作为外缘边界线；水库库区以水库管理单位设定的管理或保护范围线作为外缘边界线，若未设定管理范围，一般以有关技术规范和水文资料核定的设计洪水位或校核洪水位的库区淹没线作为外缘边界线；已规划建设防洪工程、水资源利用与保护工程、生态环境保护工程的河段，应根据工程建设规划要求，预留工程建设用地，并在此基础上划定外缘边界线。根据河湖岸线的定义，从河岸横断面角度明确河湖岸线生态化改造实施的对象范围主要是滩地、堤防和护堤地。

另外，还需统筹协调在建与已建工程生态化保护、生态化改造与污染防治、除险加固、防洪能力提升以及河湖岸线保护、维护河湖岸线已有功能、节约投入和低影响开发的有机衔接。已建工程出现硬化、渠化等问题需进行岸线生态化改造,在建工程设计和施工时需兼顾生态效益,避免走弯路。有条件的情况下,宜进一步考虑鱼类、鸟类等的生物连通性问题。

5.2　工作原则

结合专家研讨咨询,山西省河湖岸线生态化改造的工作原则总结如下:

1. 保护优先、合理利用。坚持保护优先,把河湖岸线保护作为河湖岸线利用的前提,实现在保护中有序开发、在开发中落实保护。协调城市发展、产业开发、生态保护等方面对河湖岸线的利用需求,促进河湖岸线合理利用、强化节约集约利用。

根据水利部《河湖岸线保护与利用规划编制指南(试行)》和山西省《汾河等11条河流岸线保护与利用规划》等文件,结合山西省河湖岸线自身特点,考虑到山西省河湖岸线的生态价值、资源特点和发展需求,提出了保护优先、合理利用的工作原则。

2. 统筹兼顾、科学布局。加强与相关流域水生态保护修复规划和水生态空间管控规划的衔接,充分发挥规划的战略引领和刚性约束作用。遵循河湖演变的自然规律,在确保防洪安全的前提下,根据岸线自然条件和相关规划中合理划定划分的岸线功能分区,科学布局河湖岸线生态空间。

根据《山西省人民政府关于加快实施七河流域生态保护与修复的决定》和《水利部关于加强河湖水域岸线空间管控的指导意见》及编制的流域相关水生态保护修复规划等,提出了统筹兼顾、科学布局的工作原则。根据岸线保护与利用规划合理划分的岸线保护区、保留区、控制利用区和开发利用区,河湖岸线生态化改造时需严格管控开发利用强度和方式。岸线保护区基本保持原生态,原则上不予改造;岸线保留区以保护为前提,可适当增加植被的品种和数量;岸线控制利用区和开发利用区采取措施,提升河湖岸线的生态价值、景观价值和社会价值。

3. 依法依规、从严管控。按照《水法》《防洪法》《中华人民共和国黄河保护法》《河道管理条例》等法律法规的要求,针对河湖岸线利用与保护中存在的突出问题,强调制度建设、强化整体保护和系统治理、落实监管责任,确保河湖岸线得到有效保护、合理利用和依法管理。

根据《水法》《防洪法》《中华人民共和国黄河保护法》《河道管理条例》等法律法规,为解决河湖岸线利用与保护的关系,保障水资源的安全和生态的平衡,提出依法依规、从严管控的工作原则。

5 河湖岸线生态化改造指导思想和工作原则

4. 远近结合、持续发展。既考虑近期经济社会发展需要，节约集约利用河湖岸线，又充分兼顾未来经济社会发展需求，做好河湖岸线保护，为远期发展预留空间，做到远近结合、持续发展，因地制宜，分类施策。

根据《河湖岸线保护与利用规划编制指南（试行）》等相关文件的要求，考虑近期岸线利用的经济社会效益的同时，也充分考虑未来岸线保护的生态环境效益，提出远近结合、持续发展的工作原则。

5. 政府主导、机制创新。充分发挥政府在河湖岸线生态化改造工作中的规划主导作用，同时注重发挥市场机制和社会力量作用，推进共建共治共享。探索建立河湖岸线生态化改造建设模式，创新工作推进机制。

政府主导是河湖岸线生态化改造工作的核心，政府应充分发挥其规划、监管、执法等方面的职能，引导和协调各方力量，保障河湖岸线生态化改造工作的顺利实施。机制创新是河湖岸线生态化改造工作的动力，政府应注重发挥市场和社会力量的作用，推进共建共治共享的理念，探索建立适应山西省河湖岸线生态化改造特点的建设模式，加快推进岸线生态化改造标准体系建设。政府应创新工作推进机制，完善资金投入政策，激励各方参与岸线生态化改造工作。

6. 省级统筹、分级实施。省级水行政主管部门在河湖岸线生态化改造工作中统筹引领，根据河道的分级管理，由相应有管辖权的相关部门作为科学实施河湖岸线生态化改造的主体，各司其职，合力建立科学的工程建管机制，提升河湖岸线生态化改造效率效果。

省级负责规划，省级、市级、县级人民政府水行政主管部门实施分级管理。根据《山西省河道管理条例》第六条，河道管理实行统一管理与分级管理相结合的管理体制。汾河、桑干河、滹沱河、漳河、沁河，以及其他跨设区的市河流的重要河段，由省人民政府水行政主管部门实施管理；跨县（市、区）河流的重要河段、县（市、区）之间的边界河道，由设区的市人民政府水行政主管部门实施管理；其他河道由县（市、区）人民政府水行政主管部门实施管理。

5.3 岸线规划

5.3.1 岸线分界线

结合山西省河湖岸线特点，根据山西省七河流域岸线规划报告，岸线边界线分为临水边界线和外缘边界线。临水边界线是根据稳定河势、保障河道行洪安全和维护河流湖泊生态等基本要求，在河流沿岸临水一侧顺水流方向或湖泊（水库)沿岸周边临水一侧划定的岸线带区内边界线。外缘边界线是根据河流湖泊岸线管理保护、维护河流功能等管控要求,在河流沿岸陆域一侧或湖泊(水库)沿岸周边陆域一侧划定的岸线带区外边界线。

1. 临水边界线划定

临水边界线划定应按照以下原则划定,并尽可能留足调蓄空间。

(1) 已有明确治导线或整治方案线(一般为中水整治线)的河段,以治导线或整治方案线作为临水边界线。

(2) 平原河道以造床流量或平滩流量对应的水位与陆域的交线或滩槽分界线作为临水边界线。

(3) 山区性河道以防洪设计水位与陆域的交线作为临水边界线。

(4) 水库库区一般以正常蓄水位与岸边的分界线或水库移民迁建线作为临水边界线。

汾河太原市六城区,临汾市洪洞县、尧都区、襄汾县城区段及晋中市潇河湿地公园综合治理工程段,因有明确的蓄水边线,以蓄水边线作为临水边界线。

2. 外缘边界线划定

根据《水利部关于加快推进河湖管理范围划定工作的通知》及《河湖岸线保护与利用规划编制指南(试行)》,采用河湖管理范围线作为外缘线,但不得小于河湖管理范围线,并尽量向外扩展。

(1) 对有堤防工程的河段,外缘边界线可采用已划定的堤防工程管理范围的外缘线。堤防工程管理范围的外缘线一般指堤防背水侧护堤地宽度对应外缘线。《山西省河道管理条例》第二章第十条规定的护堤地宽度为:省管河道的护堤地宽度为堤防外坡脚线向外水平延伸 10 m 至 20 m,其他河道的护堤地宽度为堤防外坡脚线向外水平延伸 5 m 至 10 m。

(2) 对无堤防的河湖,根据已核定的历史最高洪水位或设计洪水位与岸边的交界线作为外缘边界线。

(3) 水库库区以水库管理单位设定的管理或保护范围线作为外缘边界线,若未设定管理范围,一般以有关技术规范和水文资料核定的设计洪水位或校核洪水位的库区淹没线作为外缘边界线。

(4) 已规划建设防洪工程、水资源利用与保护工程、生态环境保护工程的河段,应根据工程建设规划要求,预留工程建设用地,并在此基础上划定外缘边界线。

5.3.2 岸线功能区

结合山西省河湖岸线特点,根据山西省七河流域岸线规划报告,山西省河湖岸线的岸线功能区分为四区：岸线保护区、岸线保留区、岸线控制利用区和岸线开发利用区。岸线功能区划分应突出强调保护与管控，尽可能提高岸线保护区、岸线保留区在河流岸线功能区中的比例，从严控制岸线开发利用区和控制利用区，尽可能减小岸线开发利用区所占比例。

1. 岸线保护区

岸线保护区是指岸线开发利用可能对防洪安全、河势稳定、供水安全、生态环境、重要枢纽和涉水工程安全等有明显不利影响的岸段。岸线保护区的划定标准为：

（1）引起深泓变迁的节点段或改变分汊河段分流态势的分汇流段等重要河势敏感区岸线应划为岸线保护区。

（2）列入我省集中式饮用水水源地名录的水源地，其一级保护区应划为岸线保护区，列入全国重要饮用水水源地名录的应划为岸线保护区。

（3）位于国家级和省级自然保护区核心区和缓冲区、风景名胜区核心景区等生态敏感区，法律法规有明确禁止性规定的，需要实施严格保护的各类保护地的河湖岸线，应从严划分为岸线保护区。

（4）根据地方划定的生态保护红线范围，位于生态保护红线范围的河湖岸线，按红线管控要求划定岸线保护区。

2. 岸线保留区

岸线保留区是指规划期内暂时不宜开发利用或者尚不具备开发利用条件、为生态保护预留的岸段。岸线保留区的划定标准为：

（1）对河势变化剧烈、岸线开发利用条件较差，河道治理和河势调整方案尚未确定或尚未实施等暂不具备开发利用条件的岸段，划分为岸线保留区。

（2）位于国家级和省级自然保护区的实验区、水产种质资源保护区、国际重要湿地、国家重要湿地以及国家湿地公园、森林公园生态保育区和核心景区、地质公园地质遗迹保护区、世界自然遗产核心区和缓冲区等生态敏感区，但未纳入生态保护红线范围内的河湖岸线，应划为岸线保留区。

（3）已列入国家或省级规划，尚未实施的防洪保留区、水资源保护区、供水水源地的岸段等应划为岸线保留区。

（4）为生态建设需要预留的岸段，划为岸线保留区。

（5）对虽具备开发利用条件，但经济社会发展水平相对较低，规划期内暂无开发利用需求的岸段，划为岸线保留区。

山西省在划定岸线功能区时，根据《山西省生态功能区划》《山西省地表水功能区划》和《山西省地表水环境功能区划》，将恒山以北防风固沙与土地沙化防控生态保护红线划分为保留区,例如平鲁区红崖村至平鲁区与朔城区界的乡村段,涉及其余的生态功能区均划定为岸线保护区,与生态红线基本协调。

3. 岸线控制利用区

岸线控制利用区是指岸线开发利用程度较高,或开发利用对防洪安全、河势稳定、供水安全、生态环境可能造成一定影响,需要控制其开发利用强度、调整开发利用方式或开发利用用途的岸段。岸线控制利用区的划定标准为:

(1) 利用程度相对较高的岸段,为避免进一步开发可能对防洪安全、河势稳定、供水安全等带来不利影响,需要控制或减少其开发利用强度的岸段,划分为岸线控制利用区。

(2) 重要险工险段、重要涉水工程及设施、河势变化敏感区、地质灾害易发区、水土流失严重区需控制开发利用方式的岸段,划为岸线控制利用区。

(3) 位于风景名胜区的一般景区、地方重要湿地和地方一般湿地、湿地公园以及饮用水源地二级保护区、准保护区等生态敏感区未纳入生态红线范围,但需控制开发利用方式的部分岸段,划为岸线控制利用区。

4. 岸线开发利用区

岸线开发利用区是指河势基本稳定、岸线利用条件较好,岸线开发利用对防洪安全、河势稳定、供水安全以及生态环境影响较小的岸段。岸线控制利用区的划定标准为:河势基本稳定、岸线利用条件较好,岸线开发利用对防洪安全、河势稳定、供水安全以及生态环境影响较小的岸段,划为岸线开发利用区。但要在规划中充分体现岸线的集约节约利用。

依据《河湖岸线保护与利用规划编制指南(试行)》,山西省对汾河、桑干河、滹沱河、浊漳河(含浊漳北源、浊漳南源、浊漳西源)、清漳河(含清漳东源、清漳西源)、沁河、大清河(唐河)、大清河(沙河)、涑水河等流域编制了河湖岸线保护与利用规划,规划主要内容为划定"两线四区","两线"为临水边界线和外缘边界线,"四区"为岸线保护区、岸线保留区、岸线控制利用区和岸线开发利用区。根据山西省水利厅组织编制的《汾河等 11 条河流岸线保护与利用规划》(涉及 14 条河流的岸线),山西省内汾河、潇河、桑干河、御河、滹沱河、清漳河、浊漳河、沁河、涑水河、唐河、沙河等 11 条主要河流流域划定岸线 655 处,总长度 5 649 km,其中岸线保护区 243 处,共计 1 676 km;岸线保留区 147 处,共计 1 416 km;岸线控制利用区 213 处,共计 2 362 km;岸线开发利用区 52 处,共计 195 km。

汾河共划分 230 个岸线功能区,岸线总长度 1 362.23 km。其中岸线保护区 84 处,保护区长度 206.52 km;岸线保留区 25 处,保留区长度 284.35 km;岸线控制利用区 69 处,控制利用区长度 677.23 km;岸线开发利用区 52 处,主要包括汾河百公里及汾河生态景观规划涉及的河段,开发利用区长度 194.13 km。

桑干河共划分 70 个岸线功能区,岸线总长度 626.87 km。其中岸线保护区 24 处,保护区长度 232.87 km;岸线保留区 31 处,保留区长度 269.76 km;岸线控制利用区 15 处,控制利用区长度 124.24 km。由于桑干河两岸开发利用条件较好的河段开发利用程度相对较高,故未划分岸线开发利用区。

滹沱河共划分 75 个岸线功能区,岸线总长度 589.93 km。其中岸线保护区 25 处,保护区长度 171.87 km;岸线保留区 23 处,保留区长度 193.07 km;岸线控制利用区 27 处,控制利用区长度 224.99 km。由于滹沱河干流规划期内有开发利用需求的县城、重点乡镇等河段总体开发利用程度相对较高,故未划分岸线开发利用区。

清漳河(含清漳西源)共划分 60 个岸线功能区,岸线总长度 508.89 km。其中岸线保护区 28 处,保护区长度 175.49 km;岸线保留区 4 处,全部在清漳西源上,保留区长度 48.22 km;岸线控制利用区 28 处,控制利用区长度 285.18 km。由于清漳河属山区性河流,受地形条件限制,人口集中聚集在河谷两岸,因此两岸总体开发利用程度相对较高,故未划分岸线开发利用区。

沁河共划分 67 个岸线功能区,岸线总长度 761.37 km。其中岸线保护区 23 处,保护区长度 329.22 km;岸线保留区 28 处,保留区长度 337.42 km;岸线控制利用区 16 处,控制利用区长度 94.75 km。由于沁河干流属山区性河流,受地形条件限制,人口集中聚集在河谷两岸,因此两岸总体开发利用程度相对较高,故未划分岸线开发利用区。

本书简述汾河、滹沱河、桑干河、清漳河及沁河的河湖岸线规划。

5.3.3 汾河

5.3.3.1 岸线边界线

根据《汾河源头至兰村段河道治导线规划》《汾河中下游河道管理范围划界报告》等,汾河干流河道已进行过治导线规划和管理范围划界,并经过山西省水利厅评审和验收。汾河干流规划治导线无堤防段基本按照设计洪水天然水面轮廓线确定,有堤防工程的河段基本按堤线布置,太原市城区兰村出山口至土堂村段、汾河三期治理末端至汾河二坝库区段,堤距不满足规划要求,结合河流两岸水利设施、道路等地形条件,分别向右岸、左岸拓宽至 350~450 m。汾河水库和汾河二库以正常蓄水位作为临水边界线。目前,太原市六城区和临汾市洪洞县、尧都区以及襄汾县城区段已进行河道蓄水美化工程,有明确的蓄水边线,故该段按蓄水边线作为临水边界线,其余河段临水边界线按已划定的治导线确定。汾河干流临水边界线左岸 674.1 km,右岸 688.1 km。

汾河干流划界遵循原则为:

(1) 无堤防河段,对于山区河道,管理范围线基本与治导线重合布置;对于平原河道,管理范围线以治导线为临水边界线修筑堤防的情况,充分考虑堤防设计底宽和护堤地的宽度确定。

(2) 现有堤防满足治导线规划要求的,河道管理范围边界线为现有堤防背水坡坡脚向外水平延伸 20 m 确定。河道两岸的划界范围在满足河道泄洪能力的基础上,还需综合考虑经济社会发展的要求、生态环境保护的要求。以已划定的管理范围线作为外缘控制线。汾河干流外缘边界线左岸 672.2 km,右岸 700 km。

5.3.3.2 岸线保护区

汾河干流涉及泉域重点保护区 4 处,湿地公园(纳入生态保护红线范围)及保护区 2 处、水源地 1 处,水文站 10 处,具体如下:

(1) 泉域重点保护区

① 雷鸣寺泉域重点保护区:忻州市宁武县汾河源头。

② 晋祠泉域重点保护区:太原市娄烦县罗家曲村至古交市扫石村。

③ 兰村泉域重点保护区:太原市古交市扫石村至尖草坪区森林公园。

④ 郭庄泉域重点保护区:临汾市霍州市什林村至北益昌村。

(2) 湿地公园及保护区:静乐县永丰村桥至李家会村,位于山西静乐汾河川国家湿地公园且纳入生态保护红线范围;运城市万荣县河津至万荣县界至入黄口,位于运城湿地自然保护区。

(3) 水源地太原市娄烦县石峡沟桥上游 2 km 至汾河水库大坝,汾河水库为重要涉水工程及设施,位于万家寨至汾河水库水源地,且纳入生态保护红线范围。

(4) 水文站汾河干流涉及的水文站有 10 处。

位于泉域重点保护区、纳入生态保护红线范围的国家湿地公园及水源地等划分为岸线保护区,共划分了 84 处岸线保护区,其中左岸 43 处,右岸 41 处;保护区总长度 206.52 km,其中左岸 102 km,右岸 104.52 km。

5.3.3.3 岸线保留区

汾河干流涉及国家地质公园(未纳入生态红线)1 处、国家湿地公园(未纳入

生态红线)3处,具体如下:

(1) 国家地质公园:忻州市宁武县汾河源头至川湖屯村,位于山西宁武冰洞国家地质公园(宁化),尚未纳入生态保护红线范围。

(2) 国家湿地公园:晋中市介休市洪善村至宋安村,位于介休汾河国家湿地公园,属于国家级湿地公园,被列入《山西省主体功能区规划》省级禁止开发区,但未纳入生态红线范围。山西洪洞汾河国家湿地公园、山西稷山汾河国家湿地公园均属于国家级湿地公园,被列入《山西省主体功能区规划》省级禁止开发区,但未纳入生态红线范围。汾河中游灵霍山峡段河道外侧为山区,治导线与管理范围线重合。

未纳入生态红线的国家地质公园、国家湿地公园、灵霍山峡段等划分为岸线保留区,共划分了25处岸线保留区,其中左岸13处,右岸12处;保护区总长度284.35 km,其中左岸136.42 km,右岸147.93 km。

5.3.3.4 岸线控制利用区

汾河干流主要涉及水源地二级保护区(未纳入生态红线)1处、省级湿地公园(未纳入生态红线)2处,具体如下:

(1) 水源地二级保护区:太原市娄烦县县界至石峡沟桥上游2 km,位于万家寨至汾河水库水源地二级保护区,尚未纳入生态保护红线范围。

(2) 省级湿地公园:吕梁市文水县王家堡村至水寨村,位于文水县世泰湖省级湿地公园,属于省级湿地公园,被列入《山西省主体功能区规划》省级禁止开发区,但未纳入生态红线范围。新绛县汾河省级湿地公园属于省级湿地公园,被列入《山西省主体功能区规划》省级禁止开发区,但未纳入生态红线范围。汾河中游太原市城区段,自柴村桥至晋祠迎宾路南2 000 m已完成蓄水美化工程;汾河下游临汾市洪洞县县城、尧都区城区、襄汾县县城均已完成蓄水美化工程。此外平原区河道两岸具有较好的开发利用条件,但需控制其开发利用程度。本规划将未纳入生态红线的水源地二级保护区、省级湿地公园,中游太原市城区段、下游临汾市县城段以及下游平原区河段等划分为岸线控制利用区,共划分了69处岸线控制利用区,其中左岸37处,右岸32处;岸线控制利用区总长度677.2 km,其中左岸340.9 km,右岸336.3 km。

5.3.3.5 岸线开发利用区

将《汾河流域生态景观规划(2020—2035年)》中所列工程建设区段划分为岸线开发利用区,共划分了52处岸线开发利用区,其中左岸25处,右岸27处;

岸线开发利用区总长度 194.1 km,其中左岸 94.7 km,右岸 99.4 km。

5.3.4 滹沱河

5.3.4.1 岸线边界线

滹沱河干流河道已进行过治导线规划和管理范围划界,并经过山西省水利厅评审和验收。位于滹沱河干流的孤山水库和下茹越水库已进行过管理范围划界,并经过忻州市水利局评审和验收。

临水边界线:滹沱河干流临水边界线采用河道治导线规划成果,孤山水库和下茹越水库临水边界线采用正常蓄水位与岸边的分界线;划定临水边界线总长度 589.93 km,其中左岸线 293.66 km,右岸线 296.27 km。滹沱河干流规划治导线为河道通过设计泄洪流量时的水面轮廓线,规划河宽的确定根据各段的稳定河宽,结合近 20 年来河势演变基本流路和历次河道治理采用的控制河宽,从而确定规划治导线的控制宽度:下茹越水库上游无堤防段规划最小宽度 150～200 m,下茹越水库下游基本有连续或不连续的堤防,基本按历次河道治理控制宽度确定,规划最小宽度 200～450 m,清水河汇入口至省界段规划最小宽度 100～150 m。

外缘边界线:滹沱河干流外缘边界线采用已划定的河道管理范围边界线,孤山水库和下茹越水库外缘边界线采用已划定的水库工程管理范围边界线;划定外缘边界线总长度 601.27 km,其中左岸线 298.90 km,右岸线 302.37 km。

滹沱河河流划界遵循原则为:

(1) 现有堤防满足治导线规划要求的,河道管理范围边界线为现有堤防背水坡坡脚向外水平延伸 10～20 m 处。

(2) 现有堤防不满足治导线规划要求的和无堤防河段,边界线按以治导线为临水边界线修筑堤防的情况,充分考虑堤防设计底宽和护堤地的宽度规划。

(3) 结合《山西省滹沱河流域生态修复与保护规划(2017—2030 年)》,将河道两侧已规划的生态项目划入河道管理范围边界线内。

(4) 河道两岸的划界范围在满足河道泄洪能力的基础上,还需综合考虑经济社会发展的要求、生态环境保护的要求。外缘控制线即按已划定的管理范围线确定。孤山水库已划定的管理范围为校核水位 1 216.73 m 以下范围,与工程区管理范围闭合,下茹越水库已划定的管理范围为校核水位 978.25 m 以下范围,与工程区管理范围闭合。

5.3.4.2 岸线保护区

滹沱河干流共划分了25处岸线保护区,主要分布在繁峙县、原平市、忻府区、定襄县、五台县和盂县。岸线保护区总长度171.87 km,占岸线总长度的29.13%。

(1)繁峙县孤山水库工程区为孤山水库枢纽工程,左岸岸线长度0.65 km,右岸岸线长度1.13 km,岸线功能区长度共计1.78 km,将该段左右岸均划分为岸线保护区。下茹越水库工程区为下茹越水库枢纽工程,左岸岸线长度0.62 km,右岸岸线长度0.29 km,岸线功能区长度共计0.91 km,将该段左右岸均划分为岸线保护区。上永兴水文站水文基本监测上断面上游500 m,水文基本监测下断面下游500 m为水文监测沿河纵向保护范围,将该段左右岸均划分为岸线保护区。左岸岸线长度1.02 km,右岸岸线长度1.15 km,岸线功能区长度共计2.17 km。

(2)原平市原平滹沱河水利风景区段为原平市区段,该段为忻州市水源涵养生态保护红线范围,将该段左右岸均划分为岸线保护区。左岸岸线长度2.31 km,右岸岸线长度2.56 km,岸线功能区长度共计4.87 km。界河铺水文站水文基本监测上断面上游600 m,水文基本监测下断面下游600 m为水文监测沿河纵向保护范围,将该段左右岸均划分为岸线保护区。左岸岸线长度0.91 km,右岸岸线长度1.11 km,岸线功能区长度共计2.02 km。

(3)忻府区基本位于滹沱河的右岸,忻府定襄县界将忻府区滹沱河岸线分为两段:原平忻府区界至忻府区忻口村为上段,忻府区高城村至忻府区南曹村为下段,两段均位于忻州市水源涵养生态保护红线范围内,均划分为岸线保护区。该上下两段右岸岸线功能区长度共计14.66 km。

(4)定襄与原平市毗邻的县界至定襄县黄咀村上游2 km处,该段为滹沱河左岸岸线,位于忻州市水源涵养生态保护红线范围内,列为岸线保护区,左岸岸线长度18.69 km。忻府区忻口村至忻府区高城村段为滹沱河右岸岸线,位于忻州市水源涵养生态保护红线范围内,列为岸线保护区,右岸岸线长度4.04 km。该两段岸线功能区长度共计22.73 km。五台定襄县界至定襄县戎家庄村上游附近段,位于坪上岩溶泉域重点保护区范围内,将该段左右岸均划分为岸线保护区。左岸岸线长度2.55 km,右岸岸线长度2.94 km,岸线功能区长度共计5.49 km。南庄水文站水文基本监测上断面上游500 m,水文基本监测下断面下游500 m为水文监测沿河纵向保护范围,将该段左右岸均划分为岸线保护区。左岸岸线长度1.17 km,右岸岸线长度1 km,岸线功能区长度共计2.17 km。

(5) 五台县南湾村至五台定襄县界段,位于坪上岩溶泉域重点保护区范围内,将该段左右岸均划分为岸线保护区。左岸岸线长度 14.46 km,右岸岸线长度 14.38 km,岸线功能区长度共计 28.84 km。济胜桥水文站水文基本监测上断面上游 500 m,水文基本监测下断面下游 500 m 为水文监测沿河纵向保护范围,将该段左右岸均划分为岸线保护区。左岸岸线长度 1.08 km,右岸岸线长度 1.01 km,岸线功能区长度共计 2.09 km。

(6) 盂县的定襄盂县县界至沙湖滩村下游段、石家塔河入河口上游至出省界段位于阳泉市水源涵养生态保护红线范围内,将该两段左岸均划分为岸线保护区,左岸岸线长度共计 37.83 km。定襄盂县界至出省界段位于阳泉市水源涵养生态保护红线范围内,将该段右岸均划分为岸线保护区,右岸岸线长度 46.31 km。

5.3.4.3 岸线保留区

滹沱河干流共划分了 23 处岸线保留区,在繁峙县、代县、原平市、定襄县和五台县均有分布。岸线保留区总长度 193.07 km,占岸线总长度的 32.73%。

(1) 繁峙县滹沱河孤山水库下游至 S40 高速桥段为繁峙县乡村段,规划期内暂时无开发利用需求。羊眼河汇入口至上永兴水文站,为繁峙县乡村段,规划期内暂时无开发利用需求。上永兴水文站至下茹越水库库尾,为繁峙县乡村段,规划期内暂时无开发利用需求。该三段左右岸均划为岸线保留区,左岸岸线长度 33.34 km,右岸岸线长度 33.37 km,岸线功能区长度共计 66.71 km。

(2) 代县中解河汇入口至代县原平县界段为代县乡村段,规划期内暂时无开发利用需求,将该段左岸划分为岸线保留区。左岸岸线保留区长度 7.80 km。

(3) 原平市代县县界至原平市郑家营村段为原平乡村段,规划期内暂时无开发利用需求,将该段左右岸均划分为岸线保留区。阳武河汇入口至原平铝厂桥段为原平乡村段,规划期内暂时无开发利用需求,将该段左右岸均划分为岸线保留区。原平铝厂桥至原平滹沱河水利风景区段为原平天牙山省级地质公园所在地,将该段左右岸均划分为岸线保留区。原平滹沱河水利风景区至大运高速公路桥段为原平乡村段,规划期内暂时无开发利用需求,将该段左右岸均划分为岸线保留区。该四段左岸岸线长度 29.97 km,右岸岸线长度 29.15 km,岸线功能区长度共计 59.12 km。

(4) 定襄县黄咀村上游 2 km 处至定襄县城段为定襄县乡村段,规划期内暂时无开发利用需求,将该段左岸划分为岸线保留区,左岸岸线长度 5.18 km。忻府区南曹村至定襄县黄咀村段为定襄县乡村段,规划期内暂时无开发利用需求,将该段右岸划分为岸线保留区,右岸岸线长度 2.90 km。

定襄县城至定襄县留念村段为定襄县乡村段,规划期内暂时无开发利用需求,将该段左右岸均划分为岸线保留区,左岸岸线长度 12.02 km,右岸岸线长度 11.98 km。

上述岸线功能区长度共计 32.08 km。

（5）定襄县平东社村至济胜桥水文站段为五台县乡村段,规划期内暂时无开发利用需求,将该段左岸划分为岸线保留区,左岸岸线长度 1.85 km。定襄县河四村至济胜桥水文站段为为五台县乡村段,规划期内暂时无开发利用需求,将该段右岸划分为岸线保留区,右岸岸线长度 1.59 km。济胜桥水文站至五台县南湾村段为五台县乡村段,规划期内暂时无开发利用需求,将该段左右岸划分为岸线保留区,左岸岸线长度 12.04 km,右岸岸线长度 11.88 km。上述岸线功能区长度 27.36 km。

5.3.4.4 岸线控制利用区

滹沱河干流共划分了 27 处岸线控制利用区,分别位于繁峙县、代县、原平市、定襄县和盂县。岸线控制利用区总长度 224.99 km,占岸线总长度的 38.14%。

（1）繁峙县滹沱河孤山水库库区为水库库区段,且位于滹沱河地表水饮用水源补给区,将该段左右岸划分为岸线控制利用区。左岸岸线长度 3.13 km,右岸岸线长度 2.41 km,岸线功能区长度共计 5.54 km。S40 高速桥至羊眼河汇入口段,位于繁峙县砂河镇,为主体功能区省级重点开发的县城外重点镇,岸线利用率较高,将该段左右岸均划分为岸线控制利用区,左岸岸线长度 11.99 km,右岸岸线长度 11.87 km,岸线功能区长度共计 23.86 km。下茹越水库库区为水库库区段,且位于滹沱河地表水饮用水源补给区,将该段左右岸划分为岸线控制利用区。左岸岸线长度 5.05 km,右岸岸线长度 4.62 km,岸线功能区长度共计 9.67 km。下茹越水库出口至繁峙县界段,位于繁峙县繁城镇范围内,为主体功能区省级重点开发的县城所在重点镇,岸线保护利用率较高,将该段左右岸均划分为岸线控制利用区,左岸岸线长度 13.92 km,右岸岸线长度 14.39 km,岸线功能区长度共计 28.31 km。上述岸线功能区长度共计 67.38 km。

（2）代县滹沱河左岸代县县界至胡峪河汇入口段位于代县峨口镇范围,为主体功能区省级重点开发的县城外重点镇,岸线利用率较高,将该段左岸划分为岸线控制利用区,左岸岸线长度 7.08 km。胡峪河汇入口至代县南家寨村段为代县乡村段,规划期内有开发利用需求,岸线利用率较高,将该段左岸划分为岸线控制利用区,左岸岸线长度16.65 km。代县县界至代县南家寨村段为代县乡村段,规划期内有开发利用需求,岸线利用率较高,将该段右岸划分为岸线控制利用区,右岸岸线长度23.52 km。代县南家寨村至中解河汇入口段位于代县上馆镇范围,为主体功能区省级重点开发的县城所在重点镇,岸线保护利用率较高,将该段左右岸均划分为岸线控制利用区,左岸岸线长度7.10 km,右岸岸线长度7.26 km,岸线功能区长度共计14.36 km。中解河汇入口至代县原平县界段为代县乡村段,规划期内有开发利用需求,岸线利用率较高,将该段右岸均划分为岸线控制利用区,右岸岸线长度9.24 km。上述岸线功能区长度共计70.85 km。

(3)原平市郑家营村至阳武河汇入口段,位于原平崞阳镇,为主体功能区省级重点开发的县城外重点镇,但该段在上合河、下合河处为重要险工段,故将该段左右岸均划分为岸线控制利用区,左岸岸线长度12.82 km,右岸岸线长度12.34 km,岸线功能区长度共计25.16 km。大运高速公路桥至界河铺水文站段为忻府区滹沱河灌区界河铺滚水坝库区段,将该段左右岸划分为岸线控制利用区,左岸岸线长度1.32 km,右岸岸线长度3.02 km,岸线功能区长度共计4.34 km。上述岸线功能区长度共计29.50 km。

(4)定襄县的定襄县城段位于定襄晋昌镇范围,为主体功能区省级重点开发的县城所在重点镇,岸线保护利用率较高,应控制此段河流的开发,将该段左右岸均划分为岸线控制利用区,左岸岸线长度3.62 km,右岸岸线长度6.84 km,岸线功能区长度共计10.46 km。定襄留念村至定襄东平社村段位于定襄县河边镇范围,为主体功能区省级重点开发的县城外重点镇,岸线保护利用率较高,将该段左岸划分为岸线控制利用区,左岸岸线长度3.62 km。定襄留念村至定襄河四村段位于定襄县河边镇范围,为主体功能区省级重点开发的县城外重点镇,岸线保护利用率较高,将该段右岸划分为岸线控制利用区,右岸岸线长度4.04 km。定襄县戎家庄村上游3 km处至南庄水文站位于定襄县河边镇范围,为主体功能区省级重点开发的县城外重点镇,现状岸线保护利用率较高,将该段左右岸划分为岸线控制利用区,左岸岸线长度7.37 km,右岸岸线长度7.53 km,岸线功能区长度共计14.90 km。南庄水文站至定襄盂县县界位于定襄县河边镇范围,为主体功能区省级重点开发的县城外重点镇,现状岸线保护利用率较高,将该段左右岸划分为岸线控制利用区,左岸岸线长度7.81 km,右岸岸线长度7.74 km,岸线功能区长度共计15.55 km。上述岸线功能区长度共计48.57 km。

(5)盂县沙湖滩村下游至石家塔河入河口上游为大宋温泉景区段,岸线利用率偏高,将该段左岸划分为岸线控制利用区,左岸岸线长度 8.69 km。

5.3.4.5 岸线开发利用区

滹沱河干流未规划岸线开发利用区。

5.3.5 桑干河

5.3.5.1 岸线边界线

桑干河干流河道已进行过治导线规划和管理范围划界,并经过山西省水利厅评审和验收。桑干河干流规划治导线为规划拟定的河道通过设计泄洪流量时的水面轮廓线,规划河宽的确定根据各段的稳定河宽,结合近 20 年来河势演变基本流路和历次河道治理采用的控制河宽,从而确定规划治导线:山区河道治导线尽量沿堤防划定,没有堤防或堤防不达标准的河道基本按照 20 年设计洪水天然水面轮廓线划定;平原区河道呈宽浅型,主槽宽度为 20～50 m,河道两岸为耕地,村庄地势较低,发生 20 年一遇洪水时,水面宽度在 1 000～2 500 m,沿河两岸部分村庄被水淹没,在划定河道左右岸治导线时根据河道总体走势、保护两岸村庄及河道单宽流量 3.0～4.0 m/s 综合划定。源子河干流主河槽随河势摆动,沿河两岸村庄多,重要河段及部分村庄附近建有零星堤防,但基本不满足防洪要求,多数河道段基本为天然状态,上游涉河建筑物较少,下游涉河建筑物较多并出现部分侵河建筑,并统筹兼顾上下游、左右岸的利益要求,综合考虑确定。桑干河河流划界遵循原则为:

(1)现有堤防满足治导线规划要求的,河道管理范围边界线为现有堤防背水坡坡脚向外水平延伸 10～20 m 处。

(2)现有堤防不满足治导线规划要求的和无堤防河段,边界线应按以治导线为临水控制线修筑堤防的情况,充分考虑堤防设计底宽和护堤地的宽度规划。

(3)结合《山西省桑干河流域生态修复与保护规划(2017—2030 年)》,将河道两侧已规划的生态项目划入河道管理范围边界线内。

(4)河道两岸的划界范围在满足河道泄洪能力的基础上,还需综合考虑经济社会发展的要求、生态环境保护的要求。外缘边界线即按已划定的管理范围线确定。

5.3.5.2 岸线保护区

桑干河干流共划分了 24 处岸线保护区,分布在朔城区、山阴县、怀仁市、云州区和阳高县。划定岸线保护区长度232.87 km，其中左岸101.86 km、右岸131.01 km。

1. 朔城区

太平易村至郭家窑村为乡村段，两岸均划分为岸线保护区，右岸岸线长度为10.64 km，左岸岸线长度为10.41 km，岸线功能区长度共计21.05 km。

东榆林水库大坝为东榆林水库枢纽工程，两岸均划分为岸线保护区，右岸岸线长度为10.69 km，左岸岸线长度为1.10 km，岸线功能区长度共计11.79 km。

2. 山阴县

西寺院村至小圪塔村为乡村段，范围内有重点开发镇薛圐圙乡和古城镇，该段河道右岸划分为岸线保护区，岸线功能区长度共为25.57 km。

西寺院村至安荣村为乡村段，该段河道左岸划分为岸线保护区，岸线功能区长度为12.18 km；芦岭村至小圪塔村为乡村段，范围内有重点开发镇岱岳镇和合盛堡乡，该段河道左岸划分为岸线保护区，岸线功能区长度为6.77 km。

3. 怀仁市

黄庄村至新桥村，新桥水文站水文基本监测上断面上游500 m、水文基本监测下断面下游500 m为水文监测沿河纵向保护范围，两岸均划分为岸线保护区，右岸岸线长度为1.40 km，左岸岸线长度为0.93 km，岸线功能区长度共计2.33 km。

智民庄村至怀仁市与云州区区界为乡村段，该段河道两岸均划分为岸线保护区，右岸岸线长度为2.85 km，左岸岸线长度为14.87 km，岸线功能区长度共计17.72 km。

4. 云州区

怀仁市与云州区区界至固定桥为乡村段，该段河道两岸均划分为岸线保护区，右岸岸线长度为17.56 km，左岸岸线长度为5.34 km，岸线功能区长度共计22.90 km。

固定桥至徐疃村河道左岸属于册田水库库区范围，其中固定桥至峰峪村段河道左岸位于桑干河自然保护区的核心保护区，该段河道左岸划分为岸线保护区，岸线功能区长度共计27.75 km。

固定桥至施家会村河道右岸属于册田水库库区范围，该段河道右岸划分为岸线保护区，岸线功能区长度共计7.95 km。

孙家港村至徐疃村河道右岸属于册田水库库区范围，该段河道右岸划分为岸线保护区，岸线功能区长度共计16.80 km。

于家寨村至册田水库坝址属于册田水库库区范围，该段水库库区两岸均划分为岸线保护区,右岸岸线长度为 22.86 km,左岸岸线长度为 9.41 km,岸线功能区长度共计 32.27 km。

册田水库大坝为册田水库枢纽工程,两岸均划分为岸线保护区,右岸岸线长度为 3.02 km,左岸岸线长度为 1.81 km,岸线功能区长度共计 4.83 km。

册田水库坝址至大辛庄村为乡村段,两岸均划分为岸线保护区,右岸岸线长度为 6.97 km,左岸岸线长度为 6.34 km,岸线功能区长度共计 13.31 km。

5. 阳高县

大辛庄村至东侧田村为乡村段,位于山西大同火山群地质公园范围内,该段河道两岸均划分为岸线保护区,右岸岸线长度为 4.70 km,左岸岸线长度为 4.94 km,岸线功能区长度共计 9.64 km。

5.3.5.3 岸线保留区

桑干河干流共划分了 31 处岸线保留区,分布在左云县、右玉县、山阴县、平鲁区、应县、怀仁市、云州区和阳高县。划定岸线保留区长度 269.76 km,其中左岸 120.94 km、右岸 148.83 km。

1. 左云县

桑干河源头至左云与右玉县界为乡村段,该段河道两岸均划分为岸线保留区,右岸岸线长度为 21.38 km,左岸岸线长度为 22.57 km,岸线功能区长度共计 43.95 km。

2. 右玉县

左云县与右玉县界至大马营村为乡村段,属于水环境功能区的一般源头水保护区,该段两岸均划分为岸线保护区,右岸岸线长度为 9.60 km,左岸岸线长度为 9.53 km,岸线功能区长度共计 19.13 km。

大马营村至右玉和山阴县界为乡村段,该段两岸均划分为岸线保护区,右岸岸线长度为 17.41 km,左岸岸线长度为 15.14 km,岸线功能区长度共计 32.55 km。

3. 山阴县

右玉与山阴县界至北汉井村为乡村段,属于水环境功能区的一般源头保护区,该段两岸均划分为岸线保留区,右岸岸线长度为 2.37 km,左岸岸线长度为 2.57 km,岸线功能区长度共计 4.94 km。

北汉井村至西短川村村北为乡村段,两岸较为陡峭,暂时不具备开发利用条件,该段两岸均划分为岸线保留区,右岸岸线长度为 7.57 km,左岸岸线长度为 7.72 km,岸线功能区长度共计 15.29 km。

西短川村村南至山阴县与平鲁区界为乡村段,两岸较为陡峭,暂时不具备开发利用条件,该段两岸均划分为岸线保留区,右岸岸线长度为 4.37 km,左岸岸线长度为 4.78 km,岸线功能区长度共计 9.15 km。

东小河村至山阴县与应县县界段,其河道左岸为合盛堡乡重点开发镇、河道右岸为古城镇重点开发镇,该段两岸均划分为岸线保留区,右岸岸线长度为 5.20 km,左岸岸线长度为 4.98 km,岸线功能区长度共计 10.18 km。

4. 平鲁区

山阴县和平鲁区界至朝阳湾村村北为乡村段两岸较为陡峭,暂时不具备开发利用条件,该段两岸均划分为岸线保留区,右岸岸线长度为 0.68 km,左岸岸线长度为 0.66 km,岸线功能区长度共计 1.34 km。

朝阳湾村村南至红崖村为乡村段,两岸较为陡峭,暂时不具备开发利用条件,该段两岸均划分为岸线保留区,右岸岸线长度为 11.23 km,左岸岸线长度为 11.71 km,岸线功能区长度共计 22.94 km。

红崖村至平鲁区与朔城区界为乡村段,该段两岸均划分为岸线保留区,右岸岸线长度为 19.01 km,左岸岸线长度为 19.62 km,岸线功能区长度共计 38.63 km。

5. 应县

山阴与应县县界至西朱庄村河道右岸为乡村段,范围内有金城镇重点开发镇,河道右岸划分为岸线保留区,岸线功能区长度为 20.55 km。

山阴与应县县界至南贾寨村河道左岸为乡村段,范围内有藏寨乡重点开发镇,河道左岸划分为岸线保留区,岸线功能区长度为 6.55 km。

6. 怀仁市

应县与怀仁市市界至黄庄村为乡村段,河道左岸有海北头乡重点开发镇,河道两岸均划分为岸线保留区,右岸岸线长度为 11.83 km,左岸岸线长度为 11.54 km,岸线功能区长度共计 23.37 km。

新桥村至智民庄村为乡村段,河道左岸有海北头乡重点开发镇,河道两岸均划分为岸线保留区,右岸岸线长度为 2.41 km,左岸岸线长度为 2.37 km,岸线功能区长度共计 4.78 km。

7. 云州区

施家会村至孙家港村河道右岸属于册田水库库区,该段右岸划分为岸线保留区,右岸岸线长度为 3.29 km。

8. 阳高县

东侧田村至南徐村为乡村段,东册田村至乱石村河道两岸均划分为岸线保留区；乱石村至南徐村河道右岸为阳高县，河道左岸为河北省，该段河道右岸划分为岸线保留区。右岸岸线长度为 11.92 km，左岸岸线长度为 1.21 km，岸线功能区长度共计 13.13 km。

5.3.5.4 岸线控制利用区

桑干河干流共划分了 15 处岸线控制利用区，分布在山阴县、平鲁区、朔城区、应县和云州区。划定岸线控制利用区长度 124.24 km，其中左岸 78.90 km、右岸 45.34 km。

1. 山阴县

西短川村段河道两岸较为平坦，有开发利用条件，该段两岸均划分为岸线控制利用区，右岸岸线长度为 0.92 km，左岸岸线长度为 1.10 km，岸线功能区长度共计 2.02 km。

安荣村至芦岭村为乡村段，位于山阴县桑干河省级湿地公园合理利用区，该段河道左岸划分为岸线控制利用区，岸线功能区长度共计 6.26 km。

小圪塔村至东小河村为乡村段，河道左岸为合盛堡乡重点开发镇，河道右岸为古城镇重点开发镇，河道两岸较为平坦，有开发利用条件，该段两岸均划分为岸线控制利用区，右岸岸线长度为 2.74 km，左岸岸线长度为 2.44 km，岸线功能区长度共计 5.18 km。

2. 平鲁区

朝阳湾村段河道两岸较为平坦，有开发利用条件，该段两岸均划分为岸线控制利用区，右岸岸线长度为 0.83 km，左岸岸线长度为 0.73 km，岸线功能区长度共计 1.56 km。

3. 朔城区

平鲁区与朔城区界至太平易村为乡村段，河道两岸较为平坦，有开发利用条件，该段两岸均划分为岸线控制利用区，右岸岸线长度为 4.31 km，左岸岸线长度为 4.34 km，岸线功能区长度为 8.65 km。

郭家窑村至三家店村为乡村段，河道两岸较为平坦，有开发利用条件，该段两岸均划分为岸线控制利用区，右岸岸线长度为 5.26 km，左岸岸线长度为 5.53 km，岸线功能区长度共计 10.79 km。

三家店村至东榆林水库大坝属于东榆林水库库区，东榆林水库为中型水库，属于重要涉水工程，该段库区两岸均划分为岸线控制利用区，右岸岸线长度为 2.50 km，左岸岸线长度为 17.79 km，岸线功能区长度共计 20.29 km。

4. 应县

西朱庄村至应县与怀仁市市界为乡村段,范围内有金城镇重点开发镇,河道右岸较为平坦,有开发利用条件,该段右岸划分为岸线控制利用区,岸线功能区长度为 15.63 km。

南贾寨村至应县与怀仁市市界乡村段,范围内有藏寨乡重点开发镇,河道左岸较为平坦,有开发利用条件,该段左岸划分为岸线控制利用区,岸线功能区长度为 30.70 km。

5. 云州区

徐疃村至于家寨村属于册田水库库区,该段库区两岸均划分为岸线控制利用区,右岸岸线长度为 13.14 km,左岸岸线长度为 10.01 km,岸线功能区长度共计 23.15 km。

5.3.5.5 岸线开发利用区

桑干河干流未规划岸线开发利用区。

5.3.6 清漳河

5.3.6.1 岸线边界线

根据《清漳河河道(长 250 km)治导线规划报告》和《清漳河河道(长 250 km)管理范围划界报告》,清漳河干流、清漳河西源河道已进行过治导线规划和管理范围划界,并经过山西省水利厅评审和验收。

临水边界线:临水边界线采用河道治导线规划成果,清漳河干流划定临水边界线总长度 293.8 km,其中左岸线 149.6 km,右岸线 144.2 km;清漳河西源划定临水边界线总长度 215.1 km,其中左岸线 102.6 km,右岸线 112.5 km。

外缘边界线:外缘边界线采用已划定的河道管理范围边界线,清漳河干流划定外缘边界线总长度 294.1 km,其中左岸线 149.7 km,右岸线 144.4 km;清漳河西源划定外缘边界线总长度 215.4 km,其中左岸线 103.1 km,右岸线 112.3 km。临水边界线为清漳河治导线,外缘边界线为清漳河管理范围线。

5.3.6.2 岸线保护区

清漳河干流共划分岸线保护区 20 处,主要分布在晋中市的昔阳县、和顺县、左权县和长治市的黎城县。岸线保护区总长度 121.19 km。

1. 昔阳县

清漳河源头至恋思水库库尾,左岸岸线长度 20.34 km,右岸岸线长度 19.97 km,岸线功能区长度共计 40.31 km,该段位于清漳河源头及生态红线范围内,将该段左右岸均划分为岸线保护区。恋思水库库尾至和顺县界,左岸岸线长度 0.41 km,右岸岸线长度 0.33 km,岸线功能区长度共计 0.74 km,该段位于恋思水库库区,将该段左右岸均划分为岸线保护区。

2. 和顺县

和顺县界至井玉沟村,左岸岸线长度 20.47 km,右岸岸线长度 21.33 km,岸线功能区长度共计 41.8 km,该段位于恋思水库管理范围及生态红线范围内,将该段左右岸均划分为岸线保护区。和顺水文站,左岸岸线长度 1.19 km,右岸岸线长度 1.21 km,岸线功能区长度共计 2.4 km,该段位于和顺水文站保护范围内,将该段左右岸均划分为岸线保护区。

3. 左权县

芹泉水文站,左岸岸线长度 0.98 km,右岸岸线长度 1.05 km,岸线功能区长度共计 2.03 km,该段位于芹泉水文站保护范围内,将该段左右岸均划分为岸线保护区。泽成西安水电站库区生态红线起至左岸小南山村、右岸九腰会村,左岸岸线长度 13.29 km,右岸岸线长度 13.95 km,岸线功能区长度共计 27.24 km,该段位于生态红线范围内,将该段左右岸均划分为岸线保护区。小目口村至下口村,左岸岸线长度 3.82 km,岸线功能区长度共计 3.82 km,该段位于生态红线范围内,将该段左岸划分为岸线保护区。麻田水文站,左岸岸线长度 1.2 km,右岸岸线长度 1.01 km,岸线功能区长度共计 2.21 km,该段位于麻田水文站保护范围内,将该段左右岸均划分为岸线保护区。

4. 黎城县

清泉村,右岸岸线长度 0.63 km,岸线功能区长度共计 0.63 km,该段位于生态红线范围内,将该段右岸划分为岸线保护区。

清漳河西源共划分岸线保护区 8 处,主要分布在晋中市和顺县、左权县 2 个县。岸线保护区总长度 54.29 km。

1. 和顺县

清漳河西源源头至油坊村,左岸岸线长度 10.18 km,右岸岸线长度 10.73 km,岸线功能区长度共计 20.91 km,该段位于清漳河西源源头范围内,将该段左右岸均划分为岸线保护区。

2. 左权县

长城水文站,左岸岸线长度 0.86 km,右岸岸线长度 1.45 km,岸线功能区长度共计2.31 km,该段位于长城水文站保护范围内,将该段左右岸均划分为岸线保护区。

石匣水库库尾至石匣水库坝下,左岸岸线长度12.05 km,右岸岸线长度16.93 km,岸线功能区长度共计28.98 km,该段位于石匣水库保护区范围内,将该段左右岸均划分为岸线保护区。

栗城水文站,左岸岸线长度0.99 km,右岸岸线长度1.10 km,岸线功能区长度共计2.09 km,该段位于栗城水文站保护范围内,将该段左右岸均划分为岸线保护区。

5.3.6.3 岸线保留区

清漳河干流未划分岸线保留区。

清漳河西源共划分了4处岸线保留区,在晋中市和顺县、左权县。岸线保留区总长度48.22 km。

和顺县油坊村至横岭镇,左岸岸线长度8.62 km,右岸岸线长度8.97 km,岸线功能区长度共计17.59 km,该段位于清漳河西源和顺县乡村段,规划期内无开发任务,将该段左右岸均划分为岸线保留区。

左权县长城水文站至石匣水库库尾,左岸岸线长度14.83 km,右岸岸线长度15.80 km,岸线功能区长度共计30.63 km,该段位于清漳河西源左权县乡村段,规划期内无开发任务,将该段左右岸均划分为岸线保留区。

5.3.6.4 岸线控制利用区

清漳河干流共划分了20处岸线控制利用区,分别位于和顺县、左权县、黎城县。岸线控制利用区总长度172.57 km。

1. 和顺县

井玉沟村至和顺水文站,左岸岸线长度4.27 km,右岸岸线长度4.30 km,岸线功能区长度共计8.57 km,该段位于娘子关泉一般保护区、义兴镇重点镇范围内,将该段左右岸均划分为岸线控制利用区。

和顺水文站至左权县界,左岸岸线长度30.56 km,右岸岸线长度29.28 km,岸线功能区长度共计59.84 km,该段位于娘子关泉一般保护区、义兴镇重点镇范围内,将该段左右岸均划分为岸线控制利用区。

2. 左权县

和顺县界至芹泉水文站,左岸岸线长度21.11 km,右岸岸线长度20.55 km,岸线功能区长度共计41.66 km,该段有清漳河河道治理工程规划,将该段左右岸均划分为岸线控制利用区。

芹泉水文站至泽城西安水电站生态红线起点,左岸岸线长度 6.70 km,右岸岸线长度 5.74 km,岸线功能区长度共计 12.44 km,该段有清漳河河道治理工程规划并在泽城西安水电站库尾范围内,将该段左右岸均划分为岸线控制利用区。

小南山村至西崖底村,左岸岸线长度 9.40 km,岸线功能区长度共计 9.40 km,该段位于麻田重点镇范围内,将该段左岸划分为岸线控制利用区。

西崖底至小目口村,左岸岸线长度 5.80 km,岸线功能区长度共计 5.80 km,该段位于麻田重点镇范围内,将该段左岸划分为岸线控制利用区。

下口村至麻田水文站,左岸岸线长度 1.16 km,岸线功能区长度共计 1.16 km,该段位于麻田重点镇范围内,将该段左岸划分为岸线控制利用区。

西崖底村至麻田水文站,右岸岸线长度 11.10 km,岸线功能区长度共计 11.10 km,该段位于麻田重点镇范围内,将该段右岸划分为岸线控制利用区。

麻田水文站至黎城县界,左岸岸线长度 4.62 km,右岸岸线长度 4.29 km,岸线功能区长度共计 8.91 km,该段位于麻田重点镇范围内,将该段左右岸均划分为岸线控制利用区。

3. 黎城县

左权县界至山西省界,左岸岸线长度 4.27 km,右岸岸线长度 4.27 km,岸线功能区长度共计 8.54 km,该段位于省界以上,将该段左右岸均划分为岸线控制利用区。

清漳河西源共划分了 8 处岸线控制利用区,分别位于和顺县、左权县。岸线控制利用区总长度 112.61 km。

1. 和顺县

横岭镇至王家店村左权县界,左岸岸线长度 16.06 km,右岸岸线长度 15.53 km,岸线功能区长度共计 31.59 km,该段位于和顺县横岭镇城镇段,将该段左右岸均划分为岸线控制利用区。

2. 左权县

石匣水库坝下至栗城水文站,左岸岸线长度 29.08 km,右岸岸线长度 30.76 km,岸线功能区长度共计 59.84 km,该段位于石匣县县城、辽阳镇重点城镇区域,将该段左右岸均划分为岸线控制利用区。

栗城水文站至清漳河汇入口,左岸岸线长度 9.95 km,右岸岸线长度 11.23 km,岸线功能区长度共计 21.18 km,该段位于栗城乡、泽城西安水电站库尾区域,将该段左右岸均划分为岸线控制利用区。

5.3.6.5 岸线开发利用区

清漳河干流及清漳西源未规划岸线开发利用区。

5.3.7 沁河

5.3.7.1 岸线边界线

沁河干流河道已进行过治导线规划和管理范围划界,并经过山西省水利厅评审和验收。

临水边界线划定:临水边界线采用河道治导线规划成果。

沁河干流规划治导线无堤防段基本按照设计洪水天然水面轮廓线确定,有堤防工程的河段若堤防达标则按堤线布置,若不达标按照设计洪水天然水面轮廓线确定,因此临水边界线即按已划定的治导线确定。沁河干流临水边界线左岸 373.5 km,右岸 387.9 km。

外缘边界线:外缘边界线采用已划定的河道管理范围边界线。

沁河干流划界遵循原则为:

(1) 现有堤防满足治导线规划要求的,河道管理范围边界线为现有堤防背水坡坡脚向外水平延伸 20~30 m 处。

(2) 现有堤防不满足治导线规划要求的和无堤防河段,边界线应按以治导线为临水边界线修筑堤防的情况,充分考虑堤防设计底宽和护堤地的宽度规划。

(3) 河道两岸的划界范围在满足河道泄洪能力的基础上,还需综合考虑经济社会发展的要求、生态环境保护的要求。外缘边界线即按已划定的管理范围线确定。沁河干流外缘边界线左岸 372.79 km,右岸 388.08 km。

5.3.7.2 岸线保护区

沁河干流共划分了 23 处岸线保护区,其中长治市沁源县 6 处,临汾市安泽县 12 处,晋城市沁水县 2 处、阳城县 2 处、泽州县 1 处。功能区总长度 329.22 km,左岸 157.08 km,右岸 172.14 km。

1. 长治市沁源县

长治市沁源县划分了 6 处保护区,功能区总长 22.11 km,其中左岸 10.92 km,右岸 11.19 km。

沁河源头至郭道镇旭河村为深山峡谷区,此段峡谷沟深山高,植被茂盛,人烟稀少,已被划为生态保护红线范围内,因此该处左右岸划分为岸线保护区,功能区长度 18.11 km,其中左岸 8.92 km,右岸 9.19 km。

根据《水文监测环境和设施保护办法》,水文监测河段周围环境保护范围:沿河纵向以水文基本监测断面上下游各一定距离为边界,不小于 500 m,不大于 1 000 m;沿河横向以水文监测过河索道两岸固定建筑物外 20 m 为边界,或者根据河道管理范围确定。沁河孔家坡水文站为国家基本水文站,划定监测断面上下游各 500 m 范围内为岸线保护区。左右岸功能区长度共计 2 km,左岸 1 km,右岸 1 km。

沁源县龙头村为国考地表水环境质量控制断面,参照水文测站保护范围,划定监测断面上下游各 500 m 范围内为岸线保护区,左右岸功能区长度共计 2 km,左岸 1 km,右岸 1 km。

2. 临汾市安泽县

临汾市安泽县划分了 12 处保护区,功能区总长 72.51 km,其中左岸 34.50 km,右岸 38.01 km。

沁河特有鱼类国家级水产种质资源保护区核心区,位于双头村至沁河庄段,因此将此段划为保护区,功能区长度 39.69 km,其中左岸 19.64 km,右岸 20.05 km。

根据《和川水库确权划界报告》,坝址上下游 0.4 km 范围为水库工程管理范围。根据《水库工程管理设计规范》,划定此段左右岸为保护区,左岸 0.4 km,右岸 0.4 km。

马房沟提水工程坝址参照《水闸设计规范》(SL/T 265—2016),大型工程上、下游边界以外的宽度单侧保护范围不大于 300 m,中型工程单侧保护范围不大于 150 m。综合考虑,大型水闸利用岸线宽度按上下游各 250 m,共 500 m,中型水闸按上下游各 100 m,共 200 m,小型水闸按上下游各 25 m,共 50 m,按照小型水闸利用岸线宽度上下游各 50 m 为工程管理范围,即岸线保护区上下游共 100 m。左右岸功能区长度共计 0.2 km,左岸 0.1 km,右岸 0.1 km。

西里水电站工程坝址参照中型水闸保护范围,利用岸线宽度上下游各 100 m 为工程管理范围,即岸线保护区上下游共 200 m。左右岸功能区长度共计 0.4 km,左岸 0.2 km,右岸 0.2 km。

根据《山西省地表水环境功能区划》,张峰水库库区已列为地表水饮用水源一级保护区。因此把张峰水库库区划为保护区。安泽县东里村桥至官亭圪堆段功能区长度 29.4 km,其中左岸 13.16 km,右岸 16.26 km。

3. 晋城市沁水县

晋城市沁水县划分了2处保护区,张峰水库库区划为保护区。沁水县官亭圪堆至张峰水库坝址功能区长度108.05 km,其中左岸47.99 km,右岸60.06 km。

4. 晋城市阳城县

晋城市阳城县划分了2处保护区,润城沁河大桥至省界位于太行山峡谷地带,河流两岸峰峦重叠,山高谷深,河谷深切高达百米,河流随山就势由北向南蜿蜒前行。润城、刘善村北至阳城水轮泵站约9 km及获泽河与西冶河汇入口之间约1 km为延河泉域重点保护区,阳城县延河村侯月铁路以下至省界已被划为生态保障红线范围,白背村以下为太行山猕猴国家自然保护区实验区,因此将润城沁河大桥至省界划定为润城岸线保护区,阳城县内功能区长度82.93 km,其中左岸20.05 km,右岸62.88 km。

5. 晋城市泽州县

根据上面所述,润城沁河大桥至省界划定为润城岸线保护区,在此段功能区内,泽州县与阳城县以河为界,因此泽州县左岸岸线功能区长度43.62 km。

5.3.7.3 岸线保留区

沁河干流共划分了28处岸线保留区,其中长治市沁源县8处,临汾市安泽县14处,晋城市沁水县5处、阳城县1处。保留区长度337.42 km,其中左岸173.77 km,右岸163.65 km。

1. 长治市沁源县

长治市沁源县划分了8处保留区,功能区总长123.4 km,其中左岸62.55 km,右岸60.85 km。

旭河村至郭道,该段为山区段,两岸无堤防,岸线开发利用条件较差,暂不具备开发利用条件,因此划为保留区。功能区长度36.83 km,其中左岸18.0 km,右岸18.83 km。

郭道镇下游至孔家坡,该段为乡村段,两岸无堤防,河道蜿蜒曲折,河谷较宽,滩地均辟为耕地,所涉区域经济社会发展水平相对较低,规划期内暂无开发利用需求的岸段,此段河道为土石山区,河岸抗冲能力较弱,岸线开发利用条件差,因此将此段划为岸线保留区。功能区长度57.57 km,其中左岸29.93 km,右岸27.64 km。

有义村至龙头村,该段为乡村段,两岸无堤防,河道蜿蜒曲折,河谷较宽,滩地均辟为耕地,所涉区域经济社会发展水平相对较低,规划期内暂无开发利用需求的岸段,此段河道为土石山区,河岸抗冲能力较弱,岸线开发利用条件差,因此将此段划为岸线保留区。功能区长度 24.59 km，其中左岸 12.5 km，右岸 12.09 km。

龙头村至大南川，该段为乡村段，两岸无堤防，河道蜿蜒曲折，河谷较宽，滩地均辟为耕地，所涉区域经济社会发展水平相对较低，规划期内暂无开发利用需求的岸段，此段河道为土石山区，河岸抗冲能力较弱，岸线开发利用条件差，因此将此段划为岸线保留区。功能区长度 4.41 km，其中左岸 2.12 km，右岸 2.29 km。

2. 临汾市安泽县

临汾市安泽县划分了 14 处保留区，功能区总长 130.96 km，其中左岸 66.19 km，右岸 64.77 km。

大南川至双头村，该段为乡村段，两岸无堤防，弯道多，主槽随河势摆动，紧靠山体蜿蜒流淌，属沁河土石山区。沿河村庄均分布于高台地上，规划期内暂无开发利用需求，因此将此段划为岸线保留区。功能区长度 9.40 km，其中左岸 4.71 km，右岸 4.69 km。

沁河庄至和川水库坝址段，该段为和川水库库区，库区内河道蜿蜒曲折，同时该段为沁河特有鱼类国家级种质资源保护区的实验区，因此划定为岸线保留区，功能区长度 15.86 km，其中左岸 8.56 km，右岸 7.3 km。

沁河飞岭水文站为国家基本水文站，划定监测断面上下游各 500 m 范围内为岸线保护区。左右岸功能区长度共计 2 km，左岸 1 km、右岸 1 km。

和川水库坝址至飞岭水文站和飞岭水文站至神南村段，为沁河特有鱼类国家级种质资源保护区的实验区，因此划定为岸线保留区。功能区长度 43.67 km，其中左岸 21.45 km，右岸 22.22 km。

孔村桥至卫寨段为沁河特有鱼类国家级种质资源保护区的实验区，因此划定为岸线保留区。功能区长度 50.95 km，其中左岸 25.59 km，右岸 25.36 km。

卫寨至西里水电站段为西里水电站库区，为避免进一步开发可能对电站运行带来不利影响，同时也为沁河特有鱼类国家级种质资源保护区的实验区，因此划定为岸线保留区。功能区长度 5.86 km，其中左岸 2.89 km，右岸 2.97 km。

西里水电站至东里村桥段，该段两岸无堤防，也无任何村庄，规划期内暂无开发利用需求，因此将此段划为岸线保留区。功能区长度 6.22 km，其中左岸 2.99 km，右岸 3.23 km。

3. 晋城市沁水县

晋城沁水县划分了 5 处保留区，功能区总长 79.82 km，其中左岸 41.79 km，右岸 38.03 km。

张峰水库坝址至郑庄镇陵侯高速桥,该段为乡村段,两岸无堤防,河道蜿蜒曲折,河谷较宽,滩地及二级台地被辟为耕地,两岸分布有王必新村、吕村、石室村、后河村、郎必村、孔必村、大北庄以及小北庄村,各村庄地形较高,规划期内暂无开发利用需求,因此将此段划为岸线保留区。功能区长度 41.86 km,其中左岸 20.77 km,右岸 21.09 km。

郑庄镇东大桥至樊庄村旧桥为乡村段,河道蜿蜒曲折,河谷较宽,滩地及二级台地被辟为耕地,两岸分布有坡头村、西大村、南大村、窑顶村、八里村、河西村、凹坡村、中乡村、上韩王村、中韩王村、下韩王村,规划期内暂无开发利用需求,因此将此段划为岸线保留区。功能区长度分别为 34.14 km,其中左岸 17.2 km,右岸 16.94 km。

殷庄村大桥至嘉丰镇铁路桥左岸为乡村段,河道较为顺直,长畛村附近建有堤防,规划期内暂无开发利用需求,因此将此段左岸划为岸线保留区。功能区长度 3.82 km。

4. 晋城市阳城县

屯城村下游至上伏村上游左岸为乡村段,河道蜿蜒曲折,地形较为陡立,规划期内暂无开发利用需求,因此将此段划为岸线保留区。功能区长度 3.24 km。

5.3.7.4 岸线控制利用区

沁河干流共划分了 16 处岸线控制利用区,其中长治市沁源县 6 处,临汾市安泽县 2 处,晋城市沁水县 5 处、阳城县 3 处。控制利用区长度 94.75 km,其中左岸 42.65 km、右岸 52.10 km。

1. 长治市沁源县

长治市沁源县划分了 6 处控制利用区,功能区总长 20.91 km,其中左岸 10.13 km、右岸 10.78 km。

郭道镇段,该段河道已进行了河道治理,岸线开发利用程度相对较高,为避免进一步开发可能对防洪安全、河势稳定等带来不利影响,将该段划定为控制利用区。功能区长度分别为 2.77 km,其中左岸 1.11 km,右岸 1.66 km。

孔家坡至有义村(除孔家坡水文站保护范围外),该段为沁源县县城段,河道已进行过治理,县城沿两岸布置,该段岸线开发利用程度相对较高,为避免进一步开发可能对防洪安全、河势稳定等带来不利影响,将该段划定为控制利用区。功能区长度为 18.14 km,其中左岸 9.02 km,右岸 9.12 km。

2. 临汾市安泽县

临汾市安泽县划分了 2 处控制利用区,功能区总长 10.32 km,其中左岸

5.37 km、右岸 4.95 km。

神南至孔村段，该段为安泽县县城段，河道已进行治理，岸线开发利用程度相对较高，为避免进一步开发可能对防洪安全、河势稳定等带来不利影响，将该段划定为控制利用区。功能区长度为 10.32 km，其中左岸 5.37 km，右岸 4.95 km。

3. 晋城市沁水县

晋城市沁水县划分了 5 段控制利用区，功能区总长 43.76 km，其中左岸 19.33 km，右岸 24.43 km。

郑庄镇陵侯高速桥至郑庄镇东大桥，该段为郑庄镇，沿河道两岸分布，岸线开发利用程度相对较高，为避免进一步开发可能对防洪安全、河势稳定等带来不利影响，将该段划定为控制利用区。功能区长度为 13.17 km，其中左岸 6.15 km，右岸 7.02 km。

樊庄村旧桥至殷庄村大桥左岸分布端氏镇、高庄村、曲堤村、寺河煤矿、山西沁水新奥清洁能源有限公司、关中能源有限公司、山西通豫煤层气输配有限公司、山西沁水顺泰能源发展有限公司以及嘉峰镇，岸线开发利用程度相对较高，为避免进一步开发可能对防洪安全、河势稳定等带来不利影响，将该段划定为控制利用区。左岸功能区长度为 11.5 km。

嘉峰镇铁路桥至县界左岸建有堤防，武安村、屯城村沿河而建，岸线开发利用程度相对较高，为避免进一步开发可能对防洪安全、河势稳定等带来不利影响，将该段划定为控制利用区。左岸功能区长度为 1.68 km。

樊庄村旧桥至县界河道蜿蜒曲折，沿河右岸分布有花沟村、塞上村、窦庄村、郭北庄、郭南庄、刘家村、殷庄村，右岸地形较狭窄，受地形限制，为避免进一步开发可能对防洪安全、河势稳定等带来不利影响，将该段划定为控制利用区。右岸功能区长度为 17.41 km。

4. 晋城市阳城县

阳城县划分了 3 处控制利用区，功能区总长 19.76 km，其中左岸 7.82 km，右岸 11.94 km。

县界至屯城村下游段河道两岸地形较开阔，但开发建有村庄，紧邻左岸为屯城村，岸线开发利用程度较高，为避免进一步开发可能对村庄防洪安全、河势稳定等带来不利影响，将该段划定为控制利用区。左岸功能区长度为 1.10 km。

上伏村上游至润城镇劈山口下游，河道蜿蜒曲折，沿河左岸分布有上伏村、润城镇，岸线开发利用程度较高，为避免进一步开发可能对村庄防洪安全、河势稳定等带来不利影响,将该段划定为控制利用区。左岸功能区长度为6.72 km。

县界至润城镇劈山口下游河道蜿蜒曲折,沿河右岸分布有尉迟村、忘川村、下伏村、王村等,岸线开发利用程度较高,为避免进一步开发可能对村庄防洪安全、河势稳定等带来不利影响,将该段划定为控制利用区。右岸功能区长度为11.94 km。

5.3.7.5 岸线开发利用区

沁河干流未规划岸线开发利用区。

6 改造治理建设模式

6.1 建设模式

6.1.1 融资模式

需要根据河湖岸线生态化改造建设项目的具体情况,综合考虑项目规模、投资回报周期、风险分担等因素,选择适合的融资模式。另外,在融资过程中,需合理规划项目资金运用和资金回报方式,确保河湖岸线生态化改造项目的可持续发展。

常用的融资模式有政府资金支持、公私合作(PPP)、水利投资基金、资本市场筹集、债券发行、效益共享融资和生态环境导向的开发模式(EOD)等。

1. 政府资金支持

政府可以通过预算拨款、资金补贴等方式为河湖岸线生化改造项目提供资金支持。这种模式通常适用于政府部门主导的大型工程项目。

这种模式下可作为项目资本金投入水利工程的项目包括一般预算资金、政府性基金和其他财政资金等。各级政府可统筹使用本级预算资金、上级补助资金及上级下达的项目资本金等各类财政资金筹集项目资本金。如2015年浙江省整合水利建设基金、土地出让金、预算内收入等16项财政来源资金,设立水利建设与发展专项资金,重点支持水利重大专项行动、重大水利项目、一般水利项目和水利管理任务等。《浙江省水利建设与发展专项资金管理办法》中提出,重大水利项目根据年度实施计划按核定投资(核定资本金)的一定比例补助。

2. 公私合作(PPP)

公私合作模式是指政府与私人部门合作,在河湖岸线生化改造项目中共同承担风险和投资。私人部门可以通过投资建设和运营管理等方式获得回报。

PPP 模式下,项目资本金可由政府或代表政府的机构与社会资本共同出资,或者由社会资本单独出资。比如云南省文山州砚山县补佐水库等 4 个水利工程 PPP 项目,中标社会资本为云南云投生态环境科技股份有限公司(牵头人)与青海省水利水电工程局有限责任公司组成的联合体,项目公司注册资本 4 000 万元,砚山县七乡工业园区投资开发有限公司代表政府出资 400 万元,占 10%,社会资本方联合出资 3 600 万元,占资本金总额的 90%。

3. 水利投资基金

水利投资基金是政府投资基金的一种,主要是政府出资引导社会各类资本采用股权投资的市场化方式,支持水利领域发展。2015 年,湖南省水利发展投资有限公司(现为湖南湘水集团子公司)发起设立湖南省水利发展投资基金,基金首期规模 12 亿元,其中省财政安排 3 亿元引导资金分 3 年注入,其他 9 亿元向合格社会投资者募集,基金募集后主要投资于湖南省相关水利建设项目。

4. 资本市场筹集

《国务院关于加强固定资产投资项目资本金管理的通知》明确规定,对基础设施领域和其他国家鼓励发展的行业,鼓励项目法人和项目投资方通过发行权益型、股权类金融工具,多渠道规范筹措投资项目资本金,为水利工程建设利用资本市场筹集项目资本金提供了政策依据。按照上述规定,利用资本市场筹集项目资本金可以从项目法人层面和项目投资方两个层面来考虑:

一是项目法人可利用发行永续债、优先股等方式筹集项目资本金。例如,2013 年 10 月底,武汉地铁成功发行"13 武汉地铁可续期债",所筹集资金作为项目资本金用于武汉轨道交通 6 号线一期工程建设,这一可续期债类似于永续债。

二是项目投资方在投资项目时,可利用自有资金、财政补助资金、市场募集资金等方式筹集项目资本金,其中市场募集资金除了贷款、发行信用债券以外,还可利用公开发行股票(IPO)、基础设施不动产投资信托基金(REITs)、资产证券化(ABS)、融资租赁等方式。针对水利项目特点,可通过整合各类经营性水利资产打造资产规模大、资产质量优、资信水平高、运营能力强的水利投资公司盘活存量资产,通过 IPO、REITs、ABS、融资租赁等方式为新建水利项目筹措资本金。

5. 债券发行

发行债券是一种常见的融资方式,政府可以发行债券,将债券资金用于河湖岸线生化改造项目。债券通常具有固定利息和到期日,可以吸引长期投资者。

6 改造治理建设模式

2019年,中共中央办公厅、国务院办公厅联合印发的《关于做好地方政府专项债券发行及项目配套融资工作的通知》明确规定,允许将专项债券作为符合条件的重大项目资本金;同年9月4日国务院常务会议进一步扩大专项债券可用于项目资本金的行业范围,其中包括水利建设项目。由此,地方政府专项债券也成了资本金筹措的重要来源。

从近几年部分省份水利项目利用专项债券作资本金情况来看(见表6-1),水利项目利用专项债券作资本金的项目类型主要包括重大水利工程、农村供水工程(城乡供水一体化)、中小型水库建设等。从专项债券用作项目资本金在当期专项债券发行规模的占比来看,除了云南省发行的滇中引水工程专项债券(一期)50亿元全部用作资本金外,其余占比都不大。例如贵州省2021年发行的农林水利专项债券(一、二、三期),总规模为13.03亿元,其中仅有2个水利建设项目共计0.794亿元用作项目资本金,占比6.1%。

表6-1 2020—2021年部分省份水利项目利用专项债券作资本金情况

省份	项目名称	期限(年)	发行专项债券额度(亿元)	用作资本金(亿元)
云南省	滇中引水工程	30	50	50
	曲靖市车马碧水库工程项目	10	3.5	1.5
	姚安县城乡供水一体化项目	10	0.65	0.26
贵州省	兴仁市农村安全饮水保障工程项目	15	0.5	0.5
	惠水县巴蟒冲水库工程	30	0.294	0.294
	遵义市习水县保丰水库工程项目	30	1.7	0.4
	黔东南州黎平县长溪水库工程项目	30	0.9	0.2
	黔东南州镇远县天印水库工程项目	30	3.2	0.6
	黔南州贵定县花甲水库工程项目	30	0.6	0.1
	六盘水市钟山区及北部五乡(镇)脱贫攻坚城乡供水工程项目	30	4.85	0.87
福建省	石狮市水头排涝枢纽工程	20	1.765 2	1.765 2
	泉州白濑水利枢纽工程	20	20.229	20.229
	南平市建阳区城乡供水一体化建设	20	1	1
	万安溪引水工程	20	0.9	0.9
	福安市穆阳溪引水一期工程	20	0.7	0.7

6. 效益共享融资

河湖岸线生化改造项目所带来的经济、生态等效益可以作为融资的来源。

例如,政府可以将岸线生态旅游开发权授予开发商,由其承担改造费用,并分享项目运营收益。

7. 生态环境导向的开发模式(EOD)

以生态文明思想为引领,以可持续发展为目标,以生态保护和环境治理为基础,以特色产业运营为支撑,以区域综合开发为载体,采取产业链延伸、联合经营、组合开发等方式,推动公益性较强、收益性差的生态环境治理项目与收益较好的关联产业有效融合,统筹推进,一体化实施,将生态环境治理带来的经济价值内部化,是一种创新性的项目组织实施方式。

我国在水利方面使用了多种融资模式来支持水利工程的建设和管理:

1. 厦门 PPP 供水工程

2015 年,厦门在福建省率先开展城市供水 PPP 项目,以吸引社会资本,提高建设速度和水质水量。该项目由福建省水务集团及合作单位在合理分工的基础上,按照 PPP 模式的投融资机制及自负盈亏的经营原则,共同建设经营,实现了厦门的城市水环境治理目标。

2. 杭州传化防洪 PPP 项目

该项目是杭州市第一个 PPP 防洪工程项目,主要是防止城市涝灾的发生,改善城市治安和环境。经过几轮招标和谈判,最终由杭州传化投资有限公司中标,实现了资本与政府的有机对接和城市基础设施的完善。

3. 湖南莽山水库 PPP 模式

从 20 世纪 50 年代起,地方政府就开始争取莽山水库立项建设,因资金等问题至 2006 年项目仍未落地。2009 年后,通过积极探索引进社会资本参与、采用 PPP 模式建设经营管理,莽山水库项目实施步伐大大加快。莽山水库工程总投资约 19 亿元,政府财政资金占比 75.8%,项目法人资本金占比 1.6%,法人通过银行贷款等融资占总投资的 22.6%。2019 年 3 月水库正式通过下闸蓄水验收并投入运营,发挥防洪、灌溉、城镇供水、发电及生态等综合效益,尤其为宜章县灌溉和农村饮水安全提供了可靠保障。

4. 圭塘河生态环境导向的开发模式(EOD)

圭塘河位于湖南省长沙市雨花区。由于取水量增加或拦截等原因圭塘河水流量减少、自净能力差,同时随着城镇化进程加快,人口和企业增加,沿岸城市垃圾和废水污染加剧,多处水质长期为劣 V 类。鉴于生态治理投资规模大,后期无直接收益,融资成为项目难题。为解决融资难问题,地方政府成立了河道治理公司负责项目建设,申请国家专项资金补贴,并与社会资本合作,提升自身融资能力。其中,圭塘河井塘段城市双修及海绵城市建设示范公园 PPP 项目采用以生态环境导向的开发模式,充分运用创新融资手段,通过创新融资(平台融资+市场化运作),项目实现总投资约14.51亿元,建成长沙首个"4.0版海绵城市示范公园",以国际著名滨河景观带为蓝本,通过人工湿地、生态草沟、雨水花园等生态方法净化水质,促进河域生态良性发展。

5. 寿光市弥河流域综合治理和地表水利用工程PPP

弥河流域综合治理和地表水利用工程PPP项目,与中交(寿光)投资有限公司合作期限为20年,其中,建设期2年,运营期18年,项目建成后可以充分利用央企的管理能力和管理水平,把工程设施管理好、效益发挥好。项目的实施,有效提升了弥河整体防洪能力,防洪标准由二十年一遇提高到五十年一遇,防洪流量提高到5 980 m^3/s。项目的实施全面改善了河道生态环境。项目中的农圣街弥河大桥建成通车后,有效缓解城区交通压力,成为寿光靓丽的风景线和新的"网红打卡地"。

6. 弥勒市创新水利投融资模式

弥勒市创新水利投融资模式,开展多渠道融资,接连撬动争取了国家专项基金、银行贷款7.26亿元,并吸引了社会资本参与治理工程建设。

7. 南水北调东、中线一期项目

2014年,国务院批复南水北调东、中线一期工程增加投资测算及筹资方案,核定南水北调东、中线一期工程总投资3 082亿元。资金筹集方案为:中央预算内资金414亿元,占13.43%;南水北调工程基金290亿元,占9.41%;银行贷款558亿元,占18.11%。地方和企业自筹43亿元,占1.39%;重大水利基金1 777亿元,占57.66%(见表6-2)。

表6-2 南水北调东、中线一期资金筹措情况

资金性质	资金筹措渠道	筹资额度(亿元)	投资占比(%)	合计(亿元)
项目资本金	中央预算内资金	414	13.43	3 082
	重大水利工程建设基金	1 777	57.66	
	南水北调工程基金	290	9.41	
	地方和企业自筹资金	43	1.39	
债务资金	银行贷款	558	18.11	

8. 滇中引水工程一期项目

滇中引水工程于2017年4月15日经国务院批准,项目总投资为852.79亿元(见表6-3)。项目资金的具体筹措方案为:第一部分为项目资本金,共672.79亿元。其中,通过财政预算安排452.79亿元(包括中央预算内投资补助

180.16亿元、地方水利建设基金272.63亿元),发行专项债券用作资本金160.00亿元,引入社会资本(中国中铁)作为战略合作方投入60亿元。第二部分项目市场化融资,共180亿元,主要来源于银行贷款和专项债券。

表6-3 滇中引水工程一期资金筹措情况

资金性质	资金筹措渠道	筹资额度(亿元)	投资占比(%)	合计(亿元)
项目资本金	中央预算内投资定额补助	180.16	21.13	852.79
	地方水利建设基金	272.63	31.97	
	地方政府专项债券用作资本金	160	18.76	
	引入社会资本(中国中铁)	60	7.04	
债务资金	银行贷款	170	19.93	
	专项债券	10	1.18	

9. 珠江三角洲水资源配置工程

珠江三角洲水资源配置工程是国务院批准的《珠江流域综合规划(2012—2030年)》提出的重要水资源配置工程,也是国务院要求加快建设的全国172项节水供水重大水利工程之一,工程静态总投资为320.91亿元。考虑到资金成本及运营压力,工程总投资的55.57%为项目资本金,包括中央预算内投资补助34.17亿元,省级预算内补助6.67亿元,广东粤海集团出资44.20亿元,广州、深圳、东莞市政府按项目设计供水量所占比例分别出资34.18亿元(含支线7.5亿元)、42.55亿元、16.75亿元。以上项目资本金以外的资金通过发行专项债券筹集,共142.57亿元,为债务性资金(见表6-4)。

表6-4 珠江三角洲水资源配置工程资金筹措情况

资金性质	资金筹措渠道	筹资额度(亿元)	投资占比(%)	合计(亿元)
项目资本金	中央预算内投资定额补助	34.27	10.65	320.91
	广东省级预算内补助	6.67	2.08	
	广州市自筹资金	34.18	10.65	
	深圳市自筹资金	42.55	13.26	
	东莞市自筹资金	16.57	5.16	
	引入社会资本(广东粤海集团)	44.20	13.77	
债务资金	专项债券	142.57	44.43	

10. 韩江高陂水利枢纽

韩江高陂水利枢纽工程是国务院确定的172项节水供水重大水利工程项目之一,是一项以防洪、供水为主,兼顾发电、航运的综合利用的大型水利枢纽工程。该项目采用PPP模式实施,社会资本方为上市公司广东水电二局股份有限公司(粤水电),粤水电专门组建了项目公司广东粤水电韩江水利开发有限公司。

根据项目初步设计批复及《广东省韩江高陂水利枢纽工程PPP项目特许经营协议》,工程动态总投资为59.19亿元,其中中央预算内投资30.15亿元,省级投资9.48亿元,引进社会资本投入项目资本金10.05亿元,银行借款9.51亿元(见表6-5)。

表6-5 韩江高陂水利枢纽资金筹措情况

资金性质	资金筹措渠道	筹资额度(亿元)	投资占比(%)	合计(亿元)
项目资本金	中央预算内投资定额补助	30.15	50.93	59.19
	省级预算内补助	9.48	16.02	
	引入社会资本(广东粤海集团)	10.05	16.98	
债务资金	银行贷款	9.51	16.07	

11. 富国首创水务REITs项目

2021年6月21日,我国首批9个基础设施REITs试点项目发行成功,正式上市交易,其中唯一的水务类项目为"富国首创水务封闭式基础设施证券投资基金"。富国首创水务REITs项目的底层资产为首创环保集团旗下的多个污水处理厂,该REITs产品由富国基金作为基金管理人设立,经证监会注册后,向社会公开发售基金份额募集资金,通过购买富国资产(富国基金子公司)为管理人设立发行的基础设施资产支持证券,经过特殊的股债结构设置,完成对合肥首创和深圳首创两项目特许经营权的收购。基金成立后,富国基金委托原始权益人首创环保集团继续运行管理基础资产,发挥其专业能力和对基础资产的管理经验优势。

富国首创水务REITs发行规模5亿份,经市场询价,最终每份定价3.7元,成功募资18.5亿元。扣除首创环保集团参与战略配售资金后,对外募集资金共约9.06亿元,首创环保集团拟将回收资金全部以资本金方式投资于深圳公明水质净化厂二期工程等9个新增污水处理厂和生态水环境治理PPP项目。

结合山西省的实际情况以及不同的河湖岸线生态化改造项目的特点,可选用政府或其他出资人合作共同出资的PPP模式或生态环境导向的开发模式(EOD)等模式。

选用 PPP 模式时，可按照以下步骤：

（1）项目策划和可行性研究：政府部门首先需进行项目策划和可行性研究，包括明确项目的规模、范围、投资预算和收益预测等。这一阶段需要充分评估改造项目的潜在风险和市场可行性。

（2）寻找合作伙伴：政府部门需要与具备相关经验和实力的社会资本合作伙伴进行洽谈合作。可以通过公开招标或邀请有资质的公司参与竞争，选择最具优势的合作伙伴。

（3）签署合作协议：政府部门与合作伙伴达成合作共识后，双方需要签署合作协议，明确各方的权责和合作细节。协议内容包括项目的投资比例、运营期限、风险分担机制等等。

（4）资金筹措：合作伙伴负责筹集项目所需的资金。可以通过银行贷款、发行债券、吸引社会投资等途径来融资，以满足项目的资金需求。

（5）项目实施：合作伙伴负责按照合作协议的规定，负责项目的设计、建设和运营等工作。政府部门则负责监督和管理项目的实施过程，确保项目按照要求完成和交付。

（6）收益分享：项目建成并投入运营后，合作伙伴可以通过经营收入获得一定的回报。根据合作协议的约定，政府和合作伙伴共享项目的收益，一般约定一定比例的收益归政府所有。

（7）监督和管理：政府部门需要加强对项目的监督和管理，确保项目按照合同约定的要求进行运营和维护。同时，建立相应的监督机制，防范可能存在的项目风险和违规行为。

选用 EOD 模式时，可按照以下步骤：

（1）项目规划和设计：政府部门首先需要进行项目规划和设计，明确改造的目标、范围和具体措施。在这一阶段，需要充分考虑生态环境保护和可持续发展。可以通过环境评估和专业咨询来确保项目设计符合生态导向。

（2）制定政策支持措施：政府部门需制定相应的政策支持措施，以吸引投资者参与生态化改造项目。这些政策可以包括给予税收减免、奖励补贴或其他经济激励措施，鼓励投资者在生态环境保护方面发挥作用。

（3）招募合作伙伴：政府部门需要寻找具备相关经验和专业能力的合作伙伴，可以是建筑公司、环境保护机构、生态技术公司等。合作伙伴应具备对生态化改造的经验和专业知识，并能够提供必要的资金和资源支持。

（4）签订合作协议：政府部门与合作伙伴签订合作协议，明确双方的权责和合作细节。协议内容可以包括项目的投资份额、技术要求、风险分担机制等。

(5) 资金筹集:合作伙伴负责筹集项目所需的资金。可以通过社会投资、环境保护基金或其他相关的融资渠道来获取资金支持。

(6) 项目实施:合作伙伴负责按照合作协议进行项目实施。需要确保项目在生态环境导向下进行,遵守相关法律法规和环境保护标准。

(7) 监督和评估:政府部门需要加强对项目的监督和评估,确保项目在生态环境导向下取得预期效果。可以建立专门的监测系统来监测生态恢复和保护效果,并及时采取措施解决可能存在的问题。

(8) 分享经济效益:项目建成并投入使用后,政府与合作伙伴可分享项目的经济效益。根据合作协议的约定,收益可以共同分享或按照一定比例归政府所有。

山西省《"一泓清水入黄河"工程方案》中,坚持统筹资金、多元投入,同时积极推行EOD模式,采取产业链延伸、联合经营、组合开发等方式,有效融合、一体化实施公益性较强、收益性较差的生态环境治理项目与收益性较好的关联产业项目,将生态环境治理带来的经济价值内部化,实现资金自平衡。其中,浍河流域生态保护和高质量发展项目通过实施政府和社会资本合作模式(PPP)、生态环境导向开发模式(EOD)等投融资创新模式,全面推进浍河流域生态保护和高质量发展,项目采用PPP、EOD模式实施,通过公益性生态环境治理与关联产业开发项目有效融合,确保新能源低碳发展类项目收益反哺生态环境治理项目,实现项目资金自平衡;"水韵太原"九河生态复流工程项目采用省级PPP模式,由山西省生态环境厅、山西省水利厅协调指导太原市组织实施;水生态环境智慧化监管工程,由山西省生态环境厅作为项目实施机构,采用PPP模式组织实施。

6.1.2 组织机构模式

在山西省河湖岸线生态化改造治理过程中,涉及以下几种组织机构模式。

(1) 政府主导的组织机构:政府主导的组织机构是指由政府相关部门牵头设立的组织,负责项目的规划、管理和监督。这种模式下,政府组织可以设立专门的项目管理机构或委员会,行使决策、监管和协调职能。政府主导的组织机构通常能够提供政策支持和法律依据,在项目实施过程中具有较强的控制和权威。

(2) 部门合作的组织机构:由多个相关政府部门共同参与的组织机构,旨在协调各部门之间的合作与协作。这种组织机构可以形成一个跨部门的合作委员会或工作组,以实现信息共享、资源整合和政策协调。跨部门合作的组织机构有助于解决不同部门之间的协调问题,提高项目的整体效率和成效。

(3) 社会参与的组织机构:社会参与是指广泛征集民众和利益相关方的意见和建议,在项目决策和实施中增加公众参与的机制。这种模式下,可以设立咨询委员会、专家组或公众参与平台,包括社会团体、居民代表、专家学者等,以实现民众参与决策、监督和评估。

(4) 公私合作的组织机构:公私合作是指政府和私人资本或企业之间的合作关系。在河湖岸线生态化改造中,政府可以与民间资本或企业合作,共同参与项目的投资、建设和运营。公私合作的组织机构可以通过合资、合作、合作社或特许经营等方式实现,以整合公共和私人资源,实现优势互补,推动项目的顺利实施。

这些组织机构模式可以根据实际情况进行调整和组合。在具体项目中,可能会应用多种模式,以适应不同阶段的要求和问题。关键是确保各个组织机构之间的有效沟通和协作,协调各方利益,推动项目的顺利进行。

选用PPP模式时有以下几种组织机构模式。

(1) 政府主导的组织机构:政府在PPP项目中扮演着重要的角色,负责项目的规划、管理和监督。在治理过程中,可以设立由政府部门牵头的项目管理机构或委员会,行使决策、监管和协调职能。政府主导的组织机构能够提供政策支持和法律依据,确保项目按照相关规定进行。

(2) 公私合作的组织机构:PPP融资模式要求政府与私人资本或企业之间进行合作。因此,可以设立公私合作的组织机构,包括政府和合作伙伴共同组成的项目委员会、联合运营公司等。这种组织机构能够促进政府和合作伙伴之间的沟通和协作,确保项目的顺利实施。

(3) 专家咨询机构:针对PPP融资模式下的河湖岸线生态化改造项目,可以成立专门的咨询机构,负责提供专业的咨询服务和技术支持。这些咨询机构可以由政府委托或合作伙伴自行组建,包括环境保护专家、工程顾问、法律顾问等,为项目提供必要的专业指导。

(4) 监管机构:为了保障PPP项目的合法性和合规性,可以设立相应的监管机构或委员会,负责监督项目的融资、建设和运营。监管机构可以由政府部门或监管机构的代表组成,确保项目按照合同约定和法律法规履行责任。

具体的组织机构模式需要根据河湖岸线生态化改造实际情况进行灵活调整和安排。政府、合作伙伴以及其他利益相关方之间的合作和协调至关重要,需要确保各方都能充分发挥各自的优势和责任,实现项目的共赢和可持续发展。

选用EOD模式时，有以下几种组织机构模式。

(1) 生态环境部门牵头的组织机构：由生态环境相关部门牵头设立的组织机构，负责项目的规划、管理和监督。该组织机构可以设立专门的项目管理机构或委员会，具备环保专业知识和经验。其职责包括生态保护政策的制定、生态环境评估、监测和协调。

(2) 跨部门合作的组织机构：由多个相关政府部门共同参与的组织机构，旨在协调各部门之间的合作与协作。这些部门可以包括生态环境、水利、土地规划、建设等相关部门。跨部门合作的组织机构有助于实现信息共享、资源整合和政策协调，提高项目的整体效率和成效。

(3) 社会参与的组织机构：鼓励广泛的社会参与是EOD模式的重要特点。在治理过程中，可以设立咨询委员会、专家组或公众参与平台，包括环境保护组织、居民代表、专家学者等。他们可以提供专业意见、监督项目实施，并确保项目符合生态环境保护的目标。

(4) 生态保护基金管理机构：为了筹集资金支持生态环境导向的治理项目，可以设立专门的生态保护基金管理机构。该机构负责资金的管理和分配，确保资金使用效果最大化，同时加强对资金的监管和审计。此外，基金管理机构还可以与利益相关方合作，吸引更多的社会资本参与生态治理项目。

这些组织机构模式可以按照山西省河湖岸线生态化改造项目的实际情况进行调整和组合，以满足生态环境导向的EOD融资模式下河湖岸线生态化改造治理的需求。关键在于建立有效的沟通和协调机制，确保各个组织机构之间的紧密合作，实现生态环境保护与可持续发展的目标。

6.1.3 体制机制

在体制机制方面，需要建立河湖长牵头、水行政主管部门主导、各地市有管辖权的相关部门作为主体、多部门联动的工作机制。

1. 组织架构和职责分工

(1) 河湖长：河湖长牵头岸线生态化改造工作。

(2) 省级主导机构：省水行政主管部门，负责制定政策、规划和组织协调工作，对全省河湖岸线生态化改造治理工作进行统筹管理。

(3) 地市级管理机构：根据河道的分级管理，由相应在各地市有管辖权的相关部门作为科学实施河湖岸线生态化改造的主体，负责具体的河湖岸线生态化改造治理工作落实和监督。

(4) 项目管理机构：设立专门的项目管理机构，由相关职能部门和专业机构组成,负责具体项目的实施、协调和监督,包括规划设计、工程建设、环境保护等环节。

(5) 社会参与机构:设立河湖岸线生态化改造治理咨询委员会、专家组或公众参与平台,包括环境保护组织、居民代表、专家学者等,他们提供专业意见、监督项目实施,并确保项目符合生态环境保护目标。

2. 合作机制和沟通机制

(1) 跨部门合作:加强生态环境、水利、土地规划、建设等相关部门之间的合作与协作,建立跨部门会商机制和信息共享机制,确保各部门协调配合,共同推进河湖岸线生态化改造治理工作。

(2) 跨地区合作:对于涉及流域跨地区的治理项目,建立跨地区合作机制,共同制定治理方案,协调资源配置,加强河湖流域综合管理。

(3) 政企合作:鼓励政府与企业、社会资本合作,引入社会投资,推动河湖岸线生态化改造治理项目的建设。建立科学合理的投资机制和资金管理机制,确保项目的可持续发展。

3. 政策支持和监督机制

(1) 政策支持:制定相应的政策和法规,明确河湖岸线生态化改造治理的目标要求、技术标准和管理办法,提供政策支持和激励措施,鼓励和引导各方积极参与河湖岸线生态化改造治理工作。

(2) 监督机制:建立健全的河湖岸线生态环境监测体系和追责机制,加强监督执法力度,对于违规行为和环境破坏行为进行严肃查处,确保治理效果和治理品质。

4. 技术支持和创新机制

(1) 技术支持:加强科研机构与治理项目的对接,提供技术支持和创新方案,推动科技成果转化和应用,提高河湖岸线生态化改造治理的技术水平和治理效果。

(2) 创新机制:鼓励和支持创新机制的探索,推动生态保护。

6.1.4 运作方式

进行河湖岸线生态化改造需要制定科学的规划和实施方案。首先,需要全面的调查和评估,了解河湖岸线的自然环境、生态状况、资源利用等情况。然后,根据评估结果进行科学规划,确定生态修复、景观塑造、环境整治等具体措施,并运用先进的技术手段,组织施工、监测和管理,确保改造工作进展顺利。重点涵盖项目管理、资金筹措、技术支持和社会参与等方面的具体内容。

1. 项目管理

（1）规划设计：根据河湖岸线生态化改造治理的目标和要求，进行详细规划和设计，包括河湖岸线的生态恢复、景观塑造、水域治理、堤防加固等方面的内容。

（2）工程建设：根据规划设计，实施河湖岸线生态化改造治理项目，包括建设或修复湿地、植被恢复、河床整治、堤防加固、污水处理等工程。

（3）施工管理：建立科学的施工管理体系，包括招标、合同管理、施工监管等方面的工作，确保项目的安全、质量和进度。

2. 资金筹措

（1）政府投入：财政投入，设立专项资金用于河湖岸线生态化改造治理项目，确保项目的顺利进行。

（2）社会投资：鼓励民间资本和社会企业参与，引导社会投资者和企业通过公私合作方式参与项目建设。

（3）融资渠道：探索多元化、市场化的融资方式，如发行债券、吸引金融机构参与等，增加资金来源。

3. 技术支持

（1）专家咨询：组建专家团队，提供技术咨询和指导，对项目的可行性、技术方案等进行评估和优化。

（2）技术创新：鼓励科研机构和高校进行相关科研，开展前沿技术的研发和应用，提高河湖岸线生态化改造治理的技术水平和效果。

（3）技术培训：开展相关的培训和交流活动，提升从业人员的专业能力，确保项目的科学实施。

4. 社会参与

（1）公众教育：开展宣传活动，提高公众对河湖岸线生态化改造治理工作的认识和参与度，增强公众的环境保护意识。

（2）信息公开：加强信息公开和公众参与，建立公开透明的决策机制和参与机制，使公众能够及时了解项目进展和参与意见反馈。

（3）居民参与：鼓励沿岸居民主动参与治理工作，组织居民代表参与项目决策、监督和评估，实现利益相关方的全面参与。

6.1.5 监督评估

监督评估是确保治理工作正常运行和取得预期效果的重要环节。应建立相应的监督机制，包括监测和评估体系，并通过法律法规和政策制度明确责任主体和监督机构。监督评估的内容应包括改造工作的进度和质量,以及影响生态恢复和环境质量的各项指标。及时发现问题,加以整改和优化,确保治理工作始终朝着预期目标前进。具体内容包括以下几个方面。

1. 监督机制的建立

(1) 设立监督部门:在省级或地市级设立专门的监督部门,负责对河湖岸线生态化改造治理工作进行监督和检查。

(2) 设置监督规章制度:制定监督工作的规章制度,明确监督范围、监督程序和监督要求等,确保监督工作的科学性和规范性。

(3) 健全监督人员队伍:培养并配备专业的监督人员,提高他们的专业素养和监督能力,确保监督工作有效进行。

2. 监督评估的具体内容

(1) 项目进展情况评估:监督评估应对河湖岸线生态化改造治理项目的进展情况进行评估,包括工程建设进度、规划实施情况、投资使用等方面的评估。

(2) 工程质量评估:对河湖岸线生态化改造治理工程的质量进行评估,包括工程建设的工艺技术、材料选用、施工质量等方面的评估。

(3) 生态恢复效果评估:评估河湖岸线生态化改造治理项目的生态恢复效果,包括水质改善、湿地恢复、植被生长等方面的评估。

(4) 社会经济效益评估:评估河湖岸线生态化改造治理工作对当地社会经济的影响和效益,包括就业创造、生态旅游发展、环境改善等方面的评估。

(5) 资金使用监督:对河湖岸线生态化改造治理项目的资金使用情况进行监督和评估,确保资金使用合理、透明、公正。

(6) 社会参与评估:评估河湖岸线生态化改造治理工作中的社会参与情况,包括公众参与、居民满意度等方面的评估,提高项目的社会认可度。

(7) 法律合规性评估:评估河湖岸线生态化改造治理工作的法律合规性,包括项目立项程序、环保手续、土地使用等方面的评估。

3. 监督评估的方式和方法

(1) 定期检查:定期派遣监督人员或采用智能化监测系统对河湖岸线生态化改造治理工作进行现场检查,查看工程进展、质量情况等,并与相关部门进行沟通。

(2) 抽样检验:通过抽样方式选取部分项目进行检验,对工程质量、环境效果等进行抽样检验,得出相对客观的评价结果。

(3) 数据监测:建立完善的数据监测体系,对河湖岸线生态化改造治理后的环境数据进行定期监测,与治理前的数据进行对比和评估。

（4）专家评审：组织专家进行评审和论证，对河湖岸线生态化改造治理工作进行技术评估和评价，提出改进建议。

（5）社会评议调查：通过问卷调查、座谈会等方式收集公众和利益相关方对河湖岸线生态化改造治理工作的意见和建议。

（6）第三方评估：可委托第三方机构进行独立评估，确保评估结果客观、中立。

（7）在线监督平台：建立在线监督平台，公开信息和数据，接受公众举报和意见反馈，增加监督的透明度和参与度。

4. 监督评估结果的运用

（1）及时反馈：将监督评估结果及时反馈给相关部门和项目管理方，要求其针对评估结果进行改进和调整。

（2）改进措施：根据监督评估结果提出合理的改进措施，对存在的问题和不足进行整改，确保项目的顺利推进和实施。

（3）惩罚机制：对于严重违规或质量问题突出的项目，实施相应的惩罚机制，追究责任，确保整个治理工作的质量和效果。

（4）经验总结与分享：及时总结成功的项目经验和做法，并进行分享，为其他类似项目提供借鉴和参考。

（5）提供依据：监督评估结果为决策提供依据，有助于调整和优化未来的河湖岸线生态化改造治理工作策略和方案。

综上，山西省河湖岸线生态化改造治理建设模式的监督评估内容包括项目进展、工程质量、生态效果、经济效益、资金使用、社会参与和法律合规等方面。通过定期检查、抽样检验、数据监测、专家评审、社会评议调查、第三方评估等方式进行评估，并将评估结果运用于改进措施、惩罚机制、经验总结与分享和决策依据等方面，确保河湖岸线生态化改造治理工作的科学性和规范性。这样的监督评估机制能够有效提高工作的质量和效果，保障生态环境的改善和可持续发展。

6.1.6 治理模式

山西省各地建设了一些集生态修复、生态景观、水利工程于一体的生态治理工程。目前主要有以下四种方式的河道生态修复工程。

1. 省政府主导的生态化改造工程的治理模式

山西省政府在岸线空间管控工程或者生态化改造工程中，采取了统一领导、多部门合作的模式。具体来说，省级政府牵头，相关地方政府与部门协同作战，围绕岸线治理或者生态改造制定统一的规划和方案,实现资源整合和任务分工,以便协同推动工程的实施。如太原市政府为保护青贤河流域生态环境,在该河流域启动了一系列河湖生态管理项目,包括岸线生态化修复工程、城市公园绿化和水体生态保护等措施,旨在提高河流治理的生态效果和可持续性。为建设"生态晋中",晋中市政府启动了榆次区紫河生态化修复工程,旨在恢复紫河水文、生物及其他生态系统的功能,完善岸线景观,改善被破坏的生态环境,保护地下水水源。为改善永乐河流域生态环境,提高水资源利用效率,河津市政府实施了永乐河流域岸线绿化生态工程,并投入巨额资金进行水质净化工程,旨在实现永乐河流域水质的改善和治理效果的可持续性。

2. 政府企业合作的重点河段综合开发治理模式

这些重点河段同样具有较高的开发治理价值(包括土地、房地产、湿地等),主要采用PPP模式,也有企业直接投资开发的。晋城河道生态修复及污水资源化利用PPP项目,项目资本金为总投资的20%,项目资本金为50 449万元。其中政府方出资比例为20%,政府方出资10 090万元;社会资本方出资比例为80%,社会资本方出资40 359万元。项目采用BOT运作模式,晋城市人民政府指定晋城市凤禹排水有限责任公司与中标社会资本成立项目公司,授予项目公司特许经营权;项目公司在合作期内负责资金筹措、建设实施、运营管理、运营维护、债务偿还和资产管理全过程;项目合作期满后,项目公司按照合同约定,将符合约定状态的项目及其附属设施、相关资料无偿移交给晋城市人民政府指定机构;项目合作期为28年(其中:建设期3年,运营期25年)。长治市屯留区绛河(屯留城区至司徒桥)河道生态修复综合治理工程,山西省水利建筑工程局集团有限公司为第一中标候选人。项目总投资68 537.42万元,河道生态修复综合治理长度13.12 km,其中:河道疏浚2.78 km,新建土质堤防1.80 km,护岸5.17 km,新建跌水堰3座,生态滤水坝4处;新建河岸缓冲带13.66 km,新建城东和绛河重点水质提升湿地2处,湿地总占地面积270.07万 m^2;新建慢行步道26.57 km,新建生态停车场3处,驿站8处,新建桥梁1座,改造原有桥梁2座;建设水位、水质自动监测系统6处,视频监控系统28套,沿线设立广播系统1套,安全警示和疏散标识牌104套;沿绛河两岸布设绿化灌溉系统1套。

3. 企业或乡村主导的河流源头和乡村河段特色休闲旅游治理模式

在这种模式下,农村集体经济组织,如农民专业合作社等与相关企业建立合作关系,共同参与河湖岸线的生态化改造工作。农村集体经济组织与农业企业合作,共同推进河湖岸线周边农田的整治工作,推动河湖岸线周边土地的生态种植工作,发展河湖岸线的生态旅游产业。包括合理规划农田利用、优化农田水利设施、推广农业科技,引导农民种植环保农作物、经济作物和观赏植物,挖掘河湖周边的自然资源和文化遗产,建设休闲农庄、生态旅游景点,以提高土地利用效率、减少农业面源污染,改善河湖水质,促进生态农业的发展,提高河湖岸线的生态环境质量,带动当地经济增长,推动河湖岸线的综合治理。以灵丘县的车河有机社区最为典型,该社区位于唐河中游峡谷地带的红石塄乡,包括上车河、下车河两个行政村,农民以土地入股成立合作社与金地矿业公司合作,金地公司投资3.8亿元,对两村27 km^{2}区域进行整体规划改造,充分发挥生态环境优势,发展有机种植、养殖业,建设生态旅游设施和新型农居。铺设天然气管道,建设农村小型有机污水处理设施,农村垃圾处理站等基础设施。通过综合治理,该区域生态环境恢复良好的同时,企业赢利,农民增收。

4. 乡村主导的乡村河段美丽乡村治理模式

乡村河段是河流的主要形态,也不具备社会资本进入的价值,但需要乡村两级特别是村级为主的治理污水、清除垃圾、整治堤防、美化环境的河流清洁行动。比如灵丘县的下北泉村、沙湖门村。但是,目前乡村河段上,侵占河道、乱倒垃圾、河堤毁坏、污水直排等问题比较普遍。

6.2 标准体系

山西省河湖岸线生态化改造应遵循相关法律、法规、规章制度、规范标准的要求实施。我国关于河湖岸线生态化改造标准体系的相关法律法规主要有《中华人民共和国水法》《中华人民共和国水污染防治法》《中华人民共和国河道管理条例》《水利部关于加强河湖水域岸线空间管控的指导意见》《河湖岸线保护和利用规划编制规程》《太湖流域重要河湖岸线保护与利用规划》等。地方政府在河湖岸线生态化改造标准体系方面也发布了一些文件,如《北京市人民政府关于进一步加强水生态保护修复工作的意见》、《上海市重要河湖岸线保护与利用规划》、《广东省河道管理条例》、《河道水域岸线保护与利用规划编制技术规程》和《浙江省河道管理条例》等。山西省水利厅根据《水利部关于加快推进河湖管理范围划定工作的通知》和《河湖岸线保护与利用规划编制指南(试行)》,对山西省汾河(含潇河)、桑干河(含御河)、滹沱河、漳河(清漳河、浊漳河)、沁河、涑水河、大清河(唐河、沙河)等11条河流岸线进行岸线保护与利用规划。在相关岸线保护与利用规划的基础上进行河湖岸线生态化改造。

河湖岸线生态化改造的相关指标有:

1. 河湖岸线绿化覆盖率

按照不同地理位置和生态需求，制定合理的绿化覆盖率标准，保证岸线有适宜的植被覆盖，提供生态功能和生态保护。2022年徐州丰县河道绿化覆盖率达95%以上，天津海河沿岸绿化覆盖率达到80%以上。

2. 自然岸线保有率

自然岸线保有率指自然岸线保有长度占大陆岸线总长度的比例，是指岸线自然状态下的保持程度，用于评估岸线的生态破坏程度。《全国海洋功能区划（2011—2020年）》提出2020年不低于35%的目标，《全国重要生态系统保护和修复重大工程总体规划（2021—2035年）》提出2035年不低于35%的目标。2022年5月22日，北京市生态环境局召开发布会通报，2022年北京市的自然岸线保有率为69.5%，永定河、潮白河、温榆河等重要河流自然岸线保有率连续两年稳定保持在75%以上。根据云南昆明的《阳宗海岸线保护与利用规划》，划定水平年2030年，昆明阳宗海岸线自然岸线率提高至85%。2023年山东省人民政府发布《山东省人民政府关于烟台市国土空间总体规划（2021—2035年）的批复》中提到，烟台市大陆自然岸线保有率不低于上级下达任务，其中2025年不低于38%。

国务院关于《广东省国土空间规划（2021—2035年）》批复中，大陆自然岸线保有率不低于国家下达任务，其中2025年不低于36.4%。国务院关于《山东省国土空间规划（2021—2035年）》批复中，大陆自然岸线保有率不低于国家下达任务，其中2025年不低于40%。国务院关于《江苏省国土空间规划（2021—2035年）》批复中，大陆自然岸线保有率不低于国家下达任务，其中2025年不低于36.1%。国务院关于《海南省国土空间规划（2021—2035年）》的批复中，大陆自然岸线保有率不低于国家下达任务，其中2025年不低于63%。国务院关于《山西省国土空间规划（2021—2035年）》批复中没有大陆自然岸线保有率的目标值，且目前山西省河湖岸线大陆自然岸线保有率的本底数据尚不完善。

岸线利用是指河湖管理范围内，拦河、跨河、穿河、穿堤、临河的工程、建筑物及设施占用岸线的行为。维持岸线和河势稳定的堤防、护坡、河道整治等工程不计入岸线利用范围。岸线利用率是指规划范围内岸线利用长度占岸线总长度的比例。需注意协调岸线利用率与自然岸线保有率，即协调好岸线利用与岸线生态保护之间的关系。

3. 岸线河道断面尺度

岸线河道断面尺度包括断面宽度、水深、流速等指标，用于评估河湖岸线的水文动力学特征，为岸线的治理提供科学依据。

需要根据山西省具体的河湖岸线特点和治理目标来确定断面的尺度。不同尺度的断面可以帮助更好地理解河湖岸线的特点和问题,有针对性地制定相应的治理措施。

4. 河湖岸线水土保持率

评估岸线土壤的抗蚀能力和保水能力,减少水土流失的风险。2022年,青岛水土保持率提高到86.94%;与2011年相比,长江流域水土保持率由78.63%增加至81.43%;四川省力争在"十四五"期间使水土保持率达到79.73%;到2025年底,黄河水土保持率达到67.74%;山东省水土保持率2025年提升到86.77%,2035年提升到90.67%;到2035年,全国水土保持率达到75%。

山西省政府办公厅2023年7月公布了《山西省加强新时代水土保持工作实施方案》,方案中提出到2025年,山西省全省水土保持率达到66.18%,太原市到2025年,水土保持率目标值为68.5%。

5. 水域空间保有量

水域空间保有量是指某个水域空间内拥有的各种资源总量,包括物质资源、营养成分、生物多样性、水面积、水质、水流量等,用来衡量水域空间质量的一个指标。水域空间保有量的重要性并不仅仅体现在环境保护的角度,它还可以为河流水域的经济发展提供重要的参考。山西省黄河流域国土空间开发保护主要指标中,2020年水域空间保有量为178.45万亩,规划2025年水域空间保有量大于等于178.45万亩、2035年水域空间保有量大于等于178.45万亩。目前山西省其他流域的水域空间保有量本底数据还需进一步完善。

6. 达到或好于Ⅲ类水质断面比例、劣Ⅴ类水质断面比例

达到或好于Ⅲ类水质断面比例、劣Ⅴ类水质断面比例是山西省黄河流域国土空间开发保护主要指标中的生态修复约束性指标。2020年该指标分别为66.7%和0,规划要求2025年和2035年达到或好于Ⅲ类水质断面比例完成国家下达的优良水质断面比例指标、劣Ⅴ类水质断面比例完成国家下达的劣Ⅴ类水质断面比例指标。

这些指标和要素的综合分析和评估,可以形成一个科学的标准体系,指导山西省河湖岸线生态化改造治理工作的进行。具体的标准体系还会根据实际情况进行进一步完善和调整。结合山西省的自然地理条件和相关规划,建议河湖岸线生态化改造以自然岸线保有率、水域空间保有量、达到或好于Ⅲ类水质断面比例以及劣Ⅴ类水质断面比例为指标,由于山西省目前发布的国土空间规划中暂无自然岸线保有率指标,且目前山西省河湖岸线大陆自然岸线保有率以及全省水域空间保有量的本底数据还需完善,建议在厘清山西省自然岸线保有率和全省水域空间保有量的本底数据后结合山西省国土空间规划,再制订山西省的自然岸线保有率和水域空间保有量指标。

2025年近期目标和2035年远期目标都要求达到或好于Ⅲ类水质断面比例完成国家下达的优良水质断面比例指标,以及劣Ⅴ类水质断面比例完成国家下达的劣Ⅴ类水质断面比例指标。

7 目标任务和实现路径

在确定山西省河湖岸线生态化改造工作的基准年和近期目标水平年、远期目标水平年的基础上，结合之前建设模式及标准体系的探索，制订工作目标，提出山西省河湖岸线生态化改造重点任务，探索实施路径。

7.1 基期和目标年

拟定河湖岸线生态化改造实施的基期年为2023年，规划期限为2023年至2035年，近期目标年为2025年，规划目标年为2035年。

7.2 工作目标

以2023年为基期年，2025年为近期目标年，2035年为规划目标年。

根据《水利部办公厅关于印发2023年河湖管理工作要点的通知》《水利部关于加强河湖水域岸线空间管控的指导意见》、山西省《2023年全省河湖治理管理工作要点》等文件，结合山西省典型河湖及岸线规划编制情况，制定山西省河湖岸线生态化改造工作目标。

到2025年，结合山西省防洪能力提升工程、"一泓清水入黄河"工程和"七河""五湖"生态保护与修复工程，强化河道水域岸线管控、加强生物多样性保护、对河湖岸线进行生态修复治理，达到或好于Ⅲ类水质断面比例完成国家下达的优良水质断面比例指标，劣Ⅴ类水质断面比例完成国家下达的劣Ⅴ类水质断面比例指标。

到2035年基本实现岸线连通性、生态完整性和多样性，将我省河湖岸线建设成为"河湖安澜、生态健康、环境宜居、景观优美、人水和谐"的幸福河湖岸线，达到或好于Ⅲ类水质断面比例完成国家下达的优良水质断面比例指标，劣Ⅴ类水质断面比例完成国家下达的劣Ⅴ类水质断面比例指标。

7.3 主要任务及实现路径

7.3.1 河湖岸线生态化保护治理修复措施

根据山西省《2023年全省河湖治理管理工作要点》《水利部关于加强河湖水域岸线空间管控的指导意见》《河湖岸线保护与利用规划编制指南（试行）》等文件，结合山西省河湖岸线的实际特点和存在的问题，考虑不同的空间和时间维度，着眼于河湖岸线生态化改造的工程措施，提出对河湖岸线进行生态化保护修复治理的主要任务和实现路径。

1. 对滩地、堤防、护堤地进行生态化保护治理修复

根据河湖岸线的定义，从河岸横断面角度，明确在岸线范围内的岸线生态化改造对象主要是滩地、堤防、护堤地，提出对应生态化改造措施。

1) 滩地

对于滩地，以保持自然状态为主，其生境修复以自然修复为主。对于包括丰富湿地资源的滩地，要加强对滩地湿地的保护。

滩地是指大的河流经过，流域的河边由于泥沙沉积而形成的天然滩涂土地。河滩地一般水草丰茂，适合植物的生长和亲水性植物的栽培，也适合多种动物的栖息。

在滩地上种植植物，需注意，根据《山西省河道管理条例》，禁止在河道管理范围内种植阻碍行洪的高秆农作物、芦苇、杞柳、荻柴和树木（堤防防护林除外）。

对河滩地的生态化保护治理修复可以从以下几个方面进行：

（1）湿地保护：对于拥有丰富湿地资源的滩地，要加强对滩地湿地的保护。根据《中华人民共和国湿地保护法》第二十五条，地方各级人民政府及其有关部门应当采取措施，预防和控制人为活动对湿地及其生物多样性的不利影响，加强湿地污染防治，减缓人为因素和自然因素导致的湿地退化，维护湿地生态功能稳定。在湿地范围内从事旅游、种植、畜牧、水产养殖、航运等利用活动，应当避免改变湿地的自然状况，并采取措施减轻对湿地生态功能的不利影响。

（2）植被修复：在滩地种植适应环境的植物，以自然草固土为主，以防止滩涂的侵蚀和沉积,提高滩涂的稳定性。同时,植被还可以为鱼类等水生生物提供栖息地和食物来源。

(3) 污染源控制:加强环境监管,减少污染物的排放,达到控制污染源的目的。这样可以保护滩涂生态环境,提高水质。

滩地是河湖生态系统的重要组成部分,可以采取保护性开发的方式进行治理。保留一定比例的滩地面积,建立草地、湿地等生态景观。选择适宜的湿地植物进行滩地植被修复,可以增加生物多样性,提供鸟类和水生动物的栖息地。同时,增加植被的根系可以固定沉积物,防止水土流失,改善水质。通过合理规划和治理,保持滩地水体的湿润状态,避免过度排水导致湿地退化。可以采用分层湿地设计,创造适宜的水文环境,促进湿地生态系统的恢复。利用生态工程手段进行滩地修复,例如湿地建设、人工湖泊建设等。这些工程可以提供生态服务功能,如净化水质、调蓄洪水、保护生物多样性等。将滩地作为景观资源进行规划,通过合理布局和景观设计,打造具有生态美、可持续利用的滩地景观。加强对滩地的宣传教育,提高公众对滩地生态重要性的认识。同时,建立健全的管理措施,包括滩地使用管理、生态监测等,确保滩地生态的持续保护和修复。

2) 堤防

在确保堤防功能的前提下,将堤防护岸设计成自然型护岸,将河道的自然形态、水生生物系统等融合在设计中,提高生态系统的完整性和稳定性。以土壤为基础材料,利用植物、微生物和其他生物有机体来修复和强化堤防。在堤防上种植适当地气候和土壤的草坪、花卉等。生物修复措施中尽量少用外来物种,尽量采用本地物种。

堤防的生态化改造措施主要是建设韧性护岸与生态驳岸。韧性护岸是一个比生态护岸更加广泛的概念,其内涵兼具生态韧性和工程韧性,在满足护岸防洪功能的前提下,在极端天气与灾害面前具有修复能力,在抵御一般洪水、潮水时具有适应能力。生态驳岸是指恢复后的自然河岸或具有自然河岸"可渗透性"的人工驳岸,它可以充分保证河岸与河流水体之间的水分交换和调节,除具有护堤、防洪的基本功能外,可通过人为措施,重建或修复水陆生态结构,丰富岸栖生物,形成自然岸线的景观和生态功能。

对河岸堤防的生态化保护治理修复可以从以下几个方面进行:

(1) 生态驳岸建设、韧性护岸建设。采用自然材料如石头、木材、植物等建设生态护岸,防止河岸侵蚀和滑坡,同时还可以为水生生物提供栖息地和避难所。

(2) 优化设计。在确保堤防功能的前提下,优化设计以增加其生态性。例如,可以设计成自然型护岸,模仿自然河道,将河道的自然形态、水生生物系统等融合在设计中,提高生态系统的完整性和稳定性。

(3) 选择使用生态材料进行堤防改造。以土壤为基础材料,利用植物、微生物和其他生物有机体来修复和强化堤防。这种方法不仅可以提高堤防的稳定性,还可以增强其生态功能。土的压实程度和分区考虑压实度,以利于植物生长。

(4) 在堤防上增加绿化的覆盖,种植适合当地气候和土壤的植物,如草坪、花卉等,可以有效地防止水土流失,提高堤防的稳定性,同时还可以改善空气质量和美化环境。

(5) 在堤防上构建生物廊道,为水生生物提供栖息地和迁徙通道,同时也可以提高堤防的抗灾能力。

生物修复措施中尽量少用外来物种,尽量采用本地物种。

也需注意,根据《山西省河道管理条例》,禁止在河道管理范围内种植阻碍行洪的高秆农作物、芦苇、杞柳、荻柴和树木(堤防防护林除外)。

堤防生态化改造时需综合考虑穿堤建筑物(如取水口、排水口、管涵等)对堤防生态的影响。

3) 护堤地

省管河道的护堤地宽度为堤防外坡脚线向外水平延伸十米至二十米,其他河道的护堤地宽度为堤防外坡脚线向外水平延伸五米至十米。在护堤地种植适合当地生长的植物。

《山西省河道管理条例》第二章第十条规定的护堤地宽度为:省管河道的护堤地宽度为堤防外坡脚线向外水平延伸十米至二十米,其他河道的护堤地宽度为堤防外坡脚线向外水平延伸五米至十米。在护堤地进行植被治理修复,可以采取草坪、花坛等景观绿地设计,美化环境,增加城市生态空间。对于遭受水毁的护堤地,采取相应的修复措施:可以通过加固土堤的结构,修复被冲刷的部分,恢复护堤地的完整性;通过采取措施保护护堤地的土壤,避免侵蚀和流失;可以进行土壤改良,增加有机质含量,改善土壤结构和保水能力。建立护堤地的监测系统,定期进行巡查,及时发现问题并进行修复。同时,加强管理,防止非法占用和破坏护堤地。

对河岸护堤地的生态化保护治理修复主要是进行植被修复:在护堤地种植适合当地生长的植物,如草坪、花卉等,可以有效地防止水土流失,提高堤防的稳定性,同时还可以改善空气质量和美化环境。

护堤地是河湖岸线的重要组成部分，可以采取草坪、花坛等景观绿地设计，美化环境，增加城市生态空间。同时，护堤地也可以种植适应河岸环境的湿地植物，起到固定土壤、防止水土流失的作用。对于受损的护堤地，进行植被修复。可以通过选择具有良好根系和抗风抗浪能力的植物进行种植，加固护堤地的稳定性，防止侵蚀。在护堤地适宜的区域，可以进行湿地建设。湿地有利于提高水体的净化能力，吸附有害物质，同时也是多种水生生物的栖息地。对于遭受水毁的护堤地，采取相应的修复措施。可以通过加固土堤的结构，修复被冲刷的部分，恢复护堤地的完整性。通过采取措施保护护堤地的土壤，避免侵蚀和流失。可以进行土壤改良，增加有机质含量，改善土壤结构和保水能力。建立护堤地的监测系统，定期进行巡查，及时发现问题并进行修复。同时，加强管理，防止非法占用和破坏护堤地。

2. 对山区峡谷段、平原郊野段、穿村过乡段、城市滨水段河湖岸线进行生态化保护治理修复

为了提高岸线分级管理主体进行河湖岸线生态化改造的可操作性，结合山西省河湖岸线的实际特点，从河湖岸线的轴线（纵向）区段上，提出针对山区峡谷段、平原郊野段、穿村过乡段、城市滨水段等4个典型区段河湖岸线相应的生态化保护治理修复措施。

根据岸线保护与利用规划合理划分的岸线保护区、保留区、控制利用区和开发利用区，河湖岸线生态化改造时需严格管控开发利用强度和方式。岸线保护区基本保持原生态，原则上不予改造；岸线保留区以保护为前提，可适当增加植被的品种和数量；岸线控制利用区和开发利用区采取措施，提升河湖岸线的生态价值、景观价值和社会价值。对山区峡谷段、平原郊野段、穿村过乡段、城市滨水段河湖岸线采取不同方式进行生态化保护治理修复。

1）山区峡谷段

对山区峡谷段河湖岸线秉承保护优先的原则，尽量减少人为干预，尽量保持原生态，生境修复以自然恢复为主。如果有在建及待建水利工程涉及该区段，应该在满足水利工程的防洪等基本功能的前提下，综合考虑河湖岸线的生态效益进行工程建设，要连通因修建水库对鱼类的隔断。

山区峡谷段河道地形往往十分险要，河岸坡度陡峭，水流湍急，可能有险峻的滩涂。按照保护优先的原则，对该区段岸线尽量减少人为干预，尽量维持原生态。但是需要考虑到有些水利工程的建设会涉及山区峡谷段河道，如果有在建及待建水利工程涉及该区段，应该在满足水利工程的防洪等基本功能的前提下，综合考虑河湖岸线的生态效益进行工程建设。原则上需考虑保持生物（鱼类等)连通性,连通因修建水库对鱼类的隔断,以尽可能避免对山区峡谷段河湖岸线的生态破坏,但鉴于目前山西省相应工程并未充分考虑生物连通性,指导意见和实施方案中建议不提出硬性要求。

2) 平原郊野段

对平原郊野段河湖岸线,在河道两侧种植适应当地环境的耐淹草灌木,防止水土流失,提高河岸的稳定性。在堤防背水侧形成绿色屏障,有效防止水土流失和耕地污水流入河道。

平原郊野段一般不穿城过乡,对于有耕地无人的平原郊野段河湖岸线,从防洪并保护耕地着眼,考虑防冲不防淹,兼顾生态,治理措施以在有耕地但无人的河段岸线种植适应当地环境的耐淹草灌木为主。

在有耕地但人少或无人的河岸,围绕农田的需要调整种植结构,堤防背水侧可植树造林,种植适宜当地环境的树木,形成绿色屏障。在黄河流域和重要水源地等生态区位,以及生态脆弱区、退化严重区等,科学布局防护林,构建生态安全屏障。在植树造林的过程中,可按照网格分布的形式进行植树,在出现水土流失的地区,建立网络式防护层,来遏制地区的环境恶化问题,提高对水土的保护和控制能力,有效地防止水土流失和耕地污水流入河道。在施工的过程中,还应掌握好种植地区的地质和水土状况等,根据调查状况,遵循水土保持生态工程的原则,选用适合的种植品种(尽量采用本地物种)进行种植。需注意,根据《山西省河道管理条例》,禁止在河道管理范围内种植阻碍行洪的高秆农作物、芦苇、杞柳、荻柴和树木(堤防防护林除外)。

3) 穿村过乡段

结合山西美丽乡村建设,在防洪保安全的前提下,对穿村过乡段河湖岸线进行适度建设,完善乡镇和乡村人口聚集区重点河段岸线亲水近水基础设施,提升人民的幸福感。

由于地形和地势的影响,穿村过乡段的河道往往呈现出弯曲的形态。相对于山区河道和平原河道,穿村过乡段的水流速度通常较慢。穿村过乡段的河道位于农村人口活动区域,人类活动对河道的影响较大,如污水排放、垃圾倾倒等。

穿村过乡段位于农村人口活动区域,人类活动对河道的影响较大,穿村过乡段河岸与人民的生活息息相关,村庄乡镇一般都是沿着河道进行建设的,河道既为人民提供生活用水,也提供了良好的生态资源,有助于生态系统的平衡,所以秉承适度建设的理念对该区段的河岸进行保护治理修复,旨在提升人民的幸福感。

可结合山西美丽乡村建设,在防洪保安全的前提下,完善乡镇和乡村人口聚集区重点河段岸线亲水近水基础设施,保障亲水近水设施安全,提升人民的幸福感。

对穿村过乡段的河道岸线生态化保护治理修复可以从以下几个方面进行:

(1) 根据《山西省人民政府办公厅关于强化河湖长制建设幸福河湖的意见》,完善城镇和人口聚集区重点河段基础设施建设,保障亲水近水设施安全。

(2) 加强入河排污口规范化管理,减少各类入河湖污染负荷量,城镇生活污水、工业废水达标排放。定期对入河排污口水质、水量、水位、流速等进行监测,可在重点入河排污口和岸线关键区域设置视频监控系统,可利用卫星遥感技术对大范围区域的入河排污口岸线进行监测。

(3) 进行河道清淤疏浚,拓宽河道,依托河道建设公园,为村民提供休闲娱乐的场所。

4) 城市滨水段

对城市滨水段河湖岸线进行重点治理修复。

城市滨水段河湖岸线作为城市公共开放空间的一部分,具有高品质的游憩、旅游资源,能为市民和游客提供娱乐和休闲活动场所,但该区段往往人水争地的矛盾突出。滨水绿带、广场、公园等为人们提供了休闲、散步、交谈的场所,是人们享受大自然恩赐的理想区域。城市滨水段河道是城市景观空间的重要组成部分,具有优美的线性形态,是城市中美丽的风景线。同时,滨水绿道将多个独立的生态系统连接起来,为野生动物提供迁徙通道。在建设中,应保持与自然环境和城市文脉的延续性。

山西省对城市滨水河道的开发利用程度比较高,所以城市滨水河道的生态化保护治理修复更是重中之重。该区段存在的主要问题有:人水争地,已建工程有些存在渠化、硬化问题。需要平衡好人与自然的关系,对城市滨水段河湖岸线进行重点保护治理修复。

对城市滨水段的河道岸线生态化保护治理修复可以从以下几个方面进行:

(1) 更新滨水河岸,打造韧性护岸。

韧性护岸是一个比生态护岸更加广泛的概念,其内涵兼具生态韧性和工程韧性,在满足护岸防洪功能的前提下,在极端天气与灾害面前具有修复能力,在抵御一般洪水、潮水时具有适应能力。目前山西省七河五湖大部分岸线保护均以堤防为主,山西省水利厅和省自然资源厅根据护岸的不同现状和未来城市更新的可能性,规划提出护岸带生态改造的保护、修复、补偿三级梯度的管控方法。保护主要针对岸线保护区、岸线保留区中河岸带空间较为宽裕且河道内有浅滩湿地的区段,在岸线设计时结合浅滩生境保护形成自然生态缓坡,构建水陆之间的"可渗透性"界面和适合生物生长的仿自然环境。在未来将要进行城市更新的区段进行修复,大量采用生态修复方法,在进行城市更新时,在新的建设中应尽量采用两级挡墙式防汛墙这种生态岸线形式,并通过优化护坡基层的自然基底进行生境复育。在岸线开发利用区新近建成区段进行补偿,补偿是针对河岸带空间狭窄无法设置缓坡岸线的区段,对现有的以直立式形态为主的硬质护岸带进行生态化改造,使其满足生态功能需求,还兼备原有防汛墙工程的日常养护能力,提供韧性能力。

(2)建设生态驳岸,加强河岸与河流水体的水分调节。

驳岸是水域空间与陆地空间相交接处的空间区域,包括水域空间、堤岸以及与之密切相关的陆地衍生空间,是滨岸带中最活跃、最有生命力的空间区域带。作为城市中的生态敏感带,驳岸的构建对于河道生态环境具有非常重要的影响。而生态驳岸是指恢复后的自然河岸或具有自然河岸"可渗透性"的人工驳岸,它可以充分保证河岸与河流水体之间的水分交换和调节,除具有护堤、防洪的基本功能外,可通过人为措施,重建或修复水陆生态结构,丰富岸栖生物,形成自然岸线的景观和生态功能。在坡度缓或腹地较大的河岸,采用自然原型驳岸的形式,保持河岸自然状态,并配合植物种植,达到稳定河流驳岸的作用;在河岸边坡较陡的地方,采用自然型驳岸,采用木桩、木框加块石、石笼等工程措施,这种驳岸既能稳定河床,又能改善生态和美化环境,避免了混凝土工程带来的负面作用;对于防洪要求较高且腹地较小的河段采用台阶式人工自然驳岸,在必须建造重力式挡墙时要采取台阶式的分层处理。结合在建的山西省防洪能力提升工程、"一泓清水入黄河"工程和"七河""五湖"生态保护与修复工程,加强生物多样性保护,对河湖岸线进行生态修复治理。

(3)加强滨水设施建设与管理。

河湖岸线通过生态化改造后可以为人们提供良好的休闲环境,为人们的美好生活带来更多乐趣。配合植物种植实现草坡入水,亲水近水设施建设需与城市建设和滨水公园建设结合起来。

(4)采取合理措施改造硬化河道。

对于已硬化的河岸,一般采取两类措施:

一是破除硬质坡面后进行生态改造,其本质等同于在退化的土质护岸上进行生态修复,如生态混凝土技术、土壤生物工程技术等。然而大面积拆除硬质护岸无论从经济、防洪安全和空间的角度看,都需要付出较大代价。

二是直接在硬质坡面的基础上进行生态修复,其基本思路是敷设基质、栽种植物等。改造硬质护坡,对于高坎护坡生态建设时优先考虑生态砌块挡墙、石笼挡墙等形式；对已建的防汛墙或硬质结构的直立护坡可种植绿色爬藤植物或垂枝灌木等形成壁挂式、垂直式绿化；将面板式的硬质护坡改造成框架式和生态袋相结合的生态护坡。

原则上河道流速小于 1 m/s 的河段，宜采用土堤加草皮护坡；河道流速 1～4 m/s 的河段，宜采用土堤加格宾石笼护坡；河道流速大于 4 m/s 的河段，宜采用浆砌石、混凝土堤防。

山区段河道因洪水历时短、陡涨陡落，以防冲的措施为主；平原区段依地势布设自然堤岸线，堤坡按稳定边坡宜为 1∶3，可结合堤外低洼地带，布设分洪缓洪区。平地部分，以保护为主，除抢险道路外，还可植草保护。

（5）采用"近自然化"的方式改造渠化河道。

渠化的河道改变了河流自然状态下的主流、浅滩和急流相间的格局，改变了水流状态，降低甚至破坏了河流生态系统功能。对于渠化河道采取"近自然化"的方式，在基本满足行洪需求的基础上，宜宽则宽、宜弯则弯、宜深则深、宜浅则浅，形成河道的多形态和水流的多样性。可依托河道建设工程，改造渠化河道，将大部分传统河道形态改为蜿蜒自然式，工程选用生态材料作为新河道的边坡护岸，保证固土护坡的同时，实现水陆两侧物质能量相互渗透交换。有条件的可依托河道建设公园工程，改造渠化河道。可以在依托河道建设公园时，将大部分传统河道形态改为蜿蜒自然式。河道修建所产生的土方石块回收用于填充旧河道，减少施工垃圾，节约建设成本。公园选用生态材料作为新河道的边坡护岸，保证固土护坡的同时，实现水陆两侧物质能量相互渗透交换。但针对山西省城市滨水段的实际情况，专家认为城市渠化河道改造（蜿蜒式）不具备条件，建议在指导意见中不提渠化河道改造问题。

3. 针对山西省季节性河道进行岸线生态化保护治理修复

构建生态护岸，采用格宾石笼、植被型生态混凝土、土工材料、草皮和多年生灌木等生态护坡材料进行护岸构建。

生境修复以自然恢复为主，充分利用之前的地貌单元，延长洪水滞留时间，建设过程中，尽量减少渠化工程。维持边滩地貌单元的多样性和空间异质性，提升岸坡坑塘的存蓄能力。

根据山西省河川径流年际间丰枯悬殊，以及全省范围内持续时间较长的丰枯现象同步出现的特点，其季节性河道与长流水河道岸线面临的水文条件有所不同。本条提出针对季节性河道岸线构建生态护岸的措施。

季节性河道一般河槽宽浅，河床宽广，占地较多，水量时空分布极不均匀。汛期洪水源短流促，暴涨暴落，需要有足够的断面来排泄洪水；非汛期则基流很小,甚至干涸,整个河道处于闲置状态。

采用格宾石笼、植被型生态砼、土工材料、草皮等生态护坡材料进行生态护岸的构建。但需要特别注意:生态岸坡并非与传统的混凝土、浆砌石等硬质材料彻底切割,而是在满足水流流速要求、河道空间布置要求的条件下尽可能采用适宜植被生长且具有良好耐久性的柔性防冲材料;对于河道狭窄、纵坡较大、两岸坡体陡峻等不具备生态型岸坡布置的河段仍然需依托挡墙等采取对应工程措施。对于地势坡降较大,洪水期水流流速大的河段为满足防洪要求仍建议采用硬质基础。

生境修复以自然恢复为主,充分利用原有的地貌单元,延长洪水滞留时间。建设过程中,尽量减少渠化工程。维持边滩地貌单元的多样性和空间异质性,提升岸坡坑塘的存蓄能力。

有些地区采用微地形重塑技术。微地形重塑是指人类根据科学研究或改造自然的实际需求,有目的地对地表下垫面原有形态结构进行二次改造和整理,从而形成大小不等、形状各异的微地形和集水单元,能有效调节水流方向和速度,增加景观异质性,改变水文循环和物质迁移路径,起到了遏制侵蚀、改善生境和促进植被恢复的作用。但专家认为微地形重塑技术不能合理解决问题,不适用于山西省季节性河道岸线生态化改造。

构建生态河床。生态河床主要包括拦砂坎、多介质层(垂直向上依次是砾石、卵石和砂石层)、缓流区、消能块石等结构组成。汛期时,上游大量来水漫流经过砾石附着区,可减缓冲刷下切;同时卵石砾石覆盖区河道糙率加大,可削减来水的流速与相应动能,促进悬浮颗粒物沉降,减少洪水对下游河道及河岸的冲刷;枯水期则可增强局部紊流强度和天然曝气。砾石间形成连续的水流通道,当水流通过时,水中的悬浮固体因沉淀、物理拦截、水动力等原因运动至砾石表面而接触沉淀。水中有机物质与砾石表面接触,因砾石表面带电性的缘故,导致水中有机物质吸附于砾石表面生物膜。同时,生长在砾石表面上的微生物或藻类,会氧化分解其所吸附的污染物,并通过在生物膜表面和内部分别形成的好氧和厌氧环境进行硝化反硝化作用对氮进行去除,而磷的去除主要靠土壤及砾石的吸附作用。该措施可有效强化河流自净能力,发挥河道天然屏障功能。

河道基底治理。河道基底的治理是整个河流治理过程中的重要一环,其作为河流内源污染物的重要载体,在河流污染物质过量时会引起更严重的污染效应,但底泥同时也为底栖生物与水生植物提供栖息、附着的空间,并给予它们生存所需的营养物质。河道污染底泥在清淤后污染物质大部分已清除,内源污染相对较轻,但清淤后的局部范围出现硬质基底不利于植物的恢复及繁育,可在该区域填入黄土和疏浚底泥混合物(3∶1),铺设高度为 100～400 mm。黄土加入的同时可提高底泥氧化还原电位,防止底泥中氮磷释放,有利于水生植物生长。

7.3.2 河湖岸线生态化改造建设模式

在前述针对河湖岸线不同部位、不同区段采取不同的保护治理修复的工程措施的基础上,结合山西省实际特点和建设模式探讨创新的成功经验,提出四种针对典型河湖岸线区段的岸线生态化改造建设模式,分别是政府主导的岸线生态化改造建设模式、政府企业合作的重点河段岸线综合开发治理模式、企业或乡村主导的河流源头和乡村河段特色休闲旅游治理模式、乡村主导的乡村河段美丽乡村治理模式。

1. 政府主导的岸线生态化改造建设模式

对于重点城市的部分滨水段岸线的生态化改造,采取省、市政府统一领导,多部门合作的建设模式,结合在建重点工程的建设项目进行基建治理,围绕河湖岸线生态化保护、修复、治理制定统一的规划和布置方案,实现资源整合和任务分工,以协同推动工程的实施。县城段的滨水段河湖岸线可采用县政府主导的县城段河道滨河公园治理模式,投资以财政资金为主,主要实施河道生态水量调蓄、两岸景观美化的治理。

政府主导的岸线生态化改造建设模式针对不同的对象有不同的方案:

一是对于重点城市的部分城市滨水段岸线的生态化改造,采取政府统一领导、多部门合作的建设模式,投资以政府融资为主,结合在建重点工程的建设项目进行基建治理,围绕河湖岸线生态化保护、修复、治理制定统一的规划和布置方案,政府融资,实现资源整合和任务分工,以协同推动工程的实施。

二是县城段的城市滨水段河湖岸线,可采用县政府主导的县城段河道滨河公园治理模式,县政府主动治理,同时由于其公益性质和优质的土地资源,一般不允许企业主导,投资以财政资金为主,主要实施河道生态水量调蓄、两岸景观美化的治理。

2. 政府企业合作的重点河段岸线综合开发治理模式

对于具有较高开发治理价值(包括土地、房地产、湿地等)的部分重点河段的城市(或县城)滨水段岸线,采用政府企业合作的建设模式,也可采用企业直接投资开发的模式,结合城市(或县城)综合治理工程兼顾生态效益,进行河湖岸线综合开发治理,促进重点河段岸线综合开发治理模式创新。

3. 企业或乡村主导的河流源头和乡村河段特色休闲旅游治理模式

对穿村过乡段河湖岸线进行适度建设时,在一些生态资源相对较好的区域,企业投资，围绕乡村的山、水、林、田综合开发，建设特色生态村镇，带动有机农业和旅游产业发展，同时治理岸线生态环境；农村集体经济组织也可与相关企业建立合作关系，共同参与河湖岸线的生态化改造工作。同时可挖掘河湖岸线周边的自然资源和文化遗产，建设休闲农庄、生态旅游景点，以提高土地利用效率、减少农业面源污染，改善河湖水质，促进生态农业的发展，提高河湖岸线的生态环境质量，带动当地经济增长，提升人民的幸福感。

4. 乡村主导的乡村河段岸线美丽乡村治理模式

对穿乡过村段河湖岸线，当乡村河段是河流的主要形态且其岸线改造暂不具备社会资本进入的价值时，可采用乡村两级特别是行政村为主的以整治堤防、美化环境等为主要目标的针对乡村河段岸线的美丽乡村治理模式。

7.3.3　河湖岸线生态化改造管理措施

科学实施河湖岸线生态化改造需要将非工程措施与工程措施相结合。本项任务提出在山西省河湖岸线生态化改造中由政府约束的管理措施（包括非工程措施）。根据各级政府及其主管部门制定的一系列法律法规，明确对河湖岸线开发利用的管理要求和限制，促进生态保护和可持续发展。

1. 完善河湖管理范围划定成果，强化岸线规划约束

根据《水利部关于加强河湖水域岸线空间管控的指导意见》和《山西省河道管理条例》，全面梳理复核山西省河湖名录，进一步调查掌握河湖管理底数。加快推进水利普查外有管理任务的省内河湖管理范围划界及上图。省水利厅组织对划界成果及其上图工作进行抽查复核，对不依法依规，降低划定标准人为缩窄河道管理范围，故意避让村镇、农田、基础设施以及建筑物、构筑物等问题，督促有关地方及时整改，并依法公告。强化岸线规划约束，做好河湖岸线划界与"四区两线"划定等工作的对接，积极推进与相关部门实现成果共享。

河湖岸线生态化改造中需强化岸线规划约束，做好河湖岸线划界与"四区两线"划定等工作的对接，积极推进与相关部门实现成果共享。对河湖岸线进行全面调查和评估，了解其地理环境、岸线特点、水质状况、生态状况、社会经济背景等信息，明确岸线保护治理的需求和目标。基于评估结果，制定岸线规划。规划应根据国家和地方的法律法规，以生态环境保护、经济社会发展为核心，建立符合当地实际情况的岸线保护规划和保护控制带。建立完善的岸线保护机制和管理体系，明确责任主体和分工任务，并采取措施加强监管力度，打击违法占用和污染行为，确保规划的顺利实施。根据当地的地理环境和岸线特点，因地制宜安排河湖岸线管理保护控制带。如土地、水文和自然资产状况等，为岸线保护控制带设计合理的范围和标准。在规划中,关注岸线的生态和环境保护,制定相关措施和标准。鼓励采用可持续的保护管理模式和技术手段,提高生态恢复能力和生态保护效果。加强对公众、企业和农民等利益相关方的宣传和教育,提高大众的环境保护意识。引导公众积极参与岸线保护和修复工作,推动规划的顺利实施。加大对岸线保护规划的政策和资金支持,为规划的顺利实施提供资金和技术支持,推动规划的有效实施和长期保护。

山西省已制定《山西省"五湖"生态保护与修复总体规划(2021—2035年)》,但该规划中并未针对湖泊岸线保护和利用划定岸线分区,因此对于目前未划定岸线分区的湖泊,可参考河流岸线生态化改造的措施,在划定湖泊岸线分区后进一步科学实施湖泊岸线生态化改造。

2. 严格规范各类河湖岸线利用行为

根据《水利部关于加强河湖水域岸线空间管控的指导意见》,应严格管控各类水域岸线利用行为,如河湖管理范围内的岸线整治修复、生态廊道建设、滩地生态治理、公共体育设施建设、渔业养殖设施建设、航运设施建设、航道整治工程、造(修、拆)船项目、文体活动等,依法按照洪水影响评价类审批或河道管理范围内特定活动审批事项办理许可手续。严禁以风雨廊桥等名义在河湖管理范围内开发建设房屋。城市建设和发展不得占用河道滩地。光伏电站、风力发电等项目不得在河道、湖泊、水库内建设。在湖泊周边、水库库汊建设光伏、风电项目的,要科学论证,严格管控,不得布设在具有防洪、供水功能和水生态、水环境保护需求的区域,不得妨碍行洪通畅,不得危害水库大坝和堤防等水利工程设施安全,不得影响河势稳定和航运安全。各省(区、市)可结合实际依法依规对各类水域岸线利用行为作出具体规定。

3. 推进"清四乱"常态化规范化和法治化

根据《水利部关于加强河湖水域岸线空间管控的指导意见》,推进"清四乱"常态化规范化,重点严查涉及河湖岸线的"四乱"问题。

严查未经批准或超过规定范围的违法建设行为,包括擅自占用河湖岸线用地、违法填埋、违法采砂等;加强对违法建设行为的监测与巡查,及时发现并采取行动,依法拆除违法建设,并追究相关责任人的法律责任。

严查涉及河湖岸线的水污染问题,包括直接或间接向河湖排放废水、垃圾、化学物质等行为;加强水质监测和排污口检查,对违法排放行为进行立案调查并依法处罚,同时加强对污染源的整治,减少或消除河湖岸线的水污染问题。

严查涉及河湖岸线的滥捕滥钓行为,包括无证无照捕捞、使用禁用渔具、禁渔期捕捞等；加强巡查和执法力度，对违法捕捞行为进行打击和取缔，加强监管措施，促进河湖资源的合理利用与保护。

严查涉及河湖岸线的环境破坏行为，包括乱倒垃圾、乱倒废弃物、乱搭乱建等；加强环境监测和巡查，对环境破坏行为进行处罚和整治，同时加强宣传教育，提高公众的环境保护意识，共同保护河湖岸线的生态环境。

通过重点严查涉及河湖岸线的"四乱"问题，加强对违法行为的执法力度，维护河湖岸线的生态环境，确保河湖资源的合理利用与保护。同时，也需要加强宣传教育，引导公众积极参与河湖岸线的保护与治理工作，共同营造良好的河湖岸线生态环境。紧盯历史问题清理整治，直到见底清零；对于新发生问题，应改尽改、能改速改、立行立改。

4. 排查整治妨碍河道行洪突出问题

根据《水利部关于加强河湖水域岸线空间管控的指导意见》和《山西省河道管理条例》，排查整治妨碍河道行洪突出问题。

坚持"谁设障、谁清除"原则，继续排查整治阻水片林、高秆作物及其他妨碍河道行洪突出问题。按照省政府明确的河长制跟进机制，将突出问题纳入督办事项。市、区、县级主管单位根据省级主管单位的要求，组织开展本辖区内妨碍河道行洪突出问题排查整治工作，具体任务包括制定实施方案、明确排查责任人、开展宣传教育等。制定具体的实施方案和操作规程，明确排查整治的标准、方法和程序。对涉嫌妨碍河道行洪的行为进行调查并依法依规进行处理，具体工作包括调查取证、审查处理意见、执行处罚决定等环节。对本辖区内的妨碍河道行洪突出问题排查整治工作进行跟踪管理和监督，发现问题及时进行整改和纠正，具体工作包括定期检查工作进展、发现问题、及时督促整改、建立整改台账等环节。加强与相关部门和单位的沟通和协调，共同推进排查整治工作的顺利实施。

对已整治的地点实行定期巡查和动态监控，确保整治成果。提高公众环保意识，鼓励居民、企业、学校等广泛参与到河道行洪的规划和整治中来，营造全社会关心环保、爱护环境的良好氛围。推动科技创新，发挥先进技术的优势，研发适用于河道行洪的水文预报、信息化管理系统和智能监控装置，提高河道行洪的预警反应能力和水力效率。

5. 推进河湖岸线智慧化管理

（1）加快数字孪生河湖建设，充分利用大数据、卫星遥感、航空遥感、视频监控等技术手段，推进河湖岸线生态化改造中问题的智能识别、预报预警、预演预判，提高河湖岸线监管的信息化、数字化和智能化水平。

（2）利用先进的传感技术和遥感技术，对河湖岸线进行高精度的数据采集和监测，包括岸线形态、水域水质、生态环境等信息，实时获取河湖岸线的动态变化情况。

针对山西省河湖岸线生态化改造，遥感技术可广泛应用于各个方面，包括生态环境监测、生态保护规划、水域生态修复等。根据水利部解译的河湖遥感图斑进行核查，将其作为"四乱"问题排查的主要方式，推进河湖岸线违法违规问题清理整治，并逐步完善河湖岸线管理范围内的图斑本底数据库。

①生态环境监测：遥感技术可以通过获取卫星图像和航空遥感数据，监测河湖岸线的植被覆盖情况、水质状况、湿地变化、植被覆盖情况、污染源情况、水体动态变化等，为生态环境的评估和监测提供数据支持。

②岸线退化监测：通过遥感技术监测岸线的退化情况，例如河滩退化情况、岸线沉积情况、砾石状况、河湖水体侵蚀情况、地形变化等，让管理者及时了解岸线变化情况，采取相应的措施进行治理和修复。

③城市扩张与岸线压力监测：通过遥感技术监测城市扩张对河湖岸线的压力，包括城市建设用地扩展、违法建筑等情况，为决策者提供关于城市发展与岸线保护平衡的信息。

④生态修复效果评估：利用遥感技术评估生态修复项目的效果，通过对修复区域的遥感图像对比分析，了解植被恢复状况、土壤质量改善程度等指标，为生态修复工作的评估和调整提供参考。

⑤河湖岸线规划与管理：通过遥感技术获取高分辨率的影像数据，辅助河湖岸线规划与管理工作，包括资源调查、界定岸线范围、制定保护政策等，提高规划的科学性和准确性。

（3）选择典型河湖岸线（段），建立河湖岸线在线监控系统，通过视频监控、无人机、无人船巡查等手段实时监测河湖岸线的安全状况，快速发现问题并及时预警，加强对河湖岸线的安全管理和防护措施；通过大数据和人工智能技术，对河湖岸线生态化改造中的问题进行分析和预测，提高管理决策的科学性和准确性；利用"全国水利一张图"及河湖遥感本底数据库，及时将河湖管理范围划定成果、岸线规划分区成果、涉河建设项目审批信息上图入库，充分利用实时感知信息实现动态监管。利用人工智能和智能化技术，如机器学习、图像识别等，辅助岸线管理工作，自动化处理河湖岸线的相关问题，提高工作效率和准确度。

（4）结合山西省各地河湖岸线地理、气候、水文、结构和生物等实际情况，利用智能化技术对岸线的设施、设备进行预防性维护与保养，通过监测设备运行状态,定期进行维护与保养,提前发现并解决潜在问题,以利于岸线设施的稳定运行和生命周期延长。

(5)结合水利部推进的"三道防线"建设、水利工程标准化管理建设和数字孪生建设,做到统一规划和统筹建设。

7.4 保障措施

7.4.1 加强组织领导,明确责任分工

各级政府要高度重视河湖岸线生态化改造工作,切实加强组织领导,建立河湖长牵头、水行政主管部门主导、各地市有管辖权的相关部门作为主体、多部门联动的工作机制,及时组织推动河湖岸线生态化改造工作,研究制定实施方案,明确建设任务、工作措施和责任分工,分步推进落实。

7.4.2 严格监督管理,落实责任追究

各级河湖长、水行政主管部门、相关责任部门要加强河湖岸线生态化改造管理,进一步细化责任、明确分工,严格考核和责任追究,确保河湖岸线生态化改造目标按期完成。严格落实《党政领导干部生态环境损害责任追究办法(试行)》,对因工作不力、履职缺位等导致河湖岸线保护问题突出、发生重大违法违规事件的,要依法依规追究主要领导、有关部门和人员责任。

7.4.3 加强宣传引导,促进全民参与

聚焦河湖岸线生态化改造任务和工作成效,把宣传工作与河湖岸线生态化改造一同部署,及时挖掘报道工作进展、特色经验和有益做法,形成广覆盖、全方位、立体化的宣传格局。鼓励发动广大群众监督河湖岸线空间管控违法行为,让保护河湖岸线生态环境理念深入人心。通过各种媒体宣传河湖岸线生态化改造提升河湖岸线生境、积极恢复岸线生态的作用。扩大宣传覆盖面,引导企业和公众积极参与、支持河湖岸线生态化保护修复治理,鼓励社会组织和个人建言献策,推动形成全社会共同保护水生态的思想共识和行动自觉,努力营造共建共治共享格局和人与自然和谐共处的良好社会氛围。

7.4.4 拓展融资渠道,加强资金保障

各地应根据河湖岸线生态化改造质量和进度要求结合当地经济实际创新投

入模式,多方拓展融资渠道,在充分挖掘自身潜力的同时积极争取社会多元支持,统筹规划协调各方投入和合法权益,同时积极争取各级财政支持和充分利用中央水利发展资金,保证资金投入力度,提高资金保障水平,防范各类金融风险,确保项目资金链健康稳健。

8 智慧水利

党的十九大明确提出要建设网络强国、数字中国、智慧社会，党中央对实施网络强国战略作出全面部署，2018年中央一号文件明确提出实施智慧农业林业水利工程。2019年全国水利工作会议提出要抓好智慧水利顶层设计，构建安全实用、智慧高效的水利信息大系统。2019年水利部组织编制并印发了《加快推进智慧水利的指导意见》《智慧水利总体方案》。2023年中共中央、国务院印发了《数字中国建设整体布局规划》，提出构建以数字孪生流域为核心的智慧水利体系。河湖岸线智慧化管理也是智慧水利的重要内容。

8.1 智慧水利的概念与内涵

《智慧水利总体方案》中明确了智慧水利是运用云计算、大数据、物联网、移动互联网和人工智能等新一代信息技术，对水利对象，如河流、湖泊、地下水等自然对象，水库、水电站、水闸、堤防、灌区等水利工程对象，以及挡水、蓄水、泄水、取水、输水、供水、用水、耗水和排水等水利管理活动进行透彻感知、网络互联、信息共享和智能分析，为水旱灾害防范与抵御、水资源开发与配置、水环境监管与保护、河湖生态监督与管理等水利业务提供智能处理、决策支持和泛在服务，驱动水利现代化的新型业态。

智慧水利是智慧社会的重要组成部分，是补短板、强监管的重要抓手，是新时代水利信息化发展的更高阶段，也是推进水治理体系和治理能力现代化的客观要求。

2008年11月，IBM公司在美国纽约发布的《智慧地球：下一代领导人议程》主题报告中提出，把新一代信息技术充分运用在各行各业之中。智慧水利是智慧地球的思想与技术在水利行业的应用。IBM 公司将美国国家智慧水网（National Smart Water Grid™）作为"智能地球"重要组成，并提出了三个关键词：自动化、交互性、智能化。智慧水网的技术核心将涉及水文学、水动力学、气象学、信息学、水资源管理和行为科学等多个学科方向，是新一代水利信息化的集成发展方向。

智慧水利的内涵主要有三个方面：1）新信息通信技术的应用。即信息传感及物联网、移动互联网、云计算、大数据、人工智能等技术的应用。2）多部门多源信息的监测与融合。包括气象、水文、农业、海洋、市政等多部门，天、空、地等全要素监测信息的融合应用。3）系统集成及应用，即集信息监测分析、情景预测预报、科学调度决策与控制运用等功能于一体。其中，信息是智慧水利的基础；知识是智慧水利的核心；能力提升是智慧水利的目的。

8.2 智慧水利建设目标和总体框架

8.2.1 智慧水利建设目标

水利部 2021 年提出的智慧水利建设的总体目标是：充分运用云计算、大数据、人工智能、物联网、数字孪生等新一代信息技术，建设数字孪生流域，建成具有"四预"功能的智慧水利体系，实现数字化场景、智慧化模拟、精准化决策，赋能水旱灾害防御、水资源集约节约安全利用、水资源优化配置、大江大河大湖生态保护治理，为新阶段水利高质量发展提供有力支撑和强力驱动。

2021 年水利部印发《关于大力推进智慧水利建设的指导意见》，提出智慧水利建设的阶段工作目标是：

1）到 2025 年，通过建设数字孪生流域、"2＋N"水利智能业务应用体系、水利网络安全体系、智慧水利保障体系，推进水利工程智能化改造，建成七大江河数字孪生流域，在重点防洪地区实现"四预"，在跨流域重大引调水工程、跨省重点河湖基本实现水资源管理与调配"四预"，N 项业务应用水平明显提升，建成智慧水利体系 1.0 版。

2）到 2030 年，具有防洪任务的河湖全面建成数字孪生流域，水利业务应用的数字化、网络化、智能化水平全面提升，建成智慧水利体系 2.0 版。

3）到 2035 年，各项水利治理管理活动全面实现数字化、网络化、智能化。

8.2.2 智慧水利总体框架

根据智慧水利总体目标，面向各层级水利业务智能化，以水利感知网和水利信息网为基础、以"一云一池两平台"构成的水利大脑为核心、以智能应用为重点、以网络安全体系和综合保障体系为保障,形成智慧水利总体框架,如图8-1所示。

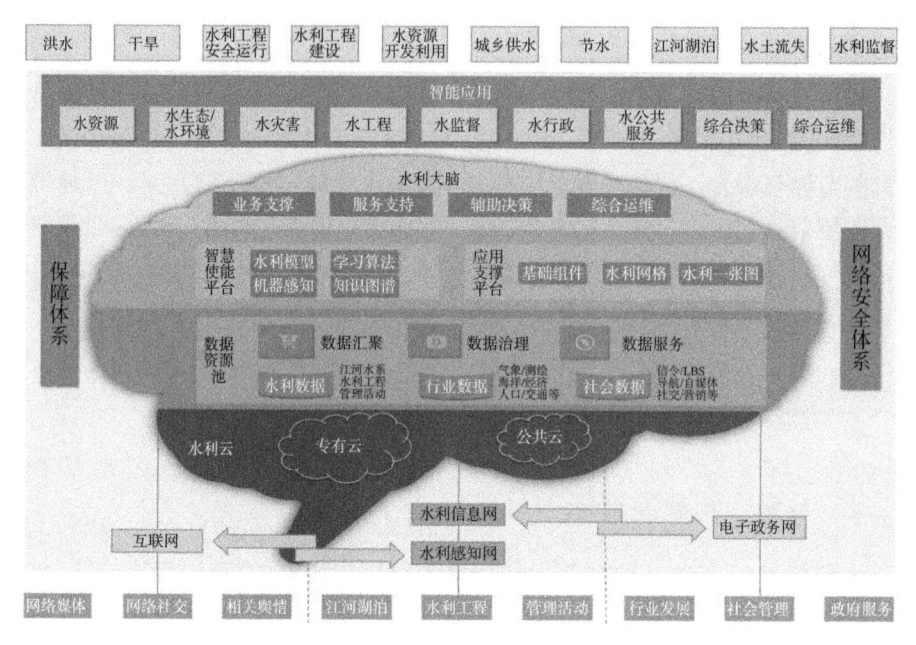

图 8-1 智慧水利总体框架示意图

智慧水利的特征中,透彻感知依托水利感知网实现,水利感知网是智慧水利的"感知系统",实现了水利大脑对涉水对象及其环境信息的监测、感知,是水利大脑获得信息输入的渠道。全面互联依托水利信息网实现,水利信息网是智慧水利的"神经系统",建立起大脑与"感知系统末梢"的连接。深度挖掘依托水利云实现,水利云是水利大脑的"物质基础",负责对海量感知数据进行大规模存储和计算,是水利大脑进行记忆和思考的载体。智能应用依托各类智慧化业务应用实现,这些应用是水利大脑的"功能表现",水利大脑具备的智慧能力将通过这些业务应用来得到发挥,支撑水资源保护、水灾害防御、水工程运行、水生态修复、水利综合监督、水行政管理、水公共服务及综合决策、综合运维的智慧化应用。

江河湖泊、水利工程、水利管理活动以及其他各类信息,经过水利感知网和水利信息网汇集到水利云,形成水利数据资源池。通过对池中数据进行治理,实现统一的数据管理与服务,基于标准的智慧使能和应用支撑平台设计,为水利大脑提供业务支撑、服务支持、辅助决策与综合运维的基础能力,实现上层智能应用,推动各类业务的智慧化运行,服务水利精细管理。

8.2.3 智慧水利与数字孪生

2021年11月水利部印发《关于大力推进智慧水利建设的指导意见》,坚持"需求牵引、应用至上、数字赋能、提升能力"总要求,以数字化、网络化、智能化为主线,以数字化场景、智慧化模拟、精准化决策为路径,以网络安全为底线,通过建设数字孪生流域、"2+N"水利智能业务应用体系、水利网络安全体系、智慧水利保障体系,推进水利工程智能化改造,在重点防洪地区实现"四预"建设N项业务应用。水利工程建设管理方面,收集整合水利工程规划、建设等相关数据,依托全国水利一张图整合集成水利工程建设基础数据库,完善水利工程管理等功能,加强水利工程BIM应用和智能化建设。水利工程运行管理方面,在全国水库运行管理信息系统、大型水库大坝安全监测监督平台、堤防水闸基础信息数据库等基础上,整合接入雨水情等信息,构建工程运行安全评估预警、工况视频智能识别、工程险情识别等模型,扩展完善水利工程基础数据联动更新、水利工程注册登记、降等报废以及病险水库项目管理等功能,推进重大水利工程的数字孪生工程建设。

2022年以来,水利部先后出台一系列文件部署"数字孪生水利"政策框架。

2022年3月水利部印发《数字孪生水利工程建设技术导则(试行)》,要求集成耦合水文、水力学、泥沙动力学、水资源、水工程等专业模型和可视化模型,推进集防洪调度、水资源管理与调配、水生态过程调节等功能为一体的数字孪生流域模拟仿真能力建设。推动构建水安全全要素预报、预警、预演、预案的模拟分析模型,强化洪水演进等可视化场景仿真能力。选择淮河、海河流域重点防洪区域,开展数字孪生流域试点建设。

2022年3月水利部印发《水利业务"四预"基本技术要求(试行)》,要求结合数字孪生水利工程算力需求,采用自建云、物理服务器,共享行业云、政务云等方式,构建数字孪生水利工程计算存储环境。可根据数字孪生水利工程模型计算、"四预"等高精度计算场景需求,在通用计算基础上,加强高性能计算能力的建设。

2022年3月水利部印发《数字孪生流域建设技术大纲(试行)》,在数字孪生流域和数字孪生水利工程基础上,实现预报与调度的动态交互和耦合模拟。

2022年7月水利部完成"十四五"七大江河数字孪生流域建设方案、11个重要水利工程数字孪生水利工程建设方案审查工作。数字孪生流域建设正在全国范围内推进并已取得成效。

2024年4月1日，水利部颁发《关于推进水利工程建设数字孪生的指导意见》，从顶层建设的角度阐明了智慧水利建设的总体思路，强调运用数字孪生、BIM、GIS等现代信息技术推动水利行业数字化、智能化转型，以实现水资源的高效利用和可持续管理，为生态文明建设注入科技动力。

通过上述分析可知，数字孪生是智慧水利的重要组成部分，也是智慧水利的具体体现形式，建设数字孪生水利体系是推进智慧水利建设的实施措施，而做好"四预"是数字孪生的落脚点。

数字孪生水利体系建设的重点包括以下三项：

一是建设数字孪生流域。锚定全面支撑流域统一规划、统一治理、统一调度、统一管理这个目标，围绕赋能流域水旱灾害防御、水资源节约集约利用、水资源优化配置、水生态保护治理，丰富算据、优化算法、提升算力，加快实现对物理流域全要素和水利治理管理全过程的数字化映射、智能化模拟、前瞻性预演。

二是建设数字孪生水网。锚定构建"系统完备、安全可靠、集约高效、绿色智能、循环通畅、调控有序"的目标，围绕确保工程安全、供水安全、水质安全，立足工程的规划、设计、建设、运行全生命周期管理，实现与物理水网同步仿真运行、虚实交互、迭代优化。

三是建设数字孪生工程。锚定保障水利工程安全、效益充分发挥的目标，加快推进BIM技术在水利工程全生命周期运用，实现对物理工程的在线监测、方案预演、问题发现、优化调度、安全保障。

8.3 数字孪生水利工程

8.3.1 基本概念

数字孪生水利工程是指对实体水利工程全要素进行数字映射、智能模拟、前瞻预演，与实体水利工程同步仿真运行、虚实迭代优化，实现对实体水利工程的实时监控、问题发现、优化调度的新型基础设施。

数字孪生水利工程需通过各类建模、感知技术实现数字映射，基于运行数据实现数字孪生水利工程的迭代优化，从而使复杂水利工程在数字角度可感知、可描述。数字孪生水利工程还需基于各类智能分析模型实现问题识别与预警，基于各类专业模型实现智能模拟预演、拓宽实体水利工程时空感知边界，基于各类决策支持模型实现调度方案优化，从而使数字场景对现实领域能演绎、能调控。

数字孪生水利工程理解示意图如图8-2所示。

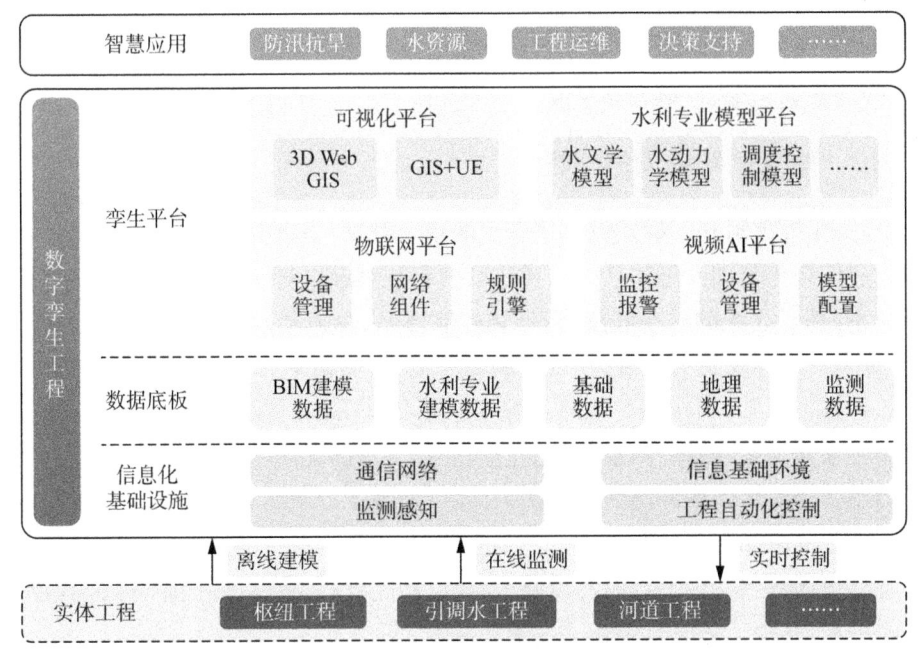

图 8-2 数字孪生水利工程理解示意图

8.3.2 水利工程建设数字孪生的工作目标与内容

根据《关于推进水利工程建设数字孪生的指导意见》，水利工程建设数字孪生的工作目标是：

①到2025年，新建大型和重点中型水利工程普遍开展信息化基础设施体系、数字孪生平台和业务应用体系建设，实现对水利工程建设过程动态感知、智能预警、智慧响应，数字孪生工程与实体工程同步验收、同步交付。水利工程建设数字孪生相关技术标准体系基本建立。推进有条件的中小型水利工程开展数字孪生建设。

②到2028年，各类新建水利工程全面开展信息化基础设施体系、数字孪生平台和业务应用体系建设，水利工程建设数字孪生相关制度和技术标准体系更加完善，数字化、网络化、智能化管理能力显著提升。

水利工程建设数字孪生应锚定目标，坚持急用先行、先易后难，分阶段、分类型推进水利工程建设数字孪生。主要建设内容包括构建信息化基础设施体系、构建数字孪生平台、构建业务应用体系三方面。其中构建业务应用体系充分考虑水利工程建设和运行管理多层级协同、多维度应用和"四预"功能需求，逐步建立分级的水利部、流域管理机构、省级水行政主管部门水利工程智慧监管系统和水利工程建设项目智慧管理系统。建立健全业务应用体系数据交换标准和要求，提高数据汇聚、互通和共享能力。

8.3.3　信息化基础设施建设

《关于推进水利工程建设数字孪生的指导意见》提出的水利工程建设数字孪生构建信息化基础设施体系的主要建设内容是：建设包括监测感知体系、通信网络体系、基于北斗的时空底座、自动化控制体系、算力基础环境等信息化基础设施，加强对工程及其上下游、左右岸的动态监控，实现对水利工程建设"天空地"一体化透彻感知，为水利工程建设数字孪生数据采集、传输存储、计算分析和预报预警预演预案（简称"四预"）功能应用等提供基础支撑和算力保障。建设相应的商用密码应用体系和网络安全防护体系，增强工控网络和数据安全保障能力，保障数据资源和业务应用的安全、稳定、高效运行。其中，配套感知设施建设与完善要根据数字孪生平台的建设要求，建设和完善相关硬软件设施，保证其运行可靠平稳，其中工程安全及相关设施是重中之重。

加强水利工程智能感知能力是推进水利工程建设数字孪生的重点任务之一。根据水利工程类别和监测需求，建设水利工程配套水文设施，完善测雨雷达等雨水情监测预报"三道防线"，部署建设质量、工程安全、设备运行状态等监测设备，健全完善感知信息自动采集系统；强化设计阶段智能感知设备布置的全面性、有效性，提高施工环节规范精细作业水平，确保安全有效发挥作用；适度超前和冗余布置隐蔽工程、重要部位智能感知设备，强化施工期保护，确保关键部位传感器安全可靠；提高感知数据的分析效率，全面提升全时空、多维度的水利工程智能感知能力。

需要夯实信息基础设施，升级大坝和边坡安全监测设施，构建覆盖影响工程安全的重要结构、重要部位的感知物联网，提升工程安全信息感知水平，建设协同的数据分析处理中心。

随着科技水平和认知水平的不断提高，工程安全信息感知网络已发展为空天地一体化感知网络，充分借助卫星、无人机、地面及水下机器人，以及埋设于坝及基础面内的监测传感器，从点、线、面、体不同角度、不同尺度，全面精准感知荷载和结构响应。除传统监测外，还应结合专家认知、检测信息和声波、红外、光谱等非结构化信息。通过压缩感知、稀疏采样等方式实现有用信息的透彻感知。

信息分析处理设施包括硬软件设施，其中硬件设施需在现有监测设施检验鉴定的基础上，根据预报预警和分析评价的要求，结合政策法规和标准规范完善相应的云计算、并行计算和集群中心。

硬件基础设施包括配套土建设施、服务器、通信设施、工作站及网络设施、电源及人机交互硬件设施等。配套信息分析处理软件设施包括软件主程序及其功能模块、数据库、操作系统、支撑辅助软件。其中软件主程序由用户开发，数据库及操作系统根据硬软件要求选择，支撑软件包括 Python、Revit、CAD、3DMax 等。软件开发中考虑到数字孪生平台计算分析及人机交互的要求，对软件架构和可靠性、兼容性提出更高要求，一般基于容器和微服务架构、采用云计算模式开发。

8.3.4　数据底板建设

数据底板建设是在感知监测数据基础上，补充定期更新的工程 BIM 建模数据、水利专业建模数据以及工程基础属性数据管理范围地理空间数据，构建数字孪生工程底座。

根据《关于推进水利工程建设数字孪生的指导意见》，推进 BIM 和 GIS 等技术应用是推进水利工程建设数字孪生的重点任务之一。强化数字技术支撑，构建工程可视化模型，清楚展示水利工程建设全过程仿真模拟和关键节点数据。推进勘察设计阶段基于 BIM 等技术和模拟分析软件开展多专业一体化设计，优化设计流程，构建智能设计与数字化设计体系，推行规划、勘测、设计、施工、运维的数据交换和信息共享，实现数字化产品交付。建设阶段依托 BIM、GIS、北斗、物联网等技术开展施工组织，对工程施工全过程质量安全管理、进度投资控制等重要信息进行感知、监测、分析、预警和响应，提高施工质量、安全、进度和造价控制水平，完工时交付工程施工信息模型成果。

8.3.4.1　数据收集融合

数据收集融合需要回答两个问题：首先是结合工程特点收集与工程安全、正常运行以及失事风险有关的输入和输出变量，变量类型包括结构、半结构和非结构数据，覆盖范围包括上下游库区、大坝坝体、坝基、坝肩和下游影响区域等相关区域，目的是根据这些数据来搭建三维可视化模型、溃坝洪水虚拟仿真模型、结构分析评价模型和监测资料分析预报模型等。其次是给出与具体工程结构、水文、调度和安全风险相匹配的数据融合方法。一般数据融合包括传感器、决策级别等不同级别的融合策略，也包括卡尔曼滤波、证据理论、模糊综合评价等数据融合方法。

1) GIS 数据

以水库工程为例,地理信息系统(Geographic Information System,GIS)数据是从水库及影响区尺度和工程尺度描绘影响区域及工程地理位置、地形地势及下垫面特征的主要数据。GIS 数据还包括影响区域土壤分布、河道建筑物、经济社会等,这些信息对构建数字孪生工程具有重要意义。对具体水利工程而言,其范围和力度要根据工程运行影响因素及其安全风险等特点确定。GIS 数据与水利业务密切相关,具体表现在以下几个方面:

(1) 水文方面:构建集流域地理数据库、测报数据库和数据共享发布系统于一体的坝区水文信息系统。

(2) 雨情水情方面:与遥感技术结合,模拟工程所在地区降雨与产汇流关系,研究目的是快速、准确地计算坝前水位和下泄水量。

(3) 防汛方面:结合三维仿真和二维地理信息系统,仿真模拟洪水的演进,并执行风险和不确定性分析。

(4) 水资源管理方面:GIS 系统可以更好地引导水资源的管理和决策制定,所以将其用于评价地表水、地下水和总水资源的水量与水质,或日常储水量的管理。

(5) 旱涝灾情方面:参考水库供水受益区气象部门气象数据云平台,如水库在市区则需在防汛减灾要求下建立城市三维场景下暴雨积涝模拟分析业务系统,研究模拟城市尺度下的暴雨积涝灾害。

(6) 地下水资源利用方面:与地下水系统的数值模型结合,对地下水可用量、水质情况进行评价。

(7) 城市水资源管理方面:应用 GIS 技术可监测城市用水安全,还可以进行城市流域研究、城市配水系统的模拟和自动生成。若结合遥感影像,则可以评估出种植区可供灌溉的水资源情况。

(8) 地下水资源的管理方面:结合专业模型的支持,研究开发地下水地理信息系统,也可以对地下水在未来的开发前景进行评估。

(9) 水污染方面:将 SD(System Dynamics,系统动力学)方法与 GIS 方法相结合,根据需要建立水污染与控制系统模型,模拟在研究区域下不同调控策略对库区及影响区域环境质量的影响。

(10) 水库河道堤防管理方面:应用基于 ArcGIS 软件构建的地理信息系统,可以实现对监测点的动态管理。

水利地理信息服务平台包含的资源种类形式多样,需要依据数据属性的相同或相异性,地理要素间的空间关系以及逻辑层级关系,基于科学性、系统性、可扩延性、兼容性、综合实用性的原则为其建立分类体系。同时为数据资源设置编码,能够标识出资源的唯一性并包含父级分类标识,从而描述资源间的隶属关系。水利地理信息服务平台数据资源按照应用类型可分为功能资源、基础地理数据资源、水利地理数据资源、属性数据资源、平台管理数据资源五大类。

2) BIM 数据

水利工程数字化可以借助建筑信息模型(Building Information Modeling,BIM)技术实现,目前 BIM 技术已成为构建数字孪生水利工程以及建设和运行管理智慧化模拟的基础。水利行业正在加快推进 BIM 技术在水利工程全生命周期的应用。

BIM 技术提供水利工程的外观几何尺寸信息以及在不同阶段、不同应用场景下给予模型不同的属性数据信息,是水利工程孪生环境搭建的基础组成。

在水利工程前期规划设计阶段,推进实施基于 BIM 技术的方案比选、计算分析模拟,实现正向设计的设计新模式,拓展数字化交付,提升设计产品的质量与效率。

在水利工程建设阶段,同步建设数字孪生工程,建立基于 GIS+BIM 技术的包含建设管理和运行管理的水利工程全生命周期管理平台,建设单位可依托该平台,进行工程进度、质量、安全、投资及其他相关的管理工作,施工单位可依托基于 BIM 技术的建设管理平台,进行施工组织优化和模拟,实现施工过程的可视化模拟和施工方案的持续优化。

在工程运行阶段,依托基于 BIM 技术的运行管理平台,实现工程运行调度可视化孪生仿真模拟,支撑工程设备预测性维护、工程运行安全预警,强化突发应急处理能力,逐步实现水情监测有预报、工程异常有预警、调度管理有预演、突发应急有预案。

建立 BIM 模型的常用工具包括 3DMax、CityEngine、SolidWorks、SketchUp 和 Revit,各工具都有自己的特点,在针对水利工程建模型时需要根据特点和适用性进行选用或将不同的工具进行组合使用。

3) 基础信息数据

对水利工程建立数学孪生模型涉及的数据种类很多,充分利用基础信息数据可以减少数据收集工作量,显著提高工作效率。基础信息数据主要包括以下几方面:

(1) 基础信息数据库。以全国水利普查数据为基础,将普查形成的各类基础数据资源,包括江河湖泊、各类水利工程、河湖开发治理与保护、水土流失及治理、区域经济社会用水、水利行业发展和机构能力建设等普查成果的属性数据和空间数据,以及待建立数字孪生水利工程的数据库、水利空间数据库的基础数据,按照统一的标准规范,纳入到基础信息数据库统一管理。

(2) 水利业务工作数据库。以满足各项业务应用系统开发为目标,对水利电子政务、防汛抗旱、水资源、水利工程安全运行、水事违法案例、农村水利、水土保持、河道、农村水电站、滩涂围垦等各个业务工作中的数据实行统一管理,建立水利业务工作数据库。

(3) 实时水信息数据库。实时水信息数据库的数据主要是由实时监测系统采集,内容包括水情、雨情、水量、水质、工程监视图像、大坝安全检测、台风、云图等数据。水情、雨情、水质数据由水文自动测报系统采集,并实时传输到省数据中心;工程监视图像和大坝安全监测信息由各工程管理单位负责采集,并通过网络汇集到省中心实现共享;实时台风数据及预报信息通过互联网获取,市、县可通过网络共享;实时气象云图由省厅通过云图接收机实时获取,市、县可通过网络共享。

(4) 水利文献数据库。水利文献数据库包括水利标准规范全文、水利期刊全文、水利电子图书全文、水利政策法规全文、水利工程档案、水政年报等内容。除了水利期刊全文、水利电子图书全文是通过购买相应的文献服务外,其他的文献数据由人工录入。

4) 工程安全监测数据

对于以工程安全运行为目标的数字孪生平台建设,工程安全监测数据是核心数据,要求其具有精确性、及时性、同步性和有效覆盖性。

(1) 变形监测

变形监测数据是掌握水利工程与地基变形的空间分布特征和随时间变化的规律,监控有害变形及裂缝等的发展趋势的依据。变形监测数据一般可分为表面变形监测数据和内部变形监测数据两大类,其中表面变形监测数据包括水平位移、垂直位移监测,内部变形监测数据根据水利工程的特点包括挠度、接缝开合度等。

位移监测数据的精度主要考虑测点变形幅度和位移控制值两方面因素,位移控制值包括变化速率控制值和累计变化量控制值。位移监测的精度首先要根据控制值的大小来确定,特别是要满足速率控制值或在不同工况条件下按各阶段分别进行控制的要求。监测精度确定的原则是:监测控制值越小,要求的监测精度越高,同时还要考虑时间序列重构及被监测部位失效风险大小对监测精度的要求。

(2) 渗流监测

水利工程渗流监测数据能反映工程在上下游水位、降雨、温度等环境量作用下的渗流规律并检验防渗结构实际效能和自身工作状态。渗流监测的主要项目包括渗透压力和渗流量。必要时,还需配合进行水温和水质分析等监测。

渗流监测各项目、各测点应相互结合进行分析,并同时观测水利工程上下游水位、降雨量和大气温度等环境因素。已建工程在进行渗流监测数据分析时,应重点关注对工程渗流安全有重要影响的数据,如水闸岸墙和翼墙底部结合部分的数据。

水利工程渗流监测部位应符合其工程特性与需求,如水闸还应进行闸基扬压力监测,闸基扬压力监测应根据水闸的结构形式、工程规模、闸基轮廓线、地质条件、渗流控制措施等进行布置,并应以能测出闸基扬压力分布及其变化为基本原则。

(3) 应力应变及温度监测

应力应变及温度监测数据包括钢筋应力、土压力、锚索(锚杆)应力、混凝土温度、混凝土应力应变等。对重要的钢筋混凝土结构进行钢筋应力监测需要结合钢筋附近混凝土应力应变监测数据进行,以便更准确地得到结论。

应力应变及温度监测的布置应和变形、渗流监测相结合,测点布设应根据水利工程结构特点、应力状态、分层分块施工情况以及数值模拟和模型试验成果进行合理布置,以更好地反映结构的应力分布特征。水利工程温度测点的布置应考虑水利工程结构特点、施工方法以及温度场的分布规律,在温度梯度较大的面板及孔口附近应适当加密测点。

(4) 环境量监测

环境量监测数据是了解环境量的变化规律及对水利工程变形、渗流和应力应变等的影响的基础。环境量监测内容包括水位、气温、降水量等。环境量监测应严格按《水位观测标准》《降水量观测规范》等环境量监测相关标准规范内容执行。

(5) 专项监测

水利工程应根据其工程规模、等级、运用条件和环境等因素,有针对性地设置专门性监测项目及时全面获取水力学、施工环境安全监测和生物危害监测等监测数据。

水力学监测包括水流流态、水面线(水位)、波浪、冻水压强、水流流速、流量、消能(率)、冲刷(淤)变化、通气量、掺气浓度、空化噪声、过流面磨蚀等监测项目;施工环境安全监测应包括粉尘浓度、有毒有害气体及放射性监测项目;生物危害监测应根据水利工程类型及生物危害种类(如白蚁、老鼠、蛇等)开展相应监测项目。

8.3.4.2 数据底板构建

资源数据库是运用信息化手段,按照"统一规划、统一标准、统一管理、资源共享"的要求,集成覆盖水利工程区域的多尺度、多数据源、多分辨率、多时态基础测绘成果,打造成"横向到边、纵向到底"的"资源统一数据底板",广泛应用于水利工程运行维护、安全鉴定、除险加固等方面。全域数字化现状数据是工程管理的重要基础,通过耦合基础地理信息、水利普查、部门专业现状、新型开放数据、统计信息等,为实现"多规合一"构建水利工程空间规划体系,实施自然资源管理提供统一的数据底板。数据底板建设需要明确全域数字化现状,对数据内涵、数据要素构成、数据可获取情况进行解析,结合当前发展阶段,剖析自然资源管理框架下全域数字化现状数据建设面临的新形势,并从工作组织、目标定位、工作步骤、建设路径、制度保障等方面指出全域数字化现状数据建设实施要点。

数据底板构建应在严格参照与遵循国家、地方、行业相关规范和标准的基础上,根据水利工程的信息标准要求,采用科学的理论和方法,结合实际情况,制定适用的、开放的、先进的技术规程,主要包括以下几方面的内容:

1) 底板数据工作规范

包括数据汇交规范、数据生产规范、数据建库规范、数据评价规范、数据信息规范、数据管理办法、数据共享服务规范、应用服务类数据规范。

2) 底板数据库架构设计

以完善数据库总体内容框架构成、扩展数据库数据图层标准为目标,搭建底板数据库架构,具体包括数据架构设计、数据库资源体系设计、数据入库保障技术三个方面。通过以上设计和技术支持,完成底板数据库的架构设计,为后续空间规划本底数据建库提供支持。

3) 水利工程管理底图数据库建设

与分阶段建设目标相对应,底图数据库建设主要由三部分构成,分别为编制底图数据体系梳理、底板数据体系建立及详细规划数据底板体系建立。

每一个阶段都有相对应的数据的组织及标准,具体是对数据类型、空间数据构成及空间数据结构等形成不同的要求,以便于数据的管理。

(1) 水利工程管理底图数据体系梳理

水利工程管理底图数据体系梳理,面向总体的水利工程管理基础底图工作要求,具体包括一张现状底图和一张规划底图。

(2) 统一标准底图框架

建立底图动态标准体系和结构化框架,将空间规划相关数据资源统一汇总并重新组织,明晰标准在框架内的层次、类型和与其他空间规划数据的相互关系。

(3) 基础地理信息一张图

汇总地球表面测量控制点、水系、居民地及设施、交通、管线、境界与政区、地貌、植被与土质、地籍、地名等有关自然和社会要素的位置、形态和属性等信息,建立基础地理信息一张图。

(4) 三调成果一张图

以最新"三调"数据成果为基础,提供统一坐标、统一精度、统一用地分类、统一地物细分标准的水工程管理基础底图。

(5) 统一权属一张图

通过建立统一权属数据库,整合土地资源、森林资源、水资源、草原资源、矿产资源等自然资源权属和土地、房屋、探矿权、采矿权等不动产信息,形成统一权属一张图。

(6) 总体规划汇总一张图

梳理已有总体规划成果,汇总并整合土地利用总体规划及全市各县总体规划,明确已有的各类规划在国土空间上已规划的土地指标、设施布局、交通情况等引导及规划约束,并将其数据进行数据整合和治理,形成整体管理数据一张图。

(7) 详细专项空间管控线一张图

汇总整合净空域、轨道交通防护管控区、微波通道、风道、生态走廊等专项规划,并研究上述专项中对空间管控的要求,形成详细专项空间管控线一张图。

4) 空间规划底板数据体系建立

空间规划底板数据体系的建立,具体包括总体空间规划底图数据整合、双评价底板数据整合、监测预警底板数据整合及建立空间指标传导框架等。其中:双评价底板数据整合以双评价的指标体系要求出发,梳理双评价工作需要的数据集合,包括三调成果、DEM成果、遥感影像数据、市土壤数据、水资源调查成果、库水河道水深数据、大气环境资源、水质检测数据、多年平均降水量及风速、气象灾害数据等。建立评价模型、评价流程方法,形成单项评价专题数据及综合评价专题数据,最终汇总建立双评价专题数据库,为三区三线的划定提供真实全面的数据支持。

5) 监测预警底板数据整合

从监测预警的指标体系要求出发,梳理监测评估预警工作需要的数据集合,并形成监测专题数据库、预警专题数据库。对安全、创新、协调、绿色、开放、宜居等主要空间评价维度进行单要素评估、综合评估,并形成专项评估值,并进行时序跟踪对比。对红线突破、环境质量底线、粮食安全、名录管理、资源利用上限五大类预警指标进行数据整合,构建监测预警数据模型实时汇总指标数据,对突破防汛抗旱、水资源、工程安全和生产安全等重要底线进行实时预警。

6) 详细规划数据底板体系建立

详细规划数据底板体系建立,主要包括空间规划数据整合、各类规划数据整合、审批管理数据整合。

空间规划数据整合以数据汇总、统一字段、统一坐标系、接边融合、建立标准分幅、属性项补充等为主。数据具体包括多比例尺地形整合一张图、地下空间一张图、综合管网一张图、地质勘探一张图等,对应形成1∶500、1∶2 000两套比例尺的全域地形全要素成果库、全域地下空间一张图成果库、全市地质勘探成果库、全域空间规划体系分区单元成果库。

各类规划数据整合内容以数据汇总、分类提取、建立层级关系、统一字段、统一坐标系、属性项补充、数据接边等为主。规划数据具体包括空间规划体系分区单元图、控制性详细空间规划一张图、专项规划汇总编目、建设管控线一张图等,对应形成全域空间规划体系分区单元成果库、全域控制性详细空间规划成果库、全域专项规划成果库、全域四线汇总成果库及更新管理机制。

审批管理数据整合具体包括防汛物资调度一张图、安全监测设施一张图、用地建设一张图、确权划界一张图。另外,从水利工程运行管理等业务环节汇总土地管理及规划管理信息,通过空间唯一性及时间序列梳理各业务的关联及前后顺序,建立项目全生命周期的数据关联关系。

7) 一张图工作底图数据管理机制

空间规划数据底板治理需要配套一系列管制机制,覆盖一张图工作底图数据的汇交、检查、更新、发布等环节,形成完整的数据管理闭环。

(1) 数据标准管理机制

严格参考国家、行业相关标准要求,建立集中、规范统一的数据标准体系,对水工程数据资源目录体系进行统一编码,对各类元数据进行规范化定义。建立数据标准管理机制,是保障信息化建设可持续运营的前提条件。

(2) 数据目录管理机制

为保障水利工程数据融合工作的顺利完成,需围绕当前水利工程数据融合工作的总体任务,以及后续持续优化资源目录体系的要求,建立数据目录管理机制。具体包括目录编制要求及元数据编制要求。

（3）数据责任管理机制

为保障水利工程数据体系能落地，应明确各类数据资源的生产单位、源数据主管单位、数据应用单位的使用管理职责，对数据的提交、收集、入库、更新、存储、备份、发布等工作进行定岗定责，以保障数据的安全保密性、一致性、时效性、完整性、权威性等。

（4）数据汇交和共享机制

编制信息资源目录、数据共享交换标准和数据更新管理办法，对涉及的市、区、县等各科室数据收集、共享、交换、更新情况进行监督考核，以保障数据的一致性、权威性，支撑数据资源有序开放和共享。

（5）数据评价和反馈机制

以水工程数据的责权为导向，从数据生产、数据应用及数据管理角度，建立数据管理评价标准、数据汇交目录及数据反馈机制，以保障数据的时效性、准确性及实用性等，保证数据库对业务管理的数据服务与决策支持。

（6）数据安全管理机制

为保障数据融合的过程中不出现数据泄露、丢失等问题，通过建立数据保密制度、数据备份制度及硬件安全保障措施来保障数据的安全。

（7）数据运营机制

建立可持续运营的水工程数据运营机制，明确水工程数据在不同自然资源业务下的应用与管理的差异，明确各数据应用角色的数据应用权限与管理权限，确定数据日常运行与维护的工作方式、工作流程，保证数据库的安全与稳定。

（8）"知库"平台

在完成数据及指标体系的建立及管理后，通过"知库"平台的支持，能以知识管理的理念创建及管理多个数据模型，利用知库的一系列工具实现数据模型的灵活定制、便捷应用和动态更新维护，对各类分散信息进行关键抽取与规则化统计，以专题知识的方式提供给"双评价"、规划实施监测评估预警等实际业务应用场景来参考及运用。同时建立起一套完备的数据运行管理机制，实现对数据体系的持续更新维护。

面向水工程管理的数据底板治理，利用"知库"可实现对底板数据库的持续更新维护，同时逐步精细化各类数据的可信度评价，为未来水工程管理提供可靠精确的数据支持。

8.3.5 数字孪生平台搭建

根据《关于推进水利工程建设数字孪生的指导意见》，数字孪生平台的建设内容包括：采用BIM、GIS等技术建立水利工程信息模型和对工程宏观环境与空间场景进行数字化模拟，加强工程信息模型和空间模拟数据融合，构建三维可视化的交互环境，汇集工程基础数据、监测数据、业务管理数据及外部共享数据，实现物理工程同步直观表达、工程建设全过程仿真模拟，支撑数字孪生体与物理体的感知互联、仿真推演、交互分析。围绕水利工程建设、运行管理数字孪生需求，构建数据底板、模型库和知识库。

数字孪生平台（见图8-2）中，物联网平台的作用是实现感知数据的统一接入、数据预处理、可视化监控；视频AI平台的作用是充分利用现有海量视频监控设备，利用视频AI及时主动发现问题；水利专业模型平台的作用是基于经验模型、传统机理模型、数据驱动模型，满足预报、预演、优化调度、运行诊断需要；可视化平台的作用是为实现数字化场景、智慧化模拟、优化决策提供可视化载体。由于水利工程建设，运行管理知识库和水利专业模型平台需结合不同水利工程综合应用的功能要求构建，而水利工程的分类及功能要求涉及的专业知识多，故在本书中不深入阐述知识库及水利专业模型平台构建内容。

这里仅介绍可视化模型建模技术。

可视化模型支持技术有虚拟现实（VR）、增强现实（AR）、混合现实（MR）技术，在水利工程数字孪生平台构建过程中，应根据不同的需要和实际应用条件加以选择，必要时还需采用不同的组合，结合人机交互技术实现更高效、更直观、更保真的三维动态可视化。

1）VR技术

以广西某大型水利枢纽工程建设项目的VR技术应用为例进行说明。该项目基于Krpano引擎和GIS地图服务技术，采用PHP语言和MySQL数据库，开发了一套完整的全景管理系统，实现了该水利枢纽工程全景数据的制作、管理和入库等功能，方便用户生产全景产品的同时，对该区域工程建设的监督任务提供数据和技术支撑，并对外形成良好的宣传作用。

该水利枢纽无人机VR全景展示系统是基于Krpano引擎技术的二次开发产品，在基础全景制图上实现了全景数据管理、全景发布以及全景分布的功能，有助于全景项目高效管理，提升了用户体验。之所以选择Krpano引擎来开发全景系统，不仅在于其可拓展性，还在于它能支持最常见的浏览器和设备，且能很好兼容多种系统和浏览器版本。Krpano内置的图像生成算法以及视图渲染算法，能够较好地提高切片后的相片质量，以高细节和清晰度呈现图像。除此外，该工具支持无缝的VR切换功能，不需要额外的插件或软件支持。

Krpano引擎在该系统中主要作用是实现图像的切片，生成不同尺度不同角度的全景切片数据,然后依托 web 前端技术,实现全景数据的 360 度浏览。虽然目前已出现了较多基于 Krpano 的全景系统,但是本系统的构建思路和方法仍然存在差异之处,例如采用无人机获取全景数据、采用 fileinput 插件上传文件、不同的图像切片和入库标准等。

全景展示系统采用浏览器或服务器模式进行系统架构设计,该架构开放式的特点可以支持系统在多种设备上运行,有利于满足本系统对多客户端的需求。系统开发采用的后端支持语言为 PHP,其在开源性、跨平台性、运行效率、数据库连接、安全性等方面的优势成为系统建设语言选择的考虑因素,与此对应的 MySQL 数据库成为本系统数据库管理工具。

该系统主要包含 4 个功能模块:

(1) 全景管理,将用户发布的全景作品进行统一管理,便于后期全景资料的管理和查阅,并能根据需求创建自己的管理图册。

(2) 全景编辑,对生成的全景作品进行基础信息、子全景、场景热点、辅助功能等相关信息的修改,并生成访问地址和二维码以供用户使用和分享。

(3) 素材管理,对上传到服务器的数据,如全景图、普通图片、音频、视频等基础数据的管理。

(4) 全景发布,通过本地上传的数据或素材库里的数据,发布生成全景作品。

2) AR 技术

AR 技术可以根据相关设计图纸及现场实际情况,通过 3DMax 及 Maya 对虚拟场景进行三维建模、渲染并制作部分特效;在 Unity3D 平台进行虚拟场景渲染及交互设计;利用 Vuforia 和 ARCore 开发工具,实现根据标识物的位置显示对应增强现实场景、叠加虚拟信息、音频讲解、视频播放等人机虚拟交互功能。

(1) 3DMax 及 Maya 技术

3DMax 全称为 3D Studio Max,是 Discreet 公司开发的(后与 Autodesk 公司合并)基于 PC 系统的三维模型建立、动画设计及效果渲染软件,广泛用于游戏、影视、机械、建筑等领域。3DMax 是一种多边形对象建模方式,建模方式灵活,操作界面友好,可以创建大型三维模型,且模型修改简便;软件对系统配置要求不高,兼容性强,可通过其他插件实现更多功能,也可与高级渲染器进行连接,提升模型及动画效果,因此它成为建筑、水利及相关行业最为常用的建模及动画制作工具之一。

Maya 是 Autodesk 公司出品的三维动画软件,集成了 Alias、Wavefront 最先进的动画及数字效果技术。相比于 3DMax,Maya 的基础层次更高,功能更加强大，动画效果更加细腻、真实且使用更加灵活，但其插件及模板较少，更多参数需要自己设定，因此使用起来稍显复杂。在国内，Maya 较多用于电影特效、3D 游戏、广告宣传、网页制作等方面。

3DMax 及 Maya 技术均可输出 Unity 支持的模型格式，且具有场景逼真、特效优异等特点，因此选用这两个软件对水利枢纽大坝、鱼道、电站、泵站进行建模、贴图及制作部分动画、特效。

(2) Unity3D 技术

Unity3D 是由丹麦 Unity Technologies 公司开发的专业虚拟现实引擎，是一个可创建三维游戏视频、建筑可视化、实时三维动画等交互内容的综合型开发平台。其具有跨平台性良好、开发环境简单易学、资源导入便捷、兼容众多软件开发工具包(SDK)、综合剪辑和图像处理功能强大等优势，现被广泛应用于虚拟现实研究及三维游戏开发等领域。

Unity3D 的编辑器可在 Windows、Linux 及 Mac OS X 系统下运行，可发布产品至 Window、Linux、Mac OS X、iOS、Android、Web browsers、Play Station 3、Xbox One、Xbox 360、Windows Phone 等多种主流平台；支持的编程语言主要为 C 语言及 Java 等。选用 Unity3D 平台作为水利枢纽 AR 软件的开发平台，配合 Vuforia 及 ARCore 等软件开发工具包(SDK)，完成软件功能的开发，并发布在 Android 平台，开发过程中使用的编程语言为 C 语言。

(3) Vuforia 及 ARCore 技术

Vuforia 是高通子公司针对移动设备 AR 应用推出的软件开发工具包 (SDK)，2015 年被物联网软件开发商 PTC 收购，因其优异的性能和开源免费使用，成为最受欢迎的 AR 应用软件开发工具包之一。Vuforia 提供的主要模块有 Application Code(应用程序代码)、Cloud Databases(云数据库)、Device Databases(设备数据库)、Camera(摄像机)、Image Converter(图像转换器)、Tracker(追踪器)、Video Background Renderer(视频背景渲染器)、Word Targets(文本目标)、User Defined Targets(用户自定义目标)。

ARCore 是谷歌推出的用于搭建增强现实应用程序的免费软件开发工具包 (SDK)，主要用于 Android 平台 AR 应用软件开发。因其优秀的光源感知能力、环境感知能力、动作捕捉能力、区域学习功能而受到越来越多开发者的欢迎。

一般水利枢纽工程可选择 Vuforia 及 ARCore 两种主流软件开发工具包 (SDK)来实现标识物特征点捕捉跟踪、虚拟模型与视频真实场景融合、根据环境光实时改变虚拟模型明暗阴影自适应、虚拟信息叠加(包括动画、音频、文字等)、漫游导览等功能。

3) MR 技术

MR 技术可应用于小流域山洪灾害防治,可结合小流域实际,利用 MR 技术、场景融合等新技术手段,在 Hololens 应用平台中营造出信息融合的、交互式的三维动态视景的模拟环境,实现在 MR 中模拟演示山洪灾害暴发过程,并结合当地山洪灾害防御体系建设情况,模拟演示灾害发生过程中当地监测、预警、转移安置、抢险救灾等应急响应工作。让不同受众对象身临其境,防汛工作人员能进一步明确自身工作职责,以提高其责任意识和业务能力;普通群众能够深刻感受到山洪等自然灾害的突发性和巨大破坏性,提高自身防灾减灾意识和灾害避险能力,从而减少因山洪灾害造成的人员伤亡和财产损失。

MR 技术总体框架设计是通过 MR 系统把防灾减灾的现实环境构成虚拟场景,利用专业引擎与 GPU 互换数据,并通过 METAL、OpenGL ES2.0、OpenGL ES3.0 等接口去动态渲染模拟光源,并将模型表面贴图虚拟真实化。系统总体框架图如图 8-3 所示。

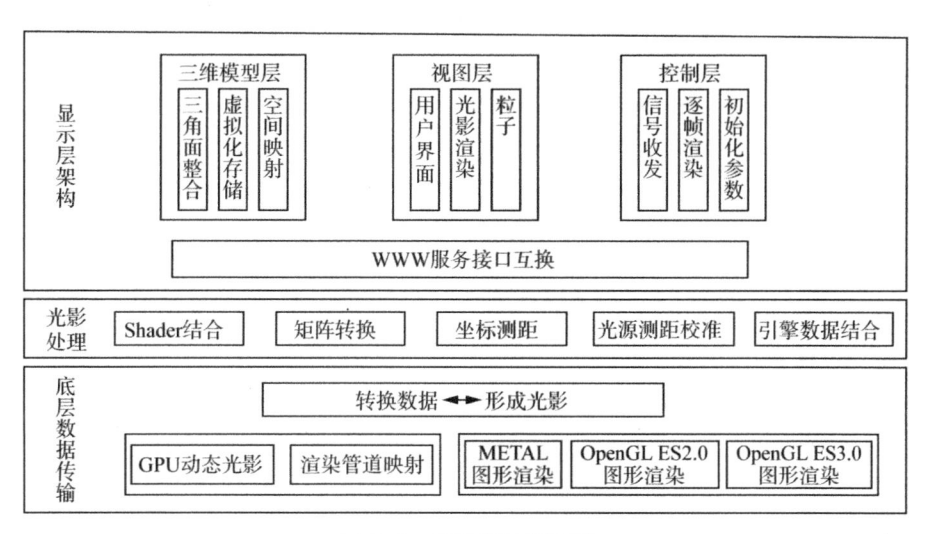

图 8-3 系统总体框架图

8.4 水利工程管理"四预"

国家"十四五"规划纲要明确提出"构建智慧水利体系,以流域为单元提升水情测报和智能调度能力"。水利部高度重视智慧水利建设,将推进智慧水利建设作为推动新阶段水利高质量发展的最显著标志和六条实施路径之一,提出"要加快构建具有'四预'（预报、预警、预演、预案）功能的智慧水利体系"。水利工程管理"四预"是智慧水利建设的重要组成部分，是数字孪生建设的出发点和落脚点。

8.4.1 "四预"技术框架

水利工程管理"四预"功能基于智慧水利总体框架，在数字孪生流域基础上建设。预报、预警、预演、预案四者环环相扣、层层递进。其中，预报是基础，对水位、流量、水量、地下水位、墒情、泥沙、冰情、水质、台风暴潮、淹没影响、位移形变等水安全要素进行预测预报，提高预报精度，延长预见期，为预警工作赢得先机；预警是前哨，及时把预警信息直达水利工作一线和受影响区域的社会公众，安排部署工程巡查、工程调度、人员转移等工作，提高预警时效性、精准度，为启动预演工作提供指引；预演是关键，合理确定水利业务应用的调度目标、预演节点、边界条件等，在数字孪生流域中对典型历史事件场景下的水利工程调度进行精准复演，确保所构建的模型系统准确，对设计、规划或未来预报场景下的水利工程运用进行模拟仿真，具备"正向""逆向"功能，及时发现问题，科学制定和优化调度方案；预案是目的，依据预演确定的方案，考虑水利工程最新工况、经济社会情况，确定工程调度运用、非工程措施和组织实施方式，确保预案的可操作性。通过"四预"功能的建设，保持数字孪生流域与物理流域交互的精准性、同步性、及时性，实现"预报精准化、预警超前化、预演数字化、预案科学化"的"2+N"智能水利业务应用，有力支撑智慧水利体系1.0版建设。水利工程管理"四预"技术框架见图8-4。

8.4.2 预报

1）基本内涵

预报是根据水利业务需求，遵循客观规律，在总结分析典型历史事件和及时掌握现状的基础上，采用基于机理揭示和规律把握、数理统计和数据挖掘技术等数学模型方法，对水安全要素发展趋势做出不同预见期（短期、中期、长期等）的定量或定性分析，提高预报精度，延长预见期。

2）主要内容及技术要求

预报主要包括明确任务、编制方案、作业预报等。

明确任务的技术要求包括针对不同水利业务需求及预报目标，确定流域或区域河湖、水利工程等作为预报对象，相应设定水位、流量、水量、地下水位、墒情、泥沙、冰情、水质、台风暴潮、淹没影响、位移形变等作为预报要素。预报对象应明晰，预报要素应量化，可制作发布短期、中期、长期等不同预见期的预报成果。

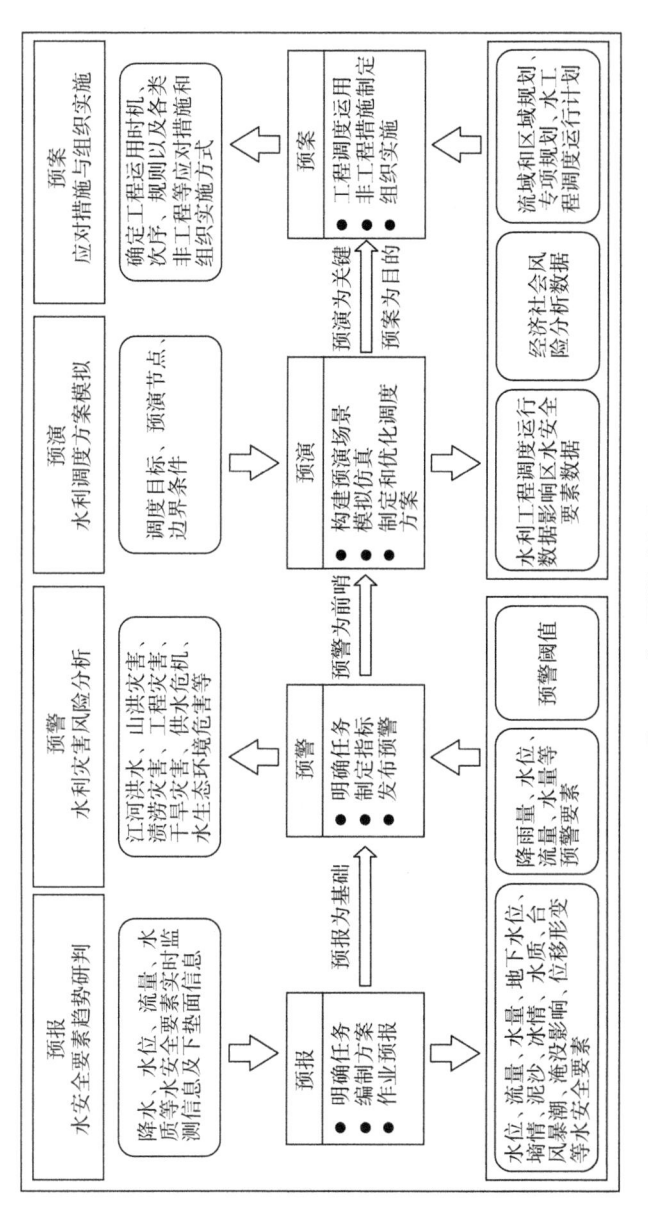

图 8-4 "四预"技术框架图

编制方案包括收集资料、构建预报拓扑、选择模型、确定参数、评定方案等，其技术要求如下：

（1）收集资料。应基于数据底板，获取能反映预报对象和预报要素历史演变客观规律的系列资料和重要特征资料。应对所收集的资料进行质量控制，充分考虑监测站网密度和信息报送情况，满足可靠性、一致性、代表性的要求。

（2）构建预报拓扑。根据预报任务，以流域或区域为单元，以水文测站、水利工程、影响区域等为节点构建预报拓扑关系。应明确各节点的水力联系。

（3）选择模型。从水利专业模型平台中选择基于机理揭示和规律把握、数理统计和数据挖掘技术等数学模型方法。应充分考虑模型的适应性，发挥多种模型嵌套融合作用，进行多模型方法参证分析。

（4）确定参数。参数可依据流域或区域下垫面特征直接确定，或依据典型历史事件资料进行率定确定。参数率定应采用智能优选和人工优选相结合的方式。参数应进行敏感性、合理性、可靠性分析，并将最新资料实时滚动纳入模型参数确定。

（5）方案评定。对不同的预报要素应选择合适的指标进行方案精度评定。方案精度应根据相关规定和要求进行等级划分，并提出适用条件。

作业预报包括制作预报、预报会商、成果发布等，其技术要求如下：

（1）制作预报。依托预报系统开展作业预报，尽量缩短作业时间，提高时效性。预报系统应采用模块化、微服务、云计算等技术，具有界面友好、响应速度快、运行稳定可靠等特点。制作预报时宜利用多种模型，充分考虑专家经验、历史相似案例，并对多种预报方案进行比较优选。

（2）预报会商。根据规定或需求，组织相关部门进行预报联合会商，充分吸纳各方意见，减少预报不确定性。预报会商应明确边界条件，考虑不确定因素及最不利情况，最终形成综合意见。

（3）成果发布。依据相关规定，及时将预报成果报送有关部门，并按照职责权限向社会统一发布。

3）预报方法

以动态水雨情或工情预报为例，采用动态构建水雨情或工情预报方法，用于生成预报断面位置所在区域的预报方案，包括以下步骤：

（1）将水文特性和水利工程信息概化后，分解为不同的属性单元；属性单元包括代表预报断面上游来水的入流单元、代表预报断面或入流单元所在集水区的产流区间、代表区域内无资料地区的虚拟单元。

（2）对预报断面所属区域的水文特性以及水利工程信息进行分析，得到输入条件分析结果。

（3）根据输入条件分析结果，选择不同的属性单元的集合，并设置预报断面和属性单元的各项属性参数；根据产流区间的气候条件、土壤含水量、上游河道比降、区间高程数据、流域汇流时间以及蒸发代表站的情况，设置产流区间的属性参数；产流区间的属性参数包括产汇流计算模型、流域面积、蒸发系数、流域雨量站以及流域雨量站的权重。入流单元的各项属性参数包括控制断面以及数据来源；入流单元的数据来源包括实测数据、人工输入、预报方案计算结果或者实测数据与预报方案结合计算得到的结果。所述预报断面的属性参数包括预报断面站点、时段长、预见期、预热期。

（4）根据输入条件分析结果，构建各属性单元之间的关联关系、属性单元与预报断面之间的关联关系，组成区域预报方案。位于上游的属性单元为上游属性单元，位于下游的属性单元为下游属性单元，各属性单元之间的关联关系包括上游属性单元的流量直接汇入下游属性单元的关联关系、上游属性单元通过河道演算汇入下游属性单元的关联关系，以及多个上游属性单元的流量共同汇入下游属性单元的关联关系。

不同的区域，其水文特性和水利工程均不同，对水文特性和水利工程进行概化后可以形成输入条件，而输入条件又可以分成不同的属性单元，这些属性单元具有属性参数，设置属性参数时可以参考历史记录、人工测量或者其他方式。

对预报断面所在区域的实际水文特性和水利工程进行分析后，得到输入条件分析结果，根据输入条件分析结果设置属性单元的属性参数，并建立属性单元之间的关联关系，这些经过属性参数设置且构建了彼此关联关系的属性单元能够代表该区域内的实际水文特性和水流工程信息，据此可以构建该区域的预报方案。

预报方案完成构建后可以利用 XML 文件进行存储，需要对特定的预报断面进行计算时，读取实时的降水数据或者未来降水量等资料，调用该预报断面所在区域的预报方案，便能够实现。

如果该区域的水文特性和水利工程发生改变，可以增减属性单元、改变属性单元之间的关联关系以及改变属性单元的属性参数，能够很灵活地对原有区域预报方案进行调整和扩展，无需从零开始构建，消除了原有圈画流域方式进行区域预报方案构建的局限性。

对于输入因子还需考虑因子之间的相关性，即多重共线性。对于存在多重共线性的输入自变量因子，必须采用主成分分析、偏最小二乘回归等方法对因子之间的相关性进行处理，同时要考虑测值误差及模型的不确定性和鲁棒性，并采用正则化方法等针对性措施。

8.4.3 预警

1) 基本内涵

预警是根据水利工作和社会公众的需求,制定水灾害风险指标和值,拓宽预警信息发布渠道,及时把预警信息直达水利工作一线,为采取工程巡查、工程调度、人员转移等响应措施提供指引;及时把预警信息直达受影响区域的社会公众,为提前采取防灾避险措施提供信息服务。

2) 主要内容及技术要求

预警主要包括明确任务、制定指标、发布预警等。

预警任务包括行业预警、社会预警等,其技术要求如下:

(1) 行业预警。面向水利行业,应按照规定的权限和程序,通过传真、蓝信、电话、办公自动化系统、预警信息汇集平台等渠道及时将预警信息直达防御工作一线,满足水行政主管部门应急处置需求。应确保行业预警的权威性、时效性、安全性。

(2) 社会预警。面向社会公众,应按照预警发布管理办法,充分利用信息化技术,采用"线下""线上"相结合的方式,打通预警信息"最后一公里",满足社会公众应急避险需求。应确保社会预警全覆盖,不漏一人、不留死角。应编制预警防御指南,确保通俗易懂,指导社会公众做好应对工作。

制定指标包括确定预警要素、预警等级、预警阈值等,其技术要求如下:

(1) 预警要素。根据江河洪水、山洪灾害、渍涝灾害、工程灾害、干旱灾害、冰凌灾害、供水危机、水域空间占用、水生态环境危害等水利灾害风险事件,确定降雨量、水位、流量、水量等预警要素。预警要素的实时和预报信息应便于获取,能及时反映风险事件的实际状况和变化趋势。

(2) 预警等级。针对预警不同要素、不同量级,运用定量和定性分析相结合的方法,制定科学合理的等级划分标准,规范相应预警信号的定义、术语、图式和描述等。预警等级应由低至高依次划分,并与相关防御预案、应急响应规程等相协调。

(3) 预警阈值。根据预警不同量级、发展态势以及可能造成的危害程度,应明确不同等级预警要素的阈值范围。预警阈值范围应科学合理、简单易行、可操作性强。

发布预警包括规范流程、内容编制、信息发布等,其技术要求如下:

(1) 规范流程。制定预警发布管理办法,规范预警信息编制、审核、发布、撤销等权限及流程,明确预警发布主体、发布权限、撤销权限、审核流程、发布渠道、发布内容、时限要求和监督检查等。

(2) 内容编制。包括发生原因、影响范围、持续时间、预警等级、防御建议等。其中,影响范围应细化至具体的流域水系及区域、地点等,持续时间应考虑预报预测、应对能力、经济社会等因素进行综合确定。预警内容应明确具体,通俗易懂。

(3) 信息发布。按照预警发布管理办法,依托预警发布平台,及时发布预警信息。预警发布后应立即采取工程巡查、工程调度、人员转移等措施。预警发布平台应满足预警信息汇集高效性、发布流程规范性、信息传达快速性、监督检查便捷性等要求。应积极利用三大电信运营商实现预警全覆盖,打通预警发布"最后一公里"。

3) 智能预警技术

智能预警技术是基于智能视频监控技术,融合多元传感技术和人工智能技术发展而来的灾害预测预警预防技术,是一种采用图像处理、模式识别和计算机视觉技术,通过在监控系统中增加智能视频分析模块,借助计算机强大的数据处理能力过滤掉视频画面中的无用或干扰信息、自动识别不同物体,分析抽取视频源中关键有用信息,快速准确地定位事故现场,判断监控画面中的异常情况,并以最快和最佳的方式发出警报或触发其他动作,从而有效进行事前预警、事中处理、事后及时取证的全自动、全天候实时监控、指挥、控制的智能化、综合性管理体系。

人工智能(AI)是 20 世纪中期产生的一门探索和模拟人的智能和思维过程的规律,设计出类似人的智能化的科学。应用在视频监控上的人工智能技术有人工智能神经网络、智能决策支持系统等,即通过计算机视觉识别技术将海量数据识别成结构化数据,特别以"人、车、物"为重点识别对象,但仅有结构化数据还不够,还需要采用数据挖掘分析技术在视频数据和非视频数据之间做关系挖掘,形成有用的情报,作为指挥控制的决策依据。

8.4.4 预演

1) 基本内涵

预演是在数字孪生流域中对典型历史事件、设计、规划或未来预报场景下的水利工程调度进行模拟仿真,正向预演出风险形势和影响,逆向推演出水利工程安全运行限制条件,及时发现问题,迭代优化方案,制定防风险措施。

2) 主要内容及技术要求

预演主要包括构建预演场景、模拟仿真、制定和优化调度方案等。

构建预演场景包括确定调度目标、预演节点、边界条件等,其技术要求如下:

(1) 调度目标。针对江河洪水、山洪灾害、渍涝灾害、工程灾害、干旱灾害、冰凌灾害、供水危机、水域空间占用、水生态环境危害等水灾害风险事件,应预设不同类型、不同量级的预演场景,确定保护对象、防护标准等。调度目标应合理、可行,与现有的规划等相协调。

(2) 预演节点。依据调度目标,确定参与调度的监测站点、水利工程等。参与调度的水利工程应守住安全底线,实现多目标协调优化,最大程度地减少灾害损失。

(3) 边界条件。依据保护对象主要特征、经济社会发展需要、生态环境保护要求、水利工程现状条件等,确定参与调度的水利工程运行边界,明确安全运行值范围等。边界条件应量化。

模拟仿真包括资料准备、模拟计算、仿真可视化等,其技术要求如下:

(1) 资料准备。基于数据底板,收集、整理预演相关基本资料,包括气象水文、经济社会、河湖蓄泄能力、水利工程和非工程措施现状情况以及相关规程、方案、计划等。对所收集的资料应进行合理性和可靠性的分析评价。

(2) 模拟计算。在数字孪生流域和数字孪生水利工程基础上,实现预报与调度的动态交互和耦合模拟。既可对典型历史事件水利工程调度运用进行精准复演,确保所构建的模型系统正确性,又可对设计、规划或未来预测预报的场景进行前瞻预演。应具备"正向"与"逆向"功能,"正向"功能应预演出风险形势和影响,"逆向"功能应推演出水利工程安全运行限制条件,及时发现问题,制定和优化调度方案。

(3) 仿真可视化。调用模拟仿真引擎和可视化模型,进行水灾害或风险事件的发展变化和水利工程调度运用过程的可视化模拟,实现水安全要素的实时、动态展示。应采用先进的虚拟现实、增强现实等技术手段,实现对物理流域全要素和水利治理管理活动全过程的高保真和轻量化展示。

制定和优化调度方案包括确定方案、制定防风险措施等,其技术要求如下:

(1) 确定方案。在模拟计算成果基础上,结合水利工程运行状况、经济社会发展现状等,参考水利调度规则、典型历史案例,利用专家经验和智能分析等,优化确定水利工程运行调度方案。

(2) 制定防风险措施。针对确定的调度方案,提前发现风险和问题,及时采取防风险措施。防风险措施应充分考虑可能出现的最不利情况,守住安全底线,并做到提前制定、超前部署。

3) 预演业务

预演业务主要模拟水位控制及对大坝效应量的影响,同时模拟常见的事故,如泄洪设施失灵、开裂漏水、渗透破坏乃至漫顶溃坝及其后果。由于预演涉及后果和范围较大,而虚拟现实地理信息系统技术(VR-GIS)融合了虚拟现实(VR)技术的场景高仿真效果和地理信息系统(GIS)技术的空间分析能力,可以为大坝安全评估可视化及防洪减灾系统的搭建提供解决方案。3D GIS分析的使用,使GIS分析功能更加直观、准确。通过人与场景的真实互动,实现了防洪减灾工作的数字化管理。一般预演技术都是从虚拟地理信息系统技术以及三维地理信息系统技术在防洪减灾中的应用出发,通过虚拟场景的搭建、空间分析、三维可视化等功能的研究为防洪减灾工作提供系统解决方案。

8.4.5 预案

1) 基本内涵

预案是依据预演确定的方案,考虑水利工程最新工况、经济社会情况,确定水利工程运用次序、时机、规则,制定非工程措施,落实调度机构、权限及责任,明确信息报送流程及方式等,确保预案的可操作性。

2) 主要内容及技术要求

预案主要包括工程调度运用、非工程措施制定、组织实施等。

工程调度运用主要包括各类水利工程的运用次序、时机、规则等。应根据预演确定的方案,考虑水利工程最新工况、经济社会情况,明确规定各类水利工程的具体运用方式,确保现实性及可操作性。

非工程措施制定主要包括值班值守、物料设备配置、查险抢险人员配备、技术专家队伍组建及受影响人员转移等应对措施。其中,物料设备应提前预置,调用和供应应及时通畅。人员转移措施应按照就近就便原则,明确转移方式和路线。水利工程应明确巡查防守措施,出现险情应及时果断处理。

组织实施主要包括落实水利工程调度运用、物料设备调配、查险抢险、人员转移等措施的执行机构、权限和职责,分类分级明确信息报送内容、方式和要求。

3) 预案流程

制订预案的流程如下:

(1) 收集水利工程运行调度应急处置相关法律法规、部门规章和相关标准规范,通过审查备案的各种预案和水利工程运行调度的相关知识,包括水行业专家知识、水行业历史灾害应急预案知识等。

(2) 根据上述法规文件及行业知识构建水行业知识库,通过将各类规定和专家知识进行标签属性提取,并进行情景表示生成预案知识图谱,将相关历史灾害应急预案知识进行情景表示,从而实现知识库的构建。

（3）对当前可能发生的灾害事件进行情景式案例提取，生成当前灾害事件的应急案例。

（4）根据生成的应急案例和构建的水行业知识库，生成当前灾害事件的应急决策。

通过上述流程对水利工程运行管理的非结构化经验、知识、数据进行有效组织与利用，基于算法建立各类本体的关联关系；能够以情景的方式实现水行业应急案例的历史过程记录，同时能够将历史经验与同类案例应急措施结合情景以动态的方式进行推送；能够实现将水行业的结构化数据信息与非结构化行业知识和经验进行有机结合，为行业提供更加便捷、准确的信息化管理方法与决策手段。

8.5 现代化水库运行管理矩阵

针对水库运行管理存在的问题和高质量发展的要求，2021年4月2日，国务院办公厅发布《国务院办公厅关于切实加强水库除险加固和运行管护工作的通知》。2022年11月24日，水利部召开专题办公会议，李国英部长提出要加快构建现代化水库运管矩阵的工作。2023年10月8日，水利部印发《构建现代化水库运行管理矩阵先行先试工作方案》。2023年11月20日，水利部印发《现代化水库运行管理矩阵建设先行先试台账》。管理矩阵是当前和今后一段时间内水库管理的重要任务。

8.5.1 内涵分析

现代化水库运行管理矩阵充分考虑了标准化管理评价和工程管理考核的衔接，包括工程管理考核、标准化管理、风险管理、智慧管理4个层次，同时要求水库运行管理必须严格执行"风险要素感知—成因分析、异常诊断与危险度评估—针对性和系统决策—事件处置（含工程措施和非工程措施）—效果评估—改进检验—知识应用"的各个环节，做到水库运行管理全覆盖和环节全闭合，避免管理漏洞、盲区和环节缺失。总之，现代化水库运行管理矩阵是一个具有系统性、普适性、可升级性和开放性的管理体系，其构建过程中必须注意整体协调性及针对性。

系统性要求现代化水库运行管理矩阵的构建必须涵盖水库运行管理和效益发挥的关键要素和过程，具体可划分为三大任务，即安全保障、效益和损失控制、管理体制和机制（含人员和制度）优化。安全保障包括工程安全、生产安全和防洪供水安全保障。效益和损失控制包括关联区域、影响区域的分级管理以及如何充分发挥工程的经济、社会、环境和生态效益，减少或避免由于工程结构或运行管理造成的各类损失。管理体制和机制优化首先是要实现水库运行管理人员、监督考核人员以及后方技术支撑人员等全员覆盖，人员责任逐一落实；其次是实现工程设备设施日常运行操作、维修保养和应急调度效果等全过程与人员培训、调配、奖惩等全要素相对应匹配。普适性要求必须考虑到全国水库现代化运行管理统一范式和标准化工作部署，提出共性框架。在具体执行过程中需在矩阵框架下结合水库的实际情况体现导向性，即以需求和问题为导向，通过理念更新、体制创新、设备设施更新换代、数据质控和驱动、人工智能辅助等体系化建设解决实际问题。可升级是指需要根据科技发展和实际问题的变化，从技术、人员、体制机制、模型算法、硬软件设备设施等方面不断进行有针对性和适应性的迭代升级，从而实现水库效率更高、模型算法性能（预报精度、预见期、稳健性和泛化能力）更优、成本更低、效益更好等目标。开放性是指系统或平台具有对外行业数据或指令的接口。如雨水情监测预报"三道防线"构建、应急管理和人员疏散等都需要气象、自然资源等相关行业的资源和数据共享。

8.5.2 现代化水库管理矩阵构建体系"一张图"

根据上述内涵分析，提出现代化水库运行管理矩阵构建体系"一张图"，如图8-5所示。

现代化水库运行管理矩阵构建步骤如下：

①摸清工程底细，包括区域、工程、设备设施、人员和制度等，其中区域包括影响工程安全和效益发挥的相关区域以及工程失事后的损失情况管理区、下游影响区和上游关联区，包括区域内气候、气象、水文、地形、地质、结构、材料等相关要素；工程主要包括水库挡水、泄水、供水、发电等建筑物以及各类基础工程的竣工和勘探资料、设计资料以及监测和运行维护资料等。

②根据《水利工程标准化管理评价办法》，从工程状况、安全管理、运行管护、管理保障、信息化建设等方面对大中型水库进行深入检查、逐项完善，保证全面达到标准化管理要求。对于小型水库，可根据相关文件结合小型水库安全风险进行相应简化。

③基于风险管理体系，全面分析影响工程安全和效益发挥的各种要素，分析确定其不确定性和相互间的关联性。如降水、温度、水压、渗流、上游来水等外荷作用，坝基和坝肩地质、结构材料等自身条件，建筑物运行调度、维修加固过

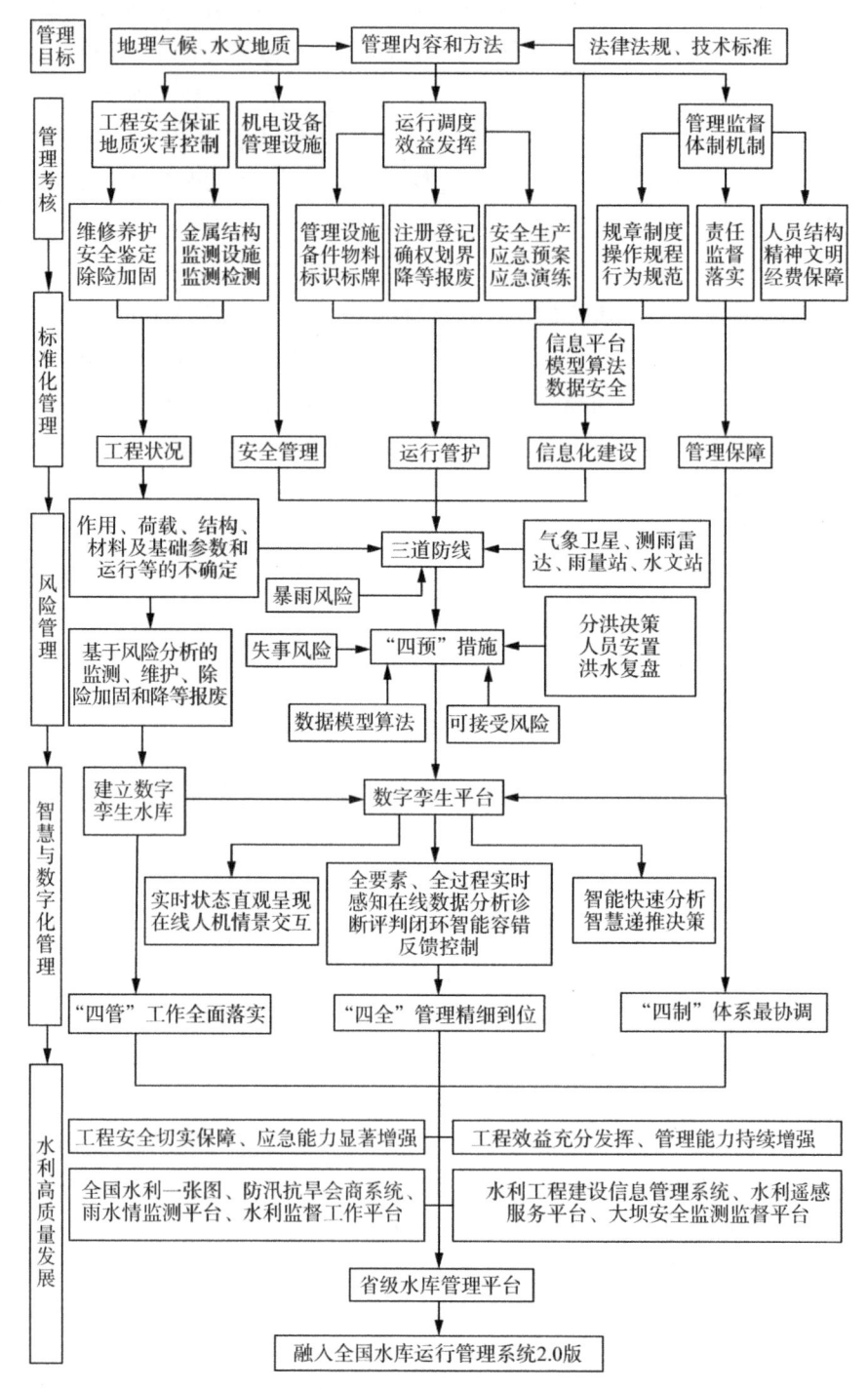

图 8-5　现代化水库管理矩阵构建体系"一张图"

程中人、机、物和工程相互作用，以及影响区域多要素关联和演化等。除外界作用，大坝承载能力、水库有效库容和泄洪能力，以及集雨面积、下垫面、影响后果、水库效益等都在随水库运行而变化。从渐变和突变、灾害演化和叠加以及全局敏感性出发，动态确定关键要素，严格分级预警，根据致灾因子及其分布区域、影响后果、动态特性做好相应的雨水情监测预报、工程安全风险感控、生产安全风险感控"三道防线"和相应各项内容的"四预"工作。

④搭建数字孪生平台，提升体系决策支撑能力。充分利用人工智能技术，包括智能传感、边缘计算、感知网络、云计算等，从数据库建设、访问、展示、交互全要素入手，借助图神经网络、脉冲神经网络、知识图谱、迁移学习、强化学习和多模态学习等人工智能方法，建立水库安全模型、效益和运行调度的评估、预警、反馈、控制模型，通过多源数据融合、数据同化和证据理论等提高预警预报的精度，延长预见期，实现模型的自适应、高稳健、强泛化和高容错。在此基础上通过开发相应平台，提高人机交互水平，全面覆盖大型水库、防洪重点中型水库和"头顶一盆水"的中小型水库，实现基于数字孪生的水库现代化运行管理。

8.5.3　现代化水库管理矩阵与相关概念的关系

在现代化水库运行管理矩阵概念提出之前，智慧水利、数字孪生和雨水情监测预报"三道防线"建设已经被提出并发布相关文件，在构建现代化水库运行管理矩阵过程中需准确理解其与上述概念的关系，提高矩阵构建水平。

1. 与"四预"及雨水情监测预报"三道防线"的关系

2021年11月，水利部印发《关于大力推进智慧水利建设的指导意见》，提出在重点防洪地区实现"四预"建设N项业务应用。原来的"四预"主要针对水库安全，实际上随着现代化水库运行管理矩阵的提出，"四预"还应深化到对水库运行管理的各个子系统。李国英部长在2023年全国水利工作会议上强调，要加快构建雨水情监测预报"三道防线"。2023年8月，水利部办公厅印发《关于加快构建雨水情监测预报"三道防线"实施方案》，要求加快建立健全气象卫星和测雨雷达、雨量站、水文站组成的雨水情监测预报"三道防线"，实现延长洪水预见期和提高洪水预报精准度的有效统一。为高效降低水库运行风险，原来面向流域的雨水情监测预报"三道防线"需做进一步调整，即第一道防线可以借助卫星和雷达对水库（群）集雨面积内的可能降水进行面雨量的预报预警，同时借助配套的气象水文耦合模型有效延长预见期；第二道防线应针对水库分水岭内降水雨量站网进行提档升级，特别是要提高暴雨监测精准度及数据可靠性，同时完成下垫面产汇流模型的建立和预报方案优化，保证预报精度的前提下延长预见期；第三道防线应针对水库库尾各入流断面,完善水文站网,根据来水性质配置相应监测要素,构建适合水库来水的洪水演进模型,准确预计坝前水位。在考虑风险情况下,上述三道防线还必须耦合失事或溃坝洪水淹没损失分析,计入挡水建筑物抗力,泄洪设施设备结构和功能性能的不确定性,坝下游影响区水文、水动力和渗流以及人口、经济和生态损失的各种不确定性对失事风险影响,并根据风险性质和灾害链演化制定相应预案并进行针对性预演。此外,在构建现代化水库运行管理矩阵"三道防线"中,除必须将雨水情监测预报"三道防线"纳入外,还应构建工程安全风险感控"三道防线"和生产安全风险感控"三道防线"。

1) 工程安全风险感控"三道防线"

(1) 第一道防线:采用前期勘探、测试和室内试验,或根据类似工程经验确定相关结构材料参数和典型工况,结合考虑材料徐变、应变软(强)化和结构老化的本构模型和失效破坏准则,基于数值模拟计算的方式估计工程安全状态及失效过程,其预见期为1年以上。

(2) 第二道防线:采用基于当前实测数据的参数反演、多源数据融合、模型修正、数据同化、证据理论等方法,结合物理机制约束和基于数据驱动的预置模型库、轻量化模型、迁移学习和快速算法,在不考虑结构材料时间劣化特征的情况下进行预见期为1个月的工程安全性态预报预警。

(3) 第三道防线:基于天气、水文和大坝实测性态数据,采用预警指标的方法实时评估工程结构安全状态,能高准确度地实现预见期为1天的大坝安全性态预报预警。

2) 生产安全风险感控"三道防线"

(1) 第一道防线:对体制机制运行情况,工程隐患发现和消除情况,设备设施功能性能及其使用维修养护规范化水平,企业风气和生态,人员专业化水平、对业务熟悉程度、年龄结构、工作态度和精神面貌、健康状况以及奖惩制度的合理性等长期风险评估,其预见期为3年。

(2) 第二道防线:对设备设施功能性能及其使用维修养护规范化水平,人员专业化水平、对业务熟悉程度、工作交接的顺畅性、工作态度和精神面貌、健康状况以及考勤情况等进行中期风险评估,结合巡视检查对体制机制的运行情况进行预报预警,其预见期为2年。

(3) 第三道防线:对责任人到岗负责情况,设备设施功能性能及其使用维修养护规范化水平,企业风气和生态,人员专业化水平、对业务熟悉程度、年龄结构、工作态度和精神面貌、健康状况以及奖惩制度的合理性等进行短期风险评估,结合应急预案的针对性和有效性对体制机制进行预报预警,其预见期为

1年。

现代化水库运行管理矩阵"三道防线"概念的推广也要求"四预"必须实现相应内容的全覆盖,因此也应推广应用至水库运行的各个子系统,如闸门控制子系统、网络运行系统等。

2. 与智慧水利和数字孪生的关系

2021年11月,水利部印发《关于大力推进智慧水利建设的指导意见》,提出了智慧水利建设方案,2022年3月水利部分别印发《数字孪生水利工程建设技术导则(试行)》《水利业务"四预"基本技术要求(试行)》《数字孪生流域建设技术大纲(试行)》等。智慧水利是数字孪生的引擎,能加速提高数字孪生的智能化水平,而数字孪生是智慧水利的表现,提高了人机交互水平和效率。在现代化水库运行管理矩阵提出后,数字孪生不应仅针对大坝等挡水建筑物,更应根据水库运行管理的关键要素,特别是其风险大小,将智慧水利和数字孪生的概念向深处发展,逐步覆盖影响水库安全评估和运行调度的关键要素,实现双向信息透明和高效运行决策。

通过上述分析可知,数字孪生是智慧水利的重要组成部分,也是提高定量决策科学性、可解释性和可视化的具体体现形式,而做好"四预"是数字孪生的落脚点。现代化水库运行管理矩阵与智慧水利是局部与整体、手段与目的关系。

3. 与流域或区域的关系

水库作为流域的一个节点,通过水量分配和水力联系,在防洪、供水、抗旱等方面与流域上下游水库运行具有不可分割的联系,同时作为区域节点,在土地管理、自然资源、经济社会、生态环境、防灾减灾、应急演练、行政执法等方面都具有不同影响。在构建现代化水库运行管理矩阵过程中,应始终充分考虑水库所在流域和区域特点,通过数据共享和资源整合,在避免重复建设的基础上加强沟通协调,提高整体协作水平和相互配合的及时性和有效性。

参考文献

[1] 水利部. 河湖岸线保护和利用规划编制规程：SL/T 826—2024[S]. 中华人民共和国水利部，2024.

[2] 广东省市场监督管理局. 河道水域岸线保护与利用规划编制技术规程：DB44/T 2494—2024[S]. 广东省市场监督管理局，2024.

[3] 白露，杨恒. 流域水生态环境保护现状及对策分析[J]. 海河水利，2023(5)：19-21，33.

[4] 贾贝，辜兵. 安徽省淮河干流岸线管控措施研究[J]. 安徽农学通报，2021，27(23)：136-137.

[5] 章利军. 基于"三区三线"开展的岸线保护与功能分区规划[J]. 云南水力发电，2023，39(1)：128-132.

[6] 郑师章，吴千红，王海波，等. 普通生态学：原理、方法和应用[M]. 上海：复旦大学出版社，1994.

[7] 陈艳云. 论生态设计理念在环境陶艺设计中的运用[D]. 景德镇：景德镇陶瓷学院，2010.

[8] SIM V，STUART C. Ecological Design[M]. Washington，D. C.：Island Press，1996.

[9] CORNER J. Ecology and landscape as agents of creativity[J]. Ecological design and planning，1997：80-108.

[10] 陈勇. 生态城市及其规划建设研究[D]. 重庆：重庆大学，2000.

[11] 董哲仁. 河流治理生态工程学的发展沿革与趋势[J]. 水利水电技术，2004，35(1)：39-41.

参考文献

[12] 杨睿. 关于中国生土民居生态化改造的研究[D]. 北京：中央美术学院，2005.

[13] 刘益. 浅谈城市街道的生态化改造设计——以美国西北地区城市为例[J]. 美术教育研究，2012(21)：88.

[14] 康峰. 工业棕地景观生态化改造研究[D]. 保定：河北农业大学，2014.

[15] 倪博，甘建军，黄君宝. 海塘生态化建设方案研究——以温岭东部新区海塘为例[J]. 浙江水利科技，2023，51(4)：7-11，16.

[16] 李相逸，刘育辰，赵九州，等. 深圳西部海岸带生态保护和修复策略研究[J]. 住区，2024(1)：100-109.

[17] 李长兴. 浅论深圳市河流治理[J]. 中国水利，2004(1)：44-45.

[18] SCHLUETER U. Ueberlegungen Zum naturahenfen Ausbau von Wasseerlaeufen[J]. Landschaft and stadt，1971，9(2)：72-83.

[19] 钟春欣，张玮. 基于河道治理的河流生态修复[J]. 水利水电科技进展，2004，24(3)：12-14.

[20] 河川治理中心. 滨水自然景观设计理念与实践[M]. 刘云俊，译. 北京：中国建筑工业出版社，2004.

[21] 杨毅. 河流治理规划设计新理念与实践应用[J]. 北京水利，2005(2)：47-49.

[22] ENSERINK, BERT. Thinking the unthinkable - the end of the Dutch river dike system? Exploring a new safety concept for the river management[J]. Journal of Risk Research，2004，7(7-8)：745-757.

[23] 景自新，田大翠. 东莞滨海湾东宝公园海岸线生态修复研究[J]. 绿色科技，2023，25(21)：52-56，63.

[24] 周建中，王军中. 河北省滦南湿地人工岸线生态修复[J]. 河北渔业，2023(7)：30-32.

[25] 刘淑芳. "江—堤—城"融合视角下武汉滨江区岸线空间功能修复研究[D]. 武汉：华中农业大学，2022.

[26] 李雷. 生态海岸线的修复与保护初探——以奉化区海岸线修复为例[J]. 绿色科技，2020(10)：193-194.

[27] 段学军，王晓龙，徐昔保，等. 长江岸线生态保护的重大问题及对策建议

[J].长江流域资源与环境,2019,28(11):2641-2648.

[28] 邓雪湲,干靓.韧性理念下的高密度城区河流护岸带生态改造研究——以上海市"一江一河"岸线为例[J].城市建筑,2018(33):48-51.

[29] 徐伟,陶爱峰,刘建辉,等.国际海岸带生态防护对我国生态海堤建设的启示[J].海洋开发与管理,2019,36(10):12-15.

[30] 唐慧燕,顾宽海,刘磊,等.海堤堤身的生态化改造形式及案例分析[J].环境工程,2023,41(S2):1173-1177.

[31] 张晓雪.福州市白马河生态化改造研究[D].福州:福建农林大学,2012.

[32] 于丽君.辽河支流柳河生态化改造建设措施[J].黑龙江水利科技,2014,42(9):265-266.

[33] 谭宇.水土保持工程生态化改造工程措施探究[J].科技风,2018(36):129.

[34] 胡茂杰,宋文玲,蒋豫.太湖流域高标准农田排水系统生态化改造案例分析[J].江苏科技信息,2022,39(8):65-67.

[35] 陈于亮.试论城市小河道堤防生态化改造形式[J].城市建设理论研究(电子版),2018(7):191.

[36] 李志华,孙兆地,马鑫,等.徐州市奎河硬质护岸生态化改造方案研究[J].人民长江,2020,(7):61-65.

[37] WEBB A A, ERSKINE W D. A practical scientific approach to riparian vegetation rehabilitation in Australia[J]. Journal of Environmental Management,2003,68(4):329-341.

[38] PALMER M A, BERNHARDT E S, ALLAN J D, et al. Standards for ecologically successful river restoration[J]. Journal of Applied Ecology,2005,42(2):208-217.

[39] JONGMAN R H G, PUNGETTI G. Ecological networks and greenways: Concept, design, implementation[M]. Cambridge University Press, Cambridge, 2004.

[40] COUNCIL N. Restoration of Aquatic Ecosystem[M]. Washington DC: Nature Academy Press,1992.

[41] HOHMANN J, KONOLD W. Flussbau massnahmen an der wutach and

ihre Bewerung aus oekologischer Sicht[J]. Deutsche Wassemirtschaft, 1992, 82(9): 434-440.

[42] HESSION W C, JOHNSON T E, Charles D F. Ecological benefits of riparian reforestation in urban watersheds: study design and preliminary results[J]. Environmental Monitoring and Assessment, 2000, 63(1): 211-222.

[43] CAVAILLÉ P, DOMMANGET F, Daumergue N, et al. Biodiversity assessment following a naturality gradient of riverbank protection structures in French prealps rivers[J]. Ecological Engineering, 2013, 53(3): 23-30.

[44] ANGRADI T R, SCHWEIGER E W, BOLGRIEN D W, et al. Bank stabilization, riparian land use and the distribution of large woody debris in a regulated reach of the upper Missouri River, North Dakota, USA [J]. River Research and Applications, 2004, 20(7): 829-846.

[45] GILVEAR D J. Fluvial geomorphology and river engineering: future roles utilizing a fluvial hydrosystems framework[J]. Geomorphology, 1999, 31(1-4): 229-245.

[46] MIDDLETON B. Wetland restoration, flood pulsing, and disturbance dynamics[M]. New Jersey: John Hoboken Wiley & Sons, 1999.

[47] MITSCH W J. Wetland creation, restoration, and conservation: a wetland invitational at the Olentangy River Wetland Research Park[J]. Ecological Engineering, 2005, 24(4): 243-251.

[48] BARTON M B, GOEKE J A, DORN N J, et al. Evaluation of the impact of aquatic-animal excretion on nutrient recycling and retention in stormwater treatment wetlands[J]. Ecological Engineering, 2023(197): 107-126.

[49] BARBIER E B. Valuing the environment as input: review of applications to mangrove-fishery linkages[J]. Ecological Economics, 2000, 35(1): 47-61.

[50] BARBIER E B. Sustainable use of wetlands valuing tropical wetland

benefits：economic methodologies and applications[J]. Geographical Journal，1993，159(1)：22-32.

[51] 李木子.新发展理念下创新水利投融资模式[J].经济研究导刊，2023(4)：93-95.

[52] 李香云，庞靖鹏，樊霖，等.拓展水利市场化投融资的框架与实现路径研究[J].中国水利，2022(3)：29-33.

[53] 蒋晓花，马骏.水行业上市公司股权融资效率及影响因素[J].水利经济，2017，35(3)：26-30.

[54] 刘维连.加强水利基本建设资金使用与管理的措施分析[J].企业改革与管理，2020(14)：196-197.

[55] 童玫，佘昭霖.关于重大水利工程投融资模式创新的思考[J].中国投资(中英文)，2022(Z2)：62-63.

[56] 赵凌.水利投融资现状、问题及措施研究[J].河南水利与南水北调，2023，52(4)：125-126.

[57] 李红强，陈博，唐忠杰，等.开发性金融支持水利建设新模式研究[J].中国水利，2016(6)：5-9.

[58] 马骏，张彦君，程常高.新发展理念下的中国水利投融资模式探索[J].水利经济，2024，42(2)：65-72.

[59] BREMER L L，AUERBACH D A，GOLDSTEIN J H，et al. One size does not fit all：Natural infrastructure investments within the Latin American Water Funds Partnership[J]. Ecosystem Services，2016，17：217-236.

[60] KAUFFMAN. Financing watershed conservation：Lessons from Ecuador's evolving water trust funds[J]. Agricultural Water Management，2014，145：39-49.

[61] ANYANGO-VAN Z N，LAMERS M，van der DUIM R. Funding for nature conservation：a study of public finance networks at World Wide Fund for nature（WWF）[J]. Biodiversity and Conservation，2019，28(14)：3749-3766.

[62] 许梁.重大水利工程市场化投融资模式初探——浙江镜岭水库工程投融资

模式的思考与建议[J]. 中国投资(中英文)，2024(Z1)：76-77.

[63] 王昆. 关于构建京津冀省际河长制的思考与建议[J]. 北京水务，2017(4)：1-4.

[64] 陆颖. 水体跨域治理的国外经验[J]. 上海人大月刊，2017(1)：52-53.

[65] SCHWARTZ D. The Justice of Peace Treaties[J]. Journal of Political Philosophy, 2012, 20(3)：273-292.

[66] CIOC M. The Rhine：an eco-biography, 1815—2000[M]. Washington, D.C.：University of Washington Press, 2002.

[67] LUCKIN B. Pollution and Control：A Social History of the Thames in the Nineteenth Century[M]. Bristol and Boston：Adam Hilger Ltd, 1986.

[68] 温春云，刘毅生，刘聚涛，等. 幸福河湖背景下水利工程生态化改造面临问题与对策[J]. 中国水利，2023(14)：52-55.

[69] 郭尽美，刘先华，胡华. 力保一江清水向东流[N]. 中国财经报，2023-12-05(001).

[70] 俞孔坚，龚瑶. 基于生态系统服务的黄河滩区生态修复模式探索——以郑州黄河滩地公园规划设计为例[J]. 景观设计学(中英文)，2021，9(3)：86-97.

[71] 王东宇，李锦生. 城市滨河绿带整治中的生态规划方法研究——以汾河太原城区段治理美化工程为例[J]. 城市规划，2009(9)：27-30.

[72] 许士国，高永敏，刘盈斐. 现代河道规划设计与治理——建设人与自然相和谐的水边环境[M]. 北京：中国水利水电出版社，2006.

[73] 靳忠强，裴如龙，刘卓. 北方地区季节性河道生态修复治理[J]. 甘肃科技，2023，39(10)：31-34.

[74] 杨勇. 北方典型季节性河流治理方案研究[J]. 农业与技术，2023，43(2)：94-98.

[75] 王维亮，王开录. 浅谈黄土丘陵干旱区季节性河流生态治理模式——以兰州新区水阜河生态治理为例[J]. 甘肃水利水电技术，2022，58(1)：57-60.

[76] 张建云，刘九夫，金君良. 关于智慧水利的认识与思考[J]. 水利水运工程学

报,2019(6):1-7.

[77] 李国英.加快建设数字孪生流域 提升国家水安全保障能力[J].中国水利,2022(20):1.

[78] 李国英.建设数字孪生流域 推动新阶段水利高质量发展[J].水资源开发与管理,2022,8(8):3-5.

[79] 方卫华,袁威,杨浩东.现代化水库运行管理矩阵体系分析与构建关键问题研究[J].中国水利,2024(4):53-60.

[80] 王润英,周永红,方卫华,等.碾压混凝土坝渗流机制及预警指标研究[M].南京:河海大学出版社,2022.